河南省“十四五”普通高等教育规划教材

计算机网络技术
项目化教程
翻转课堂

李淑红　潘　赟　伍临莉◎主　编
李　源　舒志旭　马小飞　平　源◎副主编

中国铁道出版社有限公司
CHINA RAILWAY PUBLISHING HOUSE CO., LTD.

内 容 简 介

本书为河南省“十四五”普通高等教育规划教材，旨在通过项目化学习和翻转课堂模式，培养学生在计算机网络技术领域的实践能力和创新思维，主要涵盖了计算机网络的基本概念、网络硬件、网络体系结构、局域网技术、网络寻址、路由技术、无线网络、网络服务器搭建、Internet 接入、网络安全、网络故障排查以及校园网络组建等方面的内容。本书以实际项目为载体，将理论知识与实践操作紧密结合，使学生能够在实践中深入理解和掌握计算机网络技术。

本书创新教学模式和内容设置，采用项目化学习和翻转课堂的教学方法，激发学生的学习兴趣和主动性，培养学生自主学习和解决问题的能力；内容设计注重实践应用，引入大量实际案例和操作任务，帮助学生将理论知识转化为实践技能；融入思政元素，强调网络安全和法律法规的重要性，培养学生的社会责任感和职业道德。

本书主要面向计算机科学与技术、网络工程、物联网工程、数字媒体技术、数据科学与大数据技术等专业的本科生，也可作为网络管理人员及技术人员的参考书。

图书在版编目（CIP）数据

计算机网络技术项目化教程 ：翻转课堂 / 李淑红，潘赟，伍临莉主编. -- 北京 ：中国铁道出版社有限公司，2025. 8. --（河南省“十四五”普通高等教育规划教材）.
ISBN 978-7-113-32298-4

I. TP393

中国国家版本馆 CIP 数据核字第 20259DE147 号

书　　名：计算机网络技术项目化教程（翻转课堂）
作　　者：李淑红　潘　赟　伍临莉

策　　划：韩从付　　**编辑部电话：**（010）63549508
责任编辑：闫钇汛　包　宁
封面设计：郭瑾萱　尚明龙
责任校对：苗　丹
责任印制：赵星辰

出版发行：中国铁道出版社有限公司（100054，北京市西城区右安门西街 8 号）
网　　址：https://www.tdpress.com/5leds
印　　刷：北京鑫益晖印刷有限公司
版　　次：2025 年 8 月第 1 版　2025 年 8 月第 1 次印刷
开　　本：787 mm × 1 092 mm　1/16　**印张：**14　**字数：**357 千
书　　号：ISBN 978-7-113-32298-4
定　　价：49.80 元

前　言

在信息技术飞速发展的今天，计算机网络技术已经成为信息化社会不可或缺的一部分。它不仅是计算机科学与技术专业的核心课程之一，也是各行各业信息化建设的重要支撑技术。随着新一代信息技术的不断涌现，计算机网络技术的应用领域和技术深度不断拓展，对人才的要求也越来越高。为了更好地适应这一变化，培养具备扎实理论基础和较强实践能力的高素质人才，编者组织一线教师和企业技术骨干编写了本教材。

本书秉持“立德树人、能力为本、实践导向、创新发展”的编写思路，致力于打造适应新时代教育需求的高质量教材，以满足不同专业学生的学习需求。在教学标准的指引下，本书紧密结合计算机网络技术的学科特点，将理论知识与实践技能有机融合，旨在培养学生的综合素质和创新能力。教材注重实用性、前沿性和启发性，力求使学生在学习过程中能够紧跟技术发展的步伐，为未来的职业发展做好充分准备。

本书的特色主要体现在以下几个方面：首先，教材采用了项目化学习和翻转课堂的教学模式，通过精心设计的项目任务，引导学生主动参与学习，培养学生的自主学习能力和解决问题的能力。其次，教材内容紧密结合实际应用，引入了大量的案例分析和实践操作，使学生能够在实践中深入理解理论知识，提高实践技能。此外，还注重培养学生的创新思维和团队协作精神，通过小组讨论、项目合作等方式，激发学生的创造力和合作意识。

本书内容丰富，涵盖了计算机网络技术的各个方面。全书共分为十二个项目，每个项目都围绕一个特定的知识领域展开，从基础理论到实践应用，逐步深入。项目一介绍了计算机网络的基本概念和发展历程；项目二讲解了常见的网络硬件设备；项目三深入探讨了计算机网络体系结构；项目四至项目七分别介绍了以太局域网、局域网寻址、网络间路由和无线局域网等关键技术；项目八至项目十分别讲解了网络服务器的搭建、Internet 接入和网络安全等方面的内容；项目十一和项目十二分别介绍了网络故障排查和校园网络组建等综合应用知识。每一个项目都包含了详细的项目实施任务，通过这些任务，学生可以将所学知识应用于实际问题的解决中，提高实践能力。

本书建议总学时为 64 学时，其中理论和实践课时比例为 1∶1，均为 32 学时。各学校在教学过程中，可根据不同院校的教学计划、专业类别和学生的实际情况进行适当调整。

本书由河南财经政法大学李淑红、信阳农林学院潘赟、洛阳师范学院伍临莉任主编，信阳农林学院李源、信阳农林学院舒志旭、河南财经政法大学马小飞、许昌学院平源任副主编，信阳农林学院的王凯庆、王思霖、张伯昆、潘顺杰参与编写。全书由中国电信股份有限公司武汉分公司蒋德桂主审。在编写过程中，本书充分借鉴了国内外优秀教材的经验，并结合自身的教学实践和行业调研成果，力求内容科学、准确、实用。

最后，感谢所有参与本书编写和审稿的专家、学者，感谢河南财经政法大学和信阳农林学院对本书编写工作的支持与帮助。

由于编者水平有限，书中难免存在不足之处，恳请广大读者批评指正。

编　者

2025 年 3 月

目　录

项目一 初识计算机网络

项目导读

实习生小飞所在的项目组，承接了一个校园网运维项目，小飞作为项目组新人，与项目组大牛一起承担网络运维岗位的工作任务。大牛告诉小飞，要做好这个校园网运维项目，首先要熟悉和了解工作对象，即该校园网络的架构，如图 1-1 所示。若想对校园网有个整体的、全局的认识，可以从查看校园网拓扑图入手。

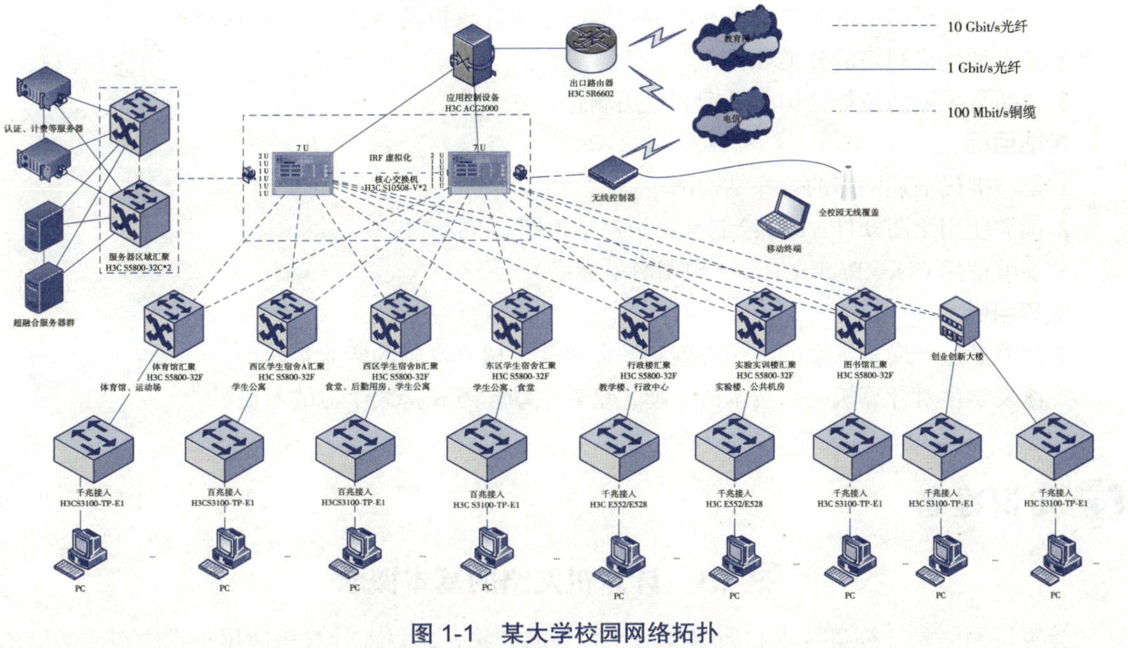

图 1-1　某大学校园网络拓扑

1. 认识局域网的基本结构，对照中小型企业网（校园网）的拓扑图，能描述出该局域网的基本架构和设备组成。

2. 熟悉 Visio 绘图软件，能熟练应用该软件绘制局域网的拓扑图。

3. 了解 Cisco Packet Tracer 软件功能，能用 Cisco Packet Tracer 规划简易网络。

知识导图

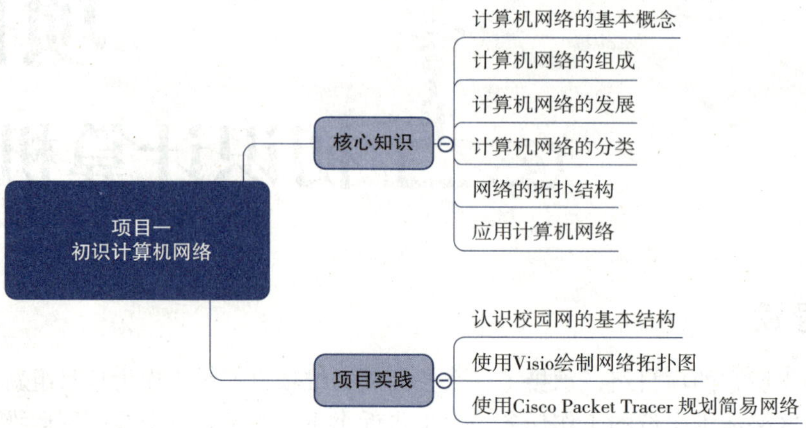

项目目标

知识目标

1. 掌握计算机网络的基本定义和基本功能，了解计算机网络技术的发展趋势。
2. 熟悉计算机网络的分类和特点。
3. 掌握常见网络拓扑结构的区别和适用场合。

技能目标

1. 能够准确描述网络的拓扑结构图。
2. 能够使用绘图软件 Visio 绘制常见拓扑结构图。
3. 能够使用 Cisco Packet Tracer 规划简易网络。

素养目标

1. 培养学生严谨、细致的工作态度和职业道德，树立良好的职业素养。
2. 激发学生对计算机网络技术的兴趣，培养主动学习和持续学习的习惯。

知识准备

1.1 计算机网络的基本概念

计算机网络是计算机技术和通信技术相结合的产物，是目前计算机应用技术中空前活跃的领域。人们借助计算机网络技术可以实现信息的交换和共享，计算机网络已成为信息存储、管理、传播和共享的有力工具，在当今信息社会中发挥着越来越重要的作用，计算机网络技术的发展深刻地影响和改变着人们的工作和生活方式。

1. 计算机网络的定义

计算机网络就是“将分布在不同地理位置上的具有独立工作能力的多台计算机、终端及其附属设备用通信设备和通信线路连接起来，并配置网络软件，以实现计算机资源共享的系统”。

上述定义包含三层含义：

（1）必须有两台或两台以上具有独立功能的计算机系统相互连接起来，以共享资源为目的。这两台或两台以上的计算机所处的地理位置不同、相隔一定的距离，且每台计算机均能独立工作，即不需要借助其他系统的帮助就能独立地处理数据。

（2）必须通过一定的通信线路（传输介质）将若干台计算机连接起来，以交换信息。这条通信线路可以是双绞线、电缆、光纤等有线介质，也可以是微波、红外线或卫星等无线介质。

（3）计算机系统之间交换信息时，必须遵守某种约定和规则，即“协议”。“协议”可以由硬件或软件来完成。

2. 计算机网络的功能

计算机网络的主要功能是共享资源和信息。其基本功能包括以下几个方面：

（1）数据通信。数据通信是计算机网络最基本的功能，可以使分散在不同地理位置的计算机之间相互传送信息，该功能是计算机网络实现其他功能的基础，通过计算机网络传送电子邮件、进行电子数据交换、发布新闻消息等，极大地方便了用户。

（2）资源共享。计算机网络中的资源可分成三大类：硬件资源、软件资源和信息资源。相应的，资源共享也分为硬件共享、软件共享和信息共享，计算机网络可以在全网范围内提供如打印机、大容量磁盘阵列等各种硬件设备的共享及各种数据，如各种类型的数据库、文件、程序等资源的共享。

（3）进行数据信息的集中和综合处理。将分散在各地计算机中的数据资料适时集中或分级管理，并经综合处理后形成各种报表，提供给管理者或决策者分析和参考，如自动订票系统、政府部门的计划统计系统、银行财政及各种金融系统、数据的收集和处理系统、地震资料的收集与处理系统、地质资料的采集与处理系统等。

（4）均衡负载，相互协作。当某个计算中心的任务量很大时，可通过网络将此任务传递给空闲的计算机去处理，以调节忙闲不均的现象。此外，地球上不同区域的时差也为计算机网络带来很大的灵活性，一般白天计算机负荷较重，晚上则负荷较轻，地球时差正好为人们提供了调节负载均衡的余地。

（5）提高计算机的可靠性和可用性。其主要表现在计算机连成网络之后，各计算机之间可以通过网络互为备份：当某个计算机发生故障后，可通过网络由别处的计算机代为处理；当网络中计算机负载过重时，可以将作业传送给网络中另一较空闲的计算机去处理，从而缩短了用户的等待时间、均衡了各计算机的负载，进而提高系统的可靠性和可用性。

（6）进行分布式处理。对于综合性的大型问题可采用合适的算法，将任务分散到网络中不同的计算机上进行分布式处理，这对局域网尤其有意义，利用网络技术将计算机连成高性能的分布式计算机系统，它具有解决复杂问题的能力。

1.2　计算机网络的组成

从计算机网络各部分实现的功能来看，计算机网络可分成通信子网和资源子网两部分，如图 1-2 所示。

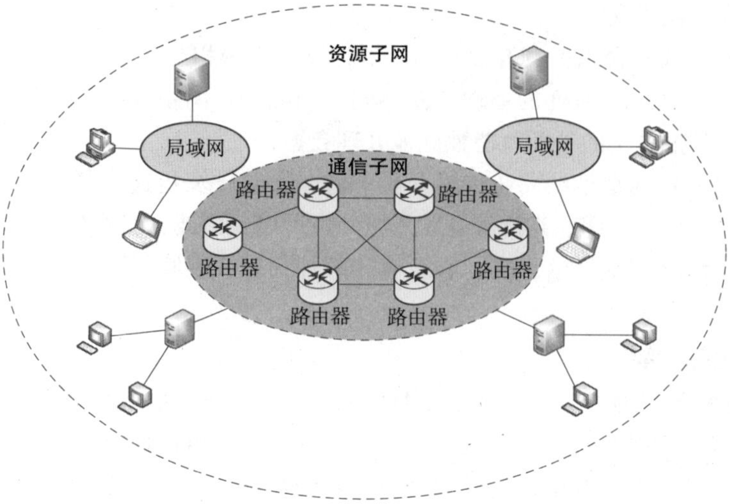

图 1-2 通信子网与资源子网

通信子网负责数据在网络中的传输，它是网络的底层基础设施，主要关注数据包如何从源节点到达目的节点。通信子网包含了网络中的所有传输介质（如电缆、光纤等）、通信设备（如路由器、交换机等）以及相关的通信协议。通信子网的主要功能是提供数据传输服务，确保数据能够正确、高效地在节点间传递。

资源子网则关注于网络中的数据处理和资源共享。它包含了网络中的所有主机、服务器、打印机、数据库等资源，以及运行在这些设备上的应用程序和服务。资源子网的主要功能是提供各种网络服务，如文件共享、打印服务、电子邮件、Web 服务等，使得网络用户能够访问和利用网络中的资源。

简而言之，通信子网关注的是"如何传输"，而资源子网关注的是"传输什么"。两者共同构成了一个完整的计算机网络，通信子网保证了数据的传输，而资源子网提供了实际的服务和应用。

1. 网络硬件

网络硬件包括网络拓扑结构、网络服务器（server）、网络工作站（workstation）、传输介质和网络连接设备等。

网络服务器是网络的核心，它为用户提供网络服务和网络资源。网络工作站实际上是一台入网的计算机，它是用户使用网络的窗口。网络拓扑结构决定了网络中服务器和工作站之间通信线路的连接方式。传输介质是网络通信用的信号线。常用的有线传输介质有双绞线、同轴电缆和光纤；无线传输介质有红外线、微波和激光等。网络连接设备用来实现网络中各计算机之间的连接、网络与网络的互连、数据信号的变换以及路由选择等功能，主要包括中继器、集线器、调制解调器、交换机和路由器等。

2. 网络软件

网络软件包括网络操作系统和通信协议等。网络操作系统一方面授权用户对网络资源的访问，帮助用户方便、安全地使用网络；另一方面管理和调度网络资源，提供网络通信和用户所需的各种网络服务。网络协议是实现计算机之间、网络之间相互识别并正确进行通信的一组标准和规则，它是计算机网络工作的基础。

1.3　计算机网络的发展

计算机网络技术是计算机技术与通信技术相结合的产物，它的发展经历了从简单到复杂、从单个到集合的过程，可以分为如下四个不同的阶段。

1. 主机互连

视　频

计算机网络的发展

主机互连产生于 20 世纪 60 年代初期，基于主机（host）之间的低速串行（serial）连接的联机系统是计算机网络的雏形（见图 1-3）。在这种早期的网络中，终端借助电话线路访问计算机，计算机发送 / 接收的是数字信号，电话线传输的是模拟信号，这就要求在终端和主机之间加入调制解调器（modem），进行数模转换。

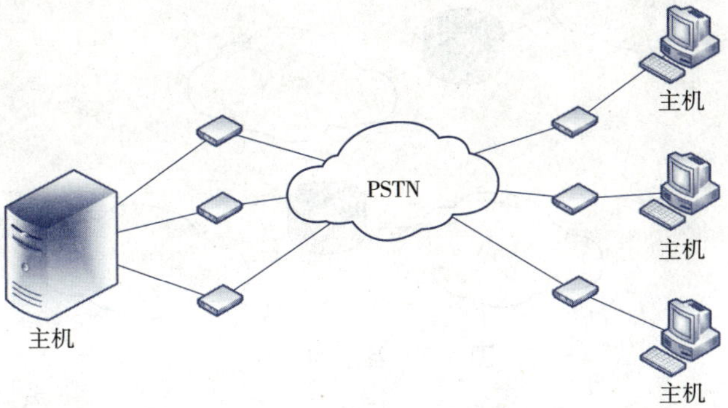

注：PSTN（public switched telephone network）即公共交换电话网络。

图 1-3　主机互连系统

这种联机系统中，计算机是网络的中心，同时也是控制者。这是一种非常原始的计算机网络，它的主要任务是通过远程终端与计算机的连接，提供应用程序执行、远程打印、数据服务等功能。

2. 局域网

20 世纪 70 年代初，随着计算机体积缩小、价格降低，出现了以个人计算机为主的商业计算模式。商业计算的复杂性要求大量终端设备的资源共享和协同操作，导致对本地大量计算机设备进行网络化连接的需求，局域网（local area network, LAN）由此产生（见图 1-4）。局域网的

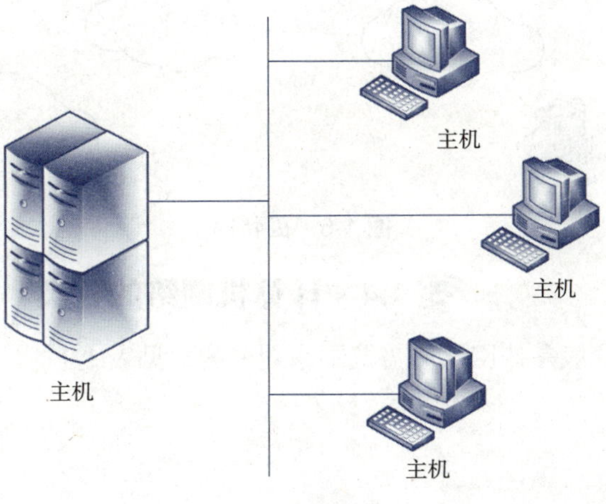

图 1-4　局域网

出现大大降低了商业用户高昂的成本，随之出现了网络互连标准和局域网标准，为局域网互连做好了准备工作。

3. 互联网

由于单一的局域网无法满足人们对网络的多样性要求，20 世纪 70 年代后期，广域网技术逐渐发展起来，将分布在不同地域的局域网互相连接起来。1983 年，ARPANET 采纳 TCP 和 IP 作为其主要的协议族，使大范围的网络互连成为可能。彼此分离的局域网被连接起来，形成互联网（见图 1-5）。

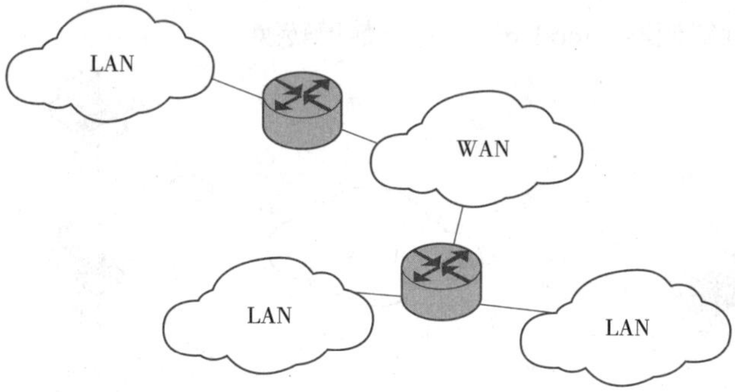

图 1-5　互联网

4. 因特网

20 世纪 80 至 90 年代，ARPANET 网络的规模不断扩大，包含了全球无数的公司、校园、ISP（Internet service provider，因特网服务提供商）和个人用户，最终演变成今天的延伸到全球每一个角落的因特网（Internet），如图 1-6 所示。1990 年，ARPANET 正式被 Internet 取代，退出历史舞台。越来越多的机构、个人参与到 Internet 中，使 Internet 获得了高速发展。

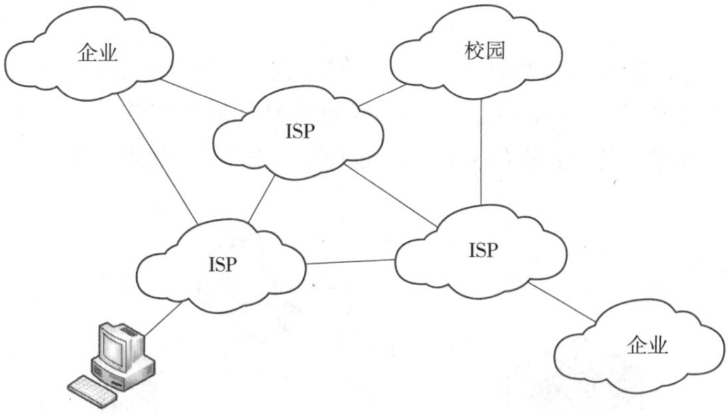

图 1-6　因特网

视　频

计算机网络的分类

1.4　计算机网络的分类

计算机网络一般是按网络覆盖范围来划分的，见表 1-1。

表 1-1　计算机网络的分类

覆盖范围	信息点分布位置	网络分类	传输速率
10 m	房间	局域网	4 Mbit/s ~ 10 Gbit/s
100 m	建筑物		
1 km	校园		
10 km	城市	城域网	50 kbit/s ~ 100 Mbit/s
100 km	国家	广域网	6 kbit/s ~ 45 Mbit/s
1 000 km	洲或洲际		9.6 kbit/s ~ 45 Mbit/s

局域网是指在一个相对较小的地理区域内连接的计算机网络，通常覆盖范围为几米到几千米，例如，在一个办公室、学校或建筑物内。LAN 的特点是传输速率高、延迟低，常见的局域网技术有以太网（ethernet）。

城域网（metropolitan area network, MAN）的覆盖范围大于局域网，但小于广域网，通常覆盖一个城市或地区，范围可达几十到几百千米。MAN 可以看作 LAN 的扩展，用于连接位于同一城市内的多个 LAN，以便于资源共享和通信。MAN 的构建可能涉及光纤、同轴电缆等传输媒介。

广域网（wide area network, WAN）覆盖的地理范围最大，可以跨越国家甚至全球，例如，互联网就是一个典型的 WAN。WAN 通常由电信运营商或 ISP 提供，使用的技术包括卫星通信、微波、光纤等，以实现远距离的数据传输。

互联网不是一种具体的物理网络技术，只是一种将不同的物理网络技术及其子技术统一起来的高层技术。

1.5　网络的拓扑结构

视　频

网络的拓扑结构

计算机网络设计的首要任务就是在给定计算机的分布位置及保证一定的网络响应时间、吞吐量和可靠性的条件下，通过选择适当的传输线路、连接方式，使整个网络的结构合理、成本低廉。为了应对复杂的网络结构设计，人们引入了网络拓扑的概念。

拓扑学是几何学的一个分支，它是从图论演变过来的。拓扑学中首先把实体抽象成与其大小、形状无关的点，将连接实体的线路抽象成线，进而研究点、线、面之间的关系。计算机网络的拓扑结构是指网络中的通信线路和各节点之间的几何排列，它表示网络的整体结构外貌，同时也反映了各个模块之间的结构关系。它影响着整个网络的设计、功能、可靠性和通信费用等，是研究计算机网络的主要内容之一。

网络拓扑结构有总线型、星形、环形、网状、树状、混合型。

1. 总线型网络拓扑结构

总线型拓扑结构是用一条电缆作为公共总线，如图 1-7 所示。入网的节点通过相应接口连接到线路上。网络中的任何节点都可以把自己要发送的信息送入总线，使信息在总线上传播，供目的节点接收。网络上的每个节点既可接收其他节点发出的信息，又可发送信息到其他节点，它们处于平等的通信地位，具有分布式传输控制的特点。

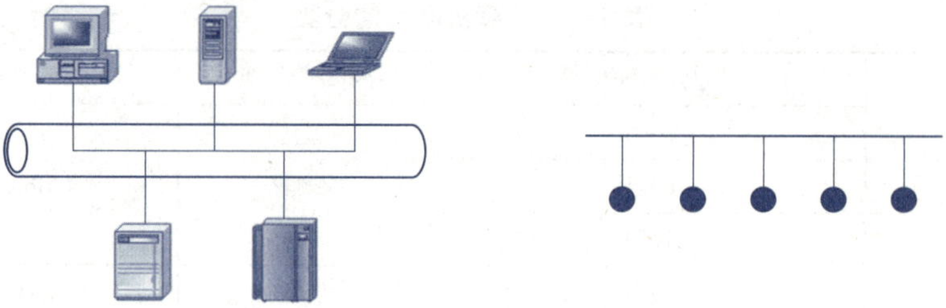

图 1-7　总线型网络拓扑结构

在这种网络拓扑结构中，节点的插入或撤出非常方便，且易于对网络进行扩充，但可靠性不高。如果总线出了问题，则整个网络都不能工作，而且故障点很难被查找出来。

2. 星形网络拓扑结构

在星形网络拓扑结构中，节点通过点到点的通信线路与中心节点连接，如图 1-8 所示。中心节点负责控制全网的通信，任何两个节点之间的通信都要通过中心节点。星形网络拓扑结构具有简单、易于实现以及便于管理的优点，但是网络的中心节点是全网可靠性的瓶颈，中心节点的故障将会造成全网瘫痪。

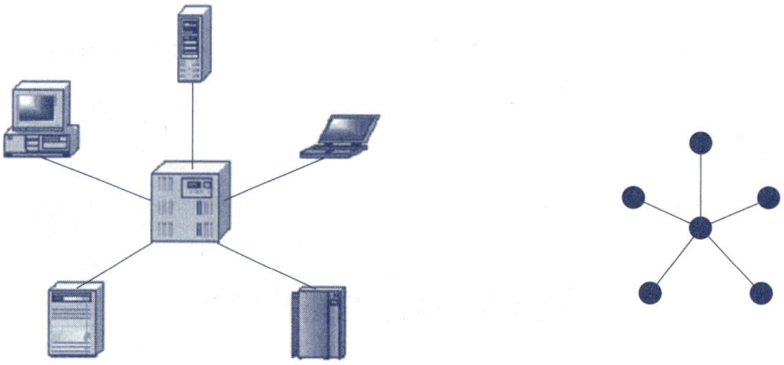

图 1-8　星形网络拓扑结构

3. 环形网络拓扑结构

在环形网络拓扑结构中，节点通过点到点的通信线路连接成闭合环路，如图 1-9 所示。环中数据将沿一个方向逐站传送。环形网络拓扑结构简单、控制简便、结构对称性好、传输速率高、应用较为广泛，但是环中每个节点与实现节点之间连接的通信线路都会成为网络可靠性的瓶颈，因为环中任何一个节点出现线路故障都可能造成网络瘫痪。为保证环形网络的正常工作，需要较复杂的维护处理，环中节点的插入和撤出过程也比较复杂。

图 1-9　环形网络拓扑结构

4. 网状网络拓扑结构

网状网络拓扑结构主要指各节点通过传输线互相连接起来，并且每个节点至少与其他两个节点相连，如图 1-10 所示。网状网络拓扑结构具有较高的可靠性，但其结构复杂，实现起来费用较高，不易管理和维护。规模大的广域网，特别是 Internet，无法采用这种网络拓扑结构。

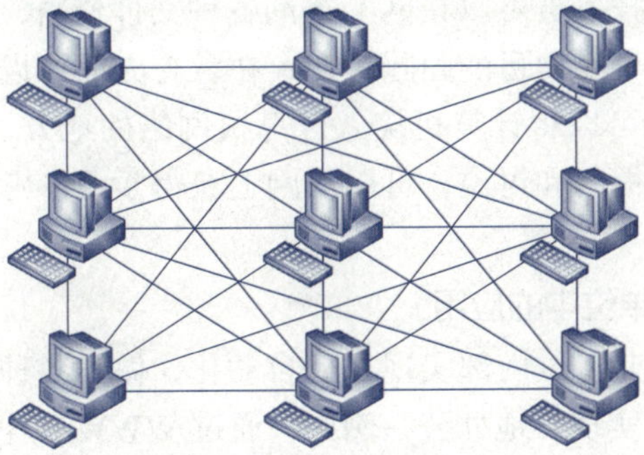

图 1-10　网状网络拓扑结构

以上介绍的是最基本的网络拓扑结构，树状（见图 1-11）是总线型和星形的拓展，几种网络拓扑的优缺点及应用场景见表 1-2。目前，在组建局域网时，常采用以星形为主的几种网络拓扑结构的混合。

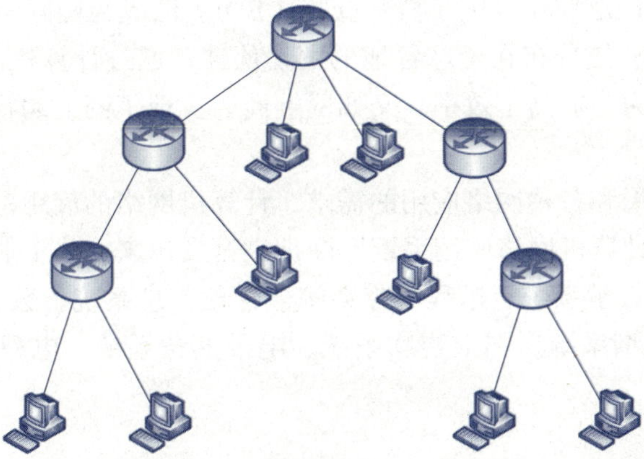

图 1-11　树状网络拓扑结构

表 1-2　几种网络拓扑对比

网络拓扑	优　点	缺　点	应　用
总线型	结构简单、灵活，可扩充性好，传输速率高，响应速度快	安全性低，共用总线，实时性差	ATM 网
星形	结构简单，组网容易，传输速率高，误码率低	网络共享能力较差，通信线路利用率不高	局域网
树状	易于扩展，故障隔离较容易	节点对根的依赖性较大	Internet
环形	通信设备简单，线路消耗少，容易安装	不便于扩充，系统响应时延长	令牌网
网状	可靠性高，传输时延小，资源易于共享	控制复杂，软件复杂	广域网

1.6　应用计算机网络

随着现代信息社会的进步，以及通信和计算机技术的迅猛发展，计算机网络的应用越来越普及，如今计算机网络几乎深入社会的各个领域。Internet 已成为家喻户晓的计算机网络，它也是世界上最大的计算机网络，是一条贯穿全球的“信息高速公路主干道”。

计算机网络的应用突出表现在如下几个方面：

1. 计算机网络在科研和教育中的应用

通过全球计算机网络科技人员可以在网上查询各种文件资料，可以相互交流学术思想和交换实验资料，甚至可以进行科学项目的国际合作；在教育方面可以开设网上课程，实现远程授课，学生可以在家里或其他可以将计算机接入计算机网络的地方，利用多媒体交互功能听课，有什么不懂的问题可以随时提问和讨论，可以从网上获得学习参考资料，并且可以通过网络交作业和参加考试。

2. 计算机网络在企事业单位中的应用

计算机网络可以使企事业单位内部实现办公自动化，做到各种软硬件资源共享，如果将内部网络接入 Internet，还可以实现异地办公，例如，通过 WWW 或电子邮件，可以很方便地与分布在不同地区的子公司或其他业务单位建立联系，不仅能够及时交换信息，而且实现了无纸办公。出差在外的员工通过网络还可以与单位保持通信得到指示，企业可以通过 Internet 搜集市场信息，并发布企业产品信息，取得良好的经济效益。

3. 计算机网络在商业上的应用

随着计算机网络的广泛应用，电子资料交换（EDI）已成为国际贸易的重要手段，它以一种共同认可的资料格式，使分布在全球各地的贸易伙伴，通过计算机网络传输各种贸易单据，节省了大量的人力和物力，提高了效率。又如网上商店实现了网上购物、网上付款等网上消费模式。

随着网络技术的发展和各种网络应用的需求，计算机网络的应用范围在不断扩大，应用领域越来越广。许多新的计算机网络应用系统不断地被开发出来。如工业自动控制系统、辅助决策系统、虚拟大学远程教学系统、远程医疗系统、管理信息系统、数字图书馆、电子博物馆、全球情报检索与信息查询系统、网上购物系统、电子商务系统、电视会议系统、视频点播系统等。

项目实施

任务一　认识校园网的基本结构

任务目的：了解校园网的需求和功能，了解校园网采用的网络结构和网络设备。

任务内容：校园网需求分析、校园网结构设计和设备选型。

任务环境：某学校校园网案例。

任务步骤：

步骤 *1*：了解校园网的业务与性能需求。

某高校校园网络拓扑如图 1-12 所示，该学校在校生大约为 20 000 人，为满足不同用户上网需求，通过负载均衡设备接入电信、联通、中国教育网三个出口。学校主要有教学楼、行政楼、后勤楼、综合楼和学生宿舍区，所有楼宇之间均采用光纤进行连接，楼宇内用户计算机采用双绞线的方式连接到接入交换机。

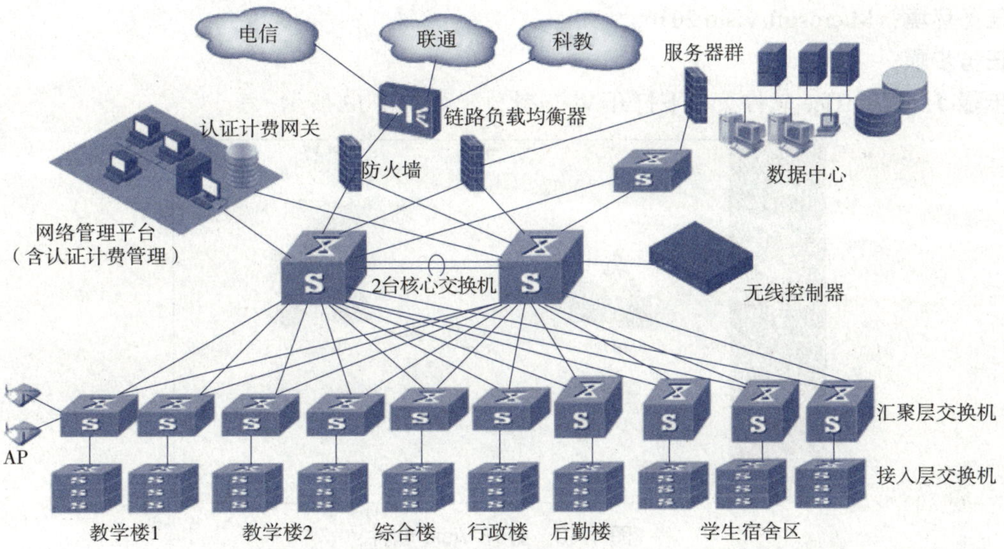

图 1-12　校园网络拓扑

学校为用户提供 OA 系统、FTP 应用系统、教务管理系统、视频点播系统等，并提供 DNS 服务和 DHCP 服务，使用的操作系统有 Windows、Linux 等，数据库有 SQL Server、Oracle 等。校园网内有网络管理平台，可对校园网用户进行统一认证计费管理，通过出口接入广域网，可以实现内部办公及学生在线学习，并能访问 Internet。

步骤 2： 了解校园网的结构。

校园网建设采用核心层、汇聚层、接入层三层架构。接入层提供用户访问网络的接口，主要任务是连接用户设备到网络；汇聚层位于接入层和核心层之间，承担连接不同接入层的任务，负责将数据流量从不同的接入层聚合到核心层，实现数据的转发、交换和策略控制，同时提供高可用的带宽；核心层是网络的骨干，它负责在网络的各部分之间高速、高效地传输数据。核心层通常由一些高速、高容量的设备组成，在图 1-12 中，核心层采用 2 台交换机实现双机热备，即便有一台交换机故障，网络还可以正常运转。

步骤 3： 认识校园网传输介质。

主干网络和汇聚层均采用 10 000 Mbit/s 光纤技术，接入层采用 1 000 Mbit/s 双绞线到桌面。

步骤 4： 认识校园网设备。

校园网设备分为硬件设备和软件设备，硬件设备包括交换机、路由器、防火墙、网络服务器等；软件设备包括专业网管软件、杀毒软件、网络操作系统和各种应用系统等。

步骤 5： 认识组网技术。

以太网技术是目前应用最广泛的局域网技术，具有技术成熟、成本较低、灵活、可扩展性和稳定性好，易于使用和管理的优点，该校园网使用以太网技术，采用三层网络架构，以万兆以太网作为网络主干链路，接入网络采用千兆以太网技术。

任务二　使用 Visio 绘制网络拓扑图

任务目的： 掌握 Microsoft Visio 2016 的使用方法。

任务内容： 使用 Visio 绘制网络拓扑图。

任务环境：Microsoft Visio 2016。

任务步骤：

步骤 *1*：在 Office 软件菜单下打开 Visio 软件，如图 1-13 所示。

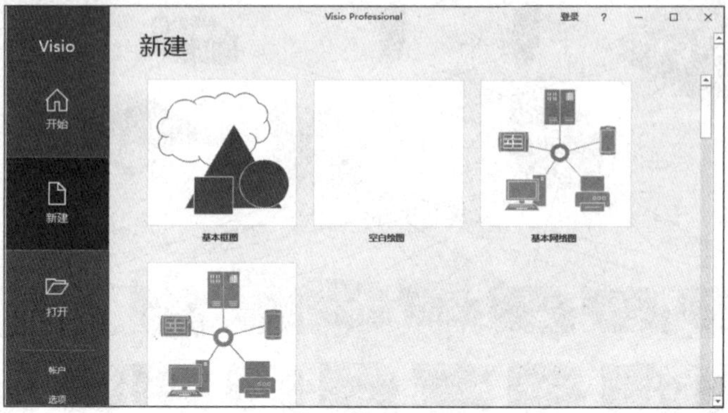

图 1-13　打开 Visio 软件

步骤 *2*：选择类别“基本网络图”，如图 1-14 所示。

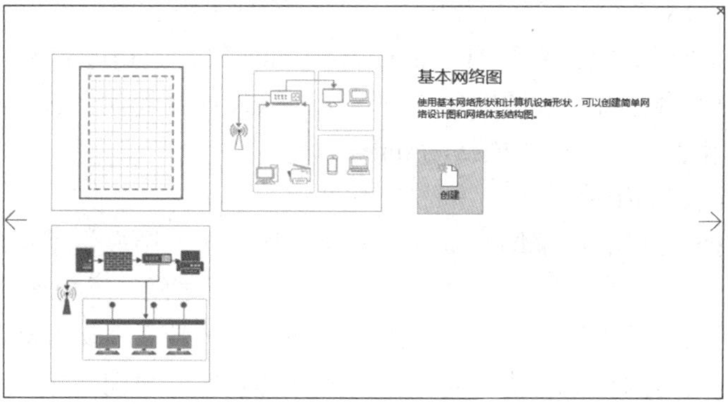

图 1-14　选择基本图网络

步骤 *3*：单击“创建”按钮，进入绘图模式，如图 1-15 所示。

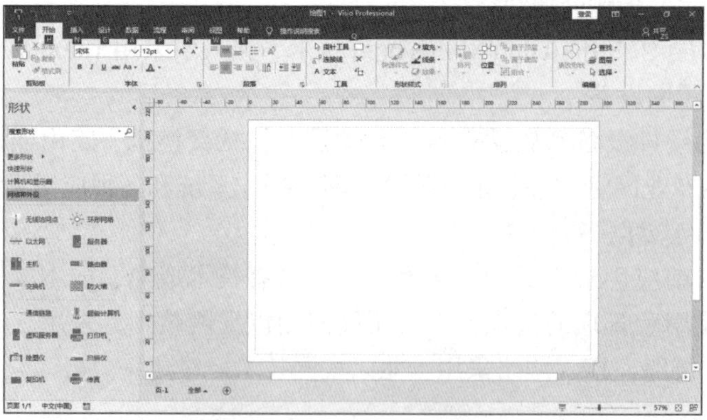

图 1-15　进入绘图模式

步骤 *4*：左侧是网络图库抽屉，可单击选择其中的图标并拖动到右侧的网格中。也可以通过“形状”搜索框检索需要的图标，如图 1-16 所示。

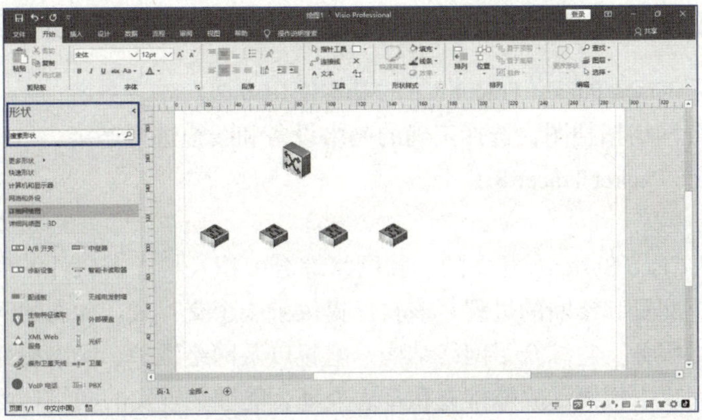

图 1-16　拖入图标

步骤 5：由于图库是标准化构件，不会有任何品牌的公司产品，如果需要可复制粘贴各种图形。如果需要其他类型的图库，可在左侧网络图库抽屉菜单中选择“更多形状”命令，然后选择下方子菜单中的形状图，就会在左侧新增一个图库抽屉，如图 1-17 所示。

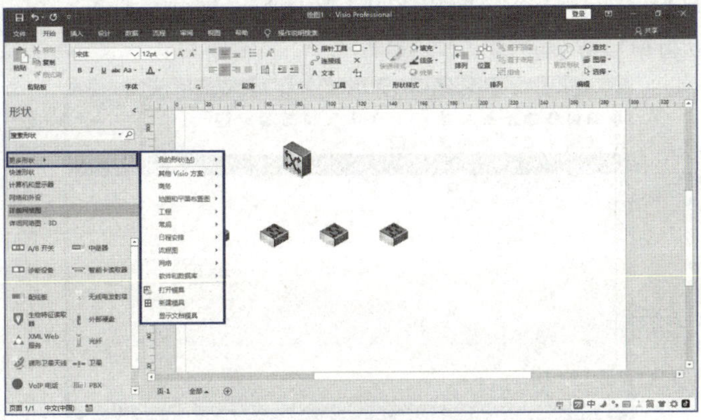

图 1-17　添加更多形状

步骤 6：选择“连接线工具”，可在各图形中连线，这和 Word 操作相似，此处不介绍。重复上述步骤即可使用 Visio 绘制出网络拓扑图，如图 1-18 所示。

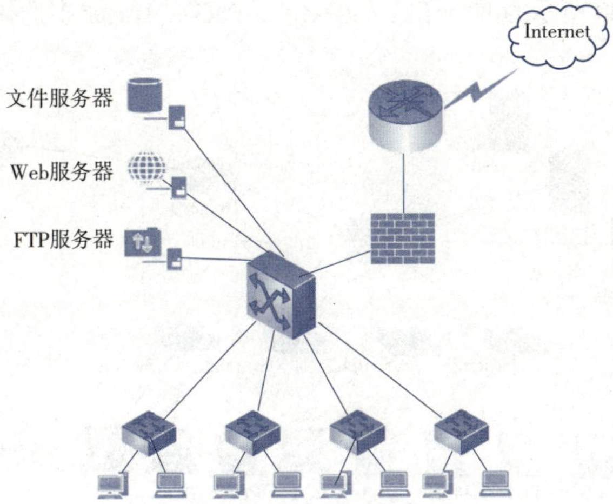

图 1-18　网络拓扑图

任务三　使用 Cisco Packet Tracer 规划简易网络

任务目的：学习 Cisco Packet Tracer 8.1 的基本使用方法。

任务内容：结合网络拓扑图，选择正确的网络设备和线缆进行连接。

任务环境：Cisco Packet Tracer 8.1。

任务步骤：

Packet Tracer 是 Cisco Systems 开发的一款网络综合模拟及检查器软件，用于模拟、演示、教学和学习网络设置、配置和诊断的过程。该软件提供了一个交互式、动态的网络环境，可以真实模拟网络设备和网络服务。它综合了网络结构、配置以及网络维护、网络拓扑功能，包括网络协议和拓扑检测、应用攻击检测、故障排查和日志处理，能够在现实的网络环境下完成模拟配置和维护，通过定制的网络拓扑构建、模拟和调试，来辅助学习者和研究人员理解网络原理并掌握网络技术。此外，Packet Tracer 还提供了强大的组网功能，包括网络端口调试、IP 地址配置等。

步骤 1：启动 Cisco Packet Tracer。

启动 Cisco Packet Tracer 8.1 后，出现图 1-19 所示的用户界面。用户界面可以分为菜单栏、主工具栏、公共工具栏、工作区、物理和逻辑工作区栏、模式选择栏、设备类型选择框、设备选择框和用户创建分组窗口等。

图 1-19　启动 Packet Tracer

步骤 2：按照图 1-20 所示的网络拓扑，在 Cisco Packet Tracer 中选择相应的网络设备和线缆进行连接。

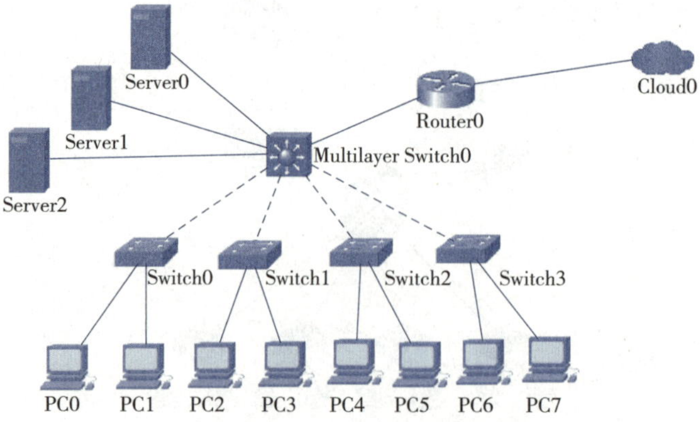

图 1-20　网络拓扑

素质拓展

互联网行业从业人员职业道德准则

2022年1月5日，《互联网行业从业人员职业道德准则》（以下简称《准则》）由中国网络社会组织联合会正式发布。《准则》从行业自律的角度为互联网行业从业人员自觉规范职业行为、加强职业道德建设提供了依据和指南，有利于营造良好的网络生态环境，推动互联网行业健康发展。

准则的具体内容如下：

为加强互联网行业从业人员职业道德建设，规范职业道德养成，营造良好网络生态，推动互联网行业健康发展，依据《新时代公民道德建设实施纲要》、网信领域法律法规，结合互联网行业从业人员职业特点和相关监管要求，制定本准则。

一、坚持爱党爱国。坚持用习近平新时代中国特色社会主义思想特别是习近平总书记关于网络强国的重要思想武装头脑、指导实践、推动工作，增强“四个意识”、坚定“四个自信”、做到“两个维护”，热爱党、热爱祖国、热爱社会主义，坚决拥护党的路线方针政策。

二、坚持遵纪守法。强化法治观念、树立法治意识，带头遵守法律法规，严格落实治网管网政策要求，遵守公序良俗，抵制不良倾向，保守国家秘密，维护网络安全、数据安全和个人信息安全，推动互联网在法治轨道健康运行。

三、坚持价值引领。树立正确的政治方向、价值取向、舆论导向，大力弘扬和践行社会主义核心价值观，唱响主旋律、传播正能量、弘扬真善美，崇德向善、见贤思齐，文明互动、理性表达，推动构建清朗的网络空间。

四、坚持诚实守信。始终把诚信作为立身之本、从业之要，传播诚信理念，倡导诚信经营，重信守诺、求真务实、公平竞争，做到不恶意营销、不虚假宣传、不造谣传谣、不欺骗消费者。

五、坚持敬业奉献。立足本职、爱岗敬业，注重自我管理和自我提升，培养良好的职业素养和职业技能，发扬奉献精神，履行社会责任，始终把社会效益摆在突出的位置，实现社会效益与经济效益的统一。

六、坚持科技向善。坚决防范滥用算法、数据等损害社会公共利益和公民合法权益，充分发挥科技创新的驱动和赋能作用，运用互联网新技术新应用新业态，构筑美好数字生活新图景，助力经济社会高质量发展。

思考与练习

一、填空题

1. 计算机网络是________和________相结合的产物。

2. 从计算机网络各部分实现的功能来看，计算机网络可分成________和________两部分。

3. 按照地理覆盖范围，计算机网络可分为________、________和________。

4. 从计算机网络的实际结构来看，网络主要由________和________两部分组成。

二、简答题

1. 什么是计算机网络？简述局域网与广域网的区别。

2. 常见的网络拓扑结构有哪几种？各有什么优缺点？

3. 分析自己所在学校的计算机网络，并画出拓扑图。

项目二 认识常见的网络硬件

项目导读

小飞在大牛的指导下，通过网络拓扑图，对校园网络中各节点硬件设备以及互连的传输线路有了一个大致的了解。接下来，小飞决定自己对照拓扑图，实地去具体认识校园网内各网络硬件设备。

1. 认识局域网中常用的传输线路和硬件设备。
2. 了解常用网络硬件设备的性能指标。

知识导图

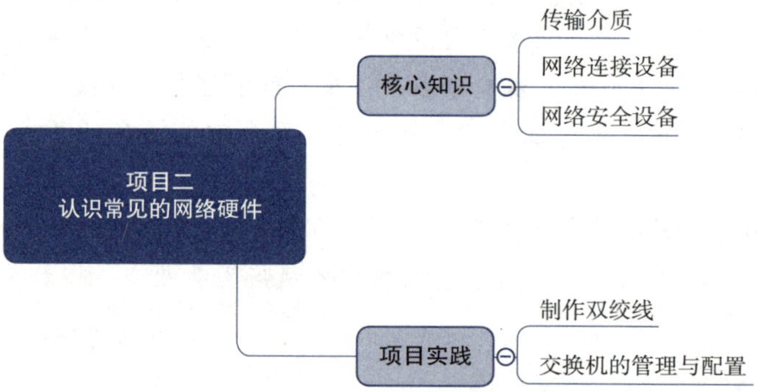

项目目标

知识目标

1. 认识局域网中常用的网络硬件设备。
2. 了解常用网络设备的性能指标。

技能目标

1. 能够制作直通线和交叉线。
2. 能够配置交换机的密码和时间。

素养目标

1. 培养学生在配置和维护网络设备时的细致和耐心，确保网络设备的正常运行。
2. 增强学生的网络安全意识，培养学生按操作规范进行操作的习惯。

知识准备

2.1　传输介质

视　频

传输介质

传输介质是通信网络中发送方和接收方之间的物理通路，是网络连接设备间的中间介质，也是信号的传输媒体。传输介质可分为两类，有线传输介质和无线传输介质，有线传输介质是指利用电缆或光缆等充当传输导体的传输介质，如双绞线、同轴电缆和光导纤维等。无线传输介质，是指利用电波或光波充当传输导体的传输介质，如无线电、微波、红外线等，传输介质的分类如图 2-1 所示。

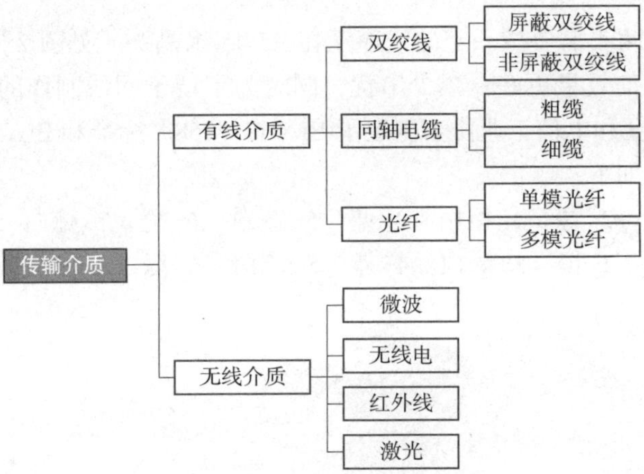

图 2-1　传输介质的分类

由于传输介质是计算机网络最基础的通信设施，因此其性能好坏对网络的影响较大，衡量传输介质性能优劣的主要技术标准有传输距离、传输带宽、衰减、抗干扰能力、连通性和价格等。

1. 双绞线

双绞线（twisted pair, TP）是综合布线工程中最常用的一种传输介质，由 8 根不同颜色的线分成 4 对两两绞合在一起，成对扭绞的作用是尽可能减少电磁辐射与外部电磁的干扰，两两扭绞在一起也是其叫双绞线的原因。双绞线可用于电话通信中模拟信号传输，也可用于数字信号的传输。双绞线按其是否外加金属网丝套的屏蔽层，而分为屏蔽双绞线（shielded twisted pair, STP）和非屏蔽双绞线（unshielded twisted pair, UTP）两种，非屏蔽双绞线因为少了屏蔽网，所以价格便宜，使用更多。

1）非屏蔽双绞线

非屏蔽双绞线是目前有线局域网中最常用的一种传输介质。它的频率范围对于传输数据和声音很合适，一般在 100 Hz~5 MHz 之间，如图 2-2（a）所示。

2）屏蔽双绞线

屏蔽双绞线由金属导线包裹，然后将其包上橡胶外皮，比非屏蔽双绞线的抗干扰能力更强，传送数据更可靠，但生产的成本较高，与非屏蔽双绞线相比，该线的价格较高，如图 2-2（b）所示。

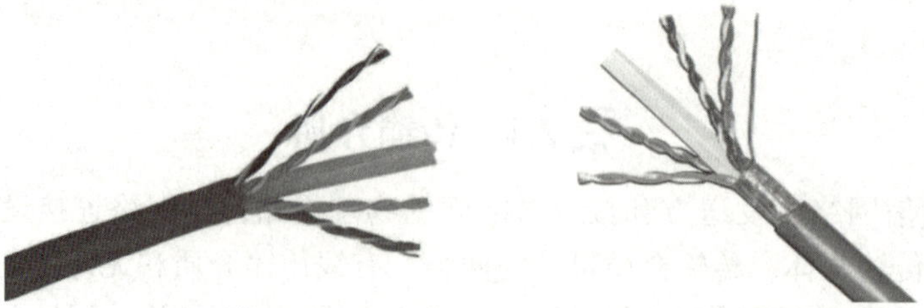

（a）非屏蔽双绞线　　（b）屏蔽双绞线

图 2-2　非屏蔽双绞线与屏蔽双绞线

3）双绞线的线序

在使用时，双绞线的两头需要按一定的线序压在 RJ-45 水晶头（见图 2-3）内，这时就称其为网线，为了使网线的通信效果更好，减少串扰，同时为了便于网线制作的统一及网络的管理和维护，美国电子工业协会和电信工业协会制定了 EIA/TIA 568A 标准和 EIA/TIA 568B 标准（见图 2-4）。它们的具体线序如下：

T568A 线序：1- 绿白　2- 绿　3- 橙白　4- 蓝　5- 蓝白　6- 橙　7- 棕白　8- 棕

T568B 线序：1- 橙白　2- 橙　3- 绿白　4- 蓝　5- 蓝白　6- 绿　7- 棕白　8- 棕

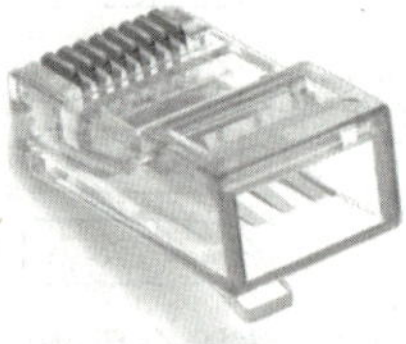

图 2-3　RJ-45 水晶头

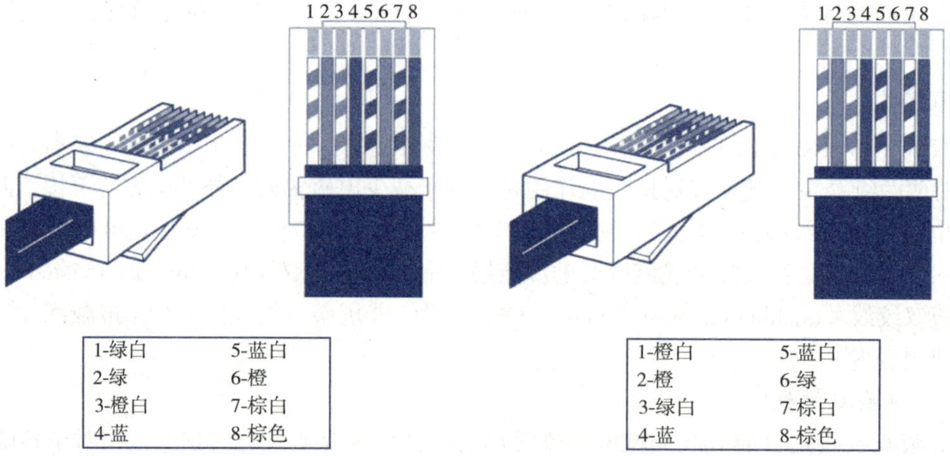

（a）T568A线序　　（b）T568B线序

图 2-4　T568A 与 T568B 线序

4）双绞线的种类及用途

根据双绞线两端水晶头线序的不同，双绞线可以分为三类。

（1）直通线：两端都按 T568B 线序标准压制，或两端都按 T568A 线序标准压制。该线用于异构网络设备之间的互连，如计算机到交换机、交换机到路由器等，在日常的使用中该种类型的双绞线使用量最大，并且基于 T568B 标准制作的线更通用。

（2）交叉线：一端按 T568A 线序压制，另一端按 T568B 线序压制，该线用于同种类型网络设备之间的互连，如计算机到计算机和交换机至交换机。最常用的场合是家中的笔记本计算机和台式计算机互连成网，不需要购买其他网络设备（网卡往往是集成的），只须用交叉线把两个网卡连接起来，配套上 IP 的参数（IP 地址、子网掩码）即可实现通信。

（3）反转线：双绞线的一端是 T568B 标准，另一端是 T568B 标准的反序，或一端是 T568A 标准，另一端是 T568A 标准的反序，它常用于计算机的 COM 口，通过 DB9 转 RJ-45 的转接头连接到交换机（或路由器）的控制端口（console）（见图 2-5），实现用计算机对交换机或路由器进行配置。

图 2-5 DB9 转 RJ-45 的配置线

说明：当两台交换机互连时，如果一台交换机用的是普通端口，另一台交换机用的是特殊端口（如 UP-LINK 的专用端口），使用直通电缆进行连接。当互连的两台交换机用的均为普通端口或均为特殊端口时，使用交叉线进行连接。

制作网线时，如果不按标准制作，虽然有时候线路也能接通，但是线路内部各线对之间的干扰不能有效消除，从而导致信号传送出错率升高，最终影响网络的整体性能，只有按规范标准制作才能保证网络的正常运行，也会给后期的维护工作带来便利。

双绞线在传输信号时存在衰减和时延，因此双绞线最大无中继传输距离为 100 m，而在 100 Base-T 双绞线以太网中的“100”表示数据传输速率为 100 Mbit/s。

2. 同轴电缆

图 2-6 所示为同轴电缆结构，同轴电缆（coaxial cable）是由内外相互绝缘的同轴心导体构成的电缆，内导体为铜线，外导体为铜管或铜网。电磁场封闭在内外导体之间，故辐射损耗小，受外界干扰影响小，它常用于传送多路电话或电视信号，也是局域网中最常见的传输介质之一。防止外部电磁波的干扰，是把其设计为“同轴”的一个重要原因，同轴电缆的结构组成，从内向外分别是：内导体、绝缘层、外导体和外部保护层。内导体和外导体用于传输数据；绝缘层用于内导体与外导体相应的绝缘，外部保护层用于保护电缆。

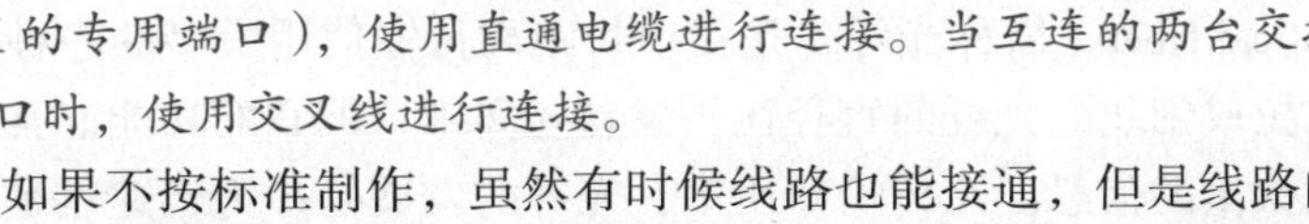

图 2-6 同轴电缆结构

1）同轴电缆的分类

同轴电缆一般是铜质的，能提供良好的传导性。同轴电缆分为基带同轴电缆和宽带同轴电缆两类，它们的线间特性阻抗分别为 50 Ω 和 75 Ω。

（1）基带同轴电缆（50 Ω）。基带同轴电缆用来传输数字信号，适合距离较短、速度要求不高的局域网。基带同轴电缆又分为细缆和粗缆。

细缆，用于构建 10 Base2（10 Mbit/s 带宽，基带传输，最大传输距离为 185 m）的网络，网卡接口是 BNC 口。

粗缆，用于构建 10 Base5（10 Mbit/s 带宽，基带传输，最大传输距离为 500 m）的网络，网卡接口是 AUI 口。

（2）宽带同轴电缆（75 Ω），宽带同轴电缆采用宽带传输，即采用模拟信号进行传输，用于构建有线电视网。

2）同轴电缆的特性

（1）数据传输速率可达到 10 Mbit/s。

（2）宽带同轴电缆既可以传输模拟信号，又可以传输数字信号。

（3）抗干扰性通常高于双绞线，低于光纤。

（4）价格，高于双绞线，低于光纤。

（5）典型基带同轴电缆的最大距离限制在几千米内，宽带同轴电缆可达十几千米。但是在 10 Base5 这种用粗缆组建的以太网中，传输距离最大为 500 m。在 10 Base2 这种用细缆组建的以太网中，传输距离最大为 185 m。

3. 光导纤维

光导纤维（optical fiber）简称光纤，是目前长距离传输使用最多的一种传输介质，是用纯石英以特别的工艺拉成细丝，光纤的直径比头发丝还要细，但它的功能非常强大，可以在很短的时间内传递巨大数量的信息。在传输介质中，光纤的发展是最为迅速也是最有前途的。不论光纤如何弯曲，当光线从它的一端射入时，大部分光线可以经光纤传送至另一端。

光缆（optical cable）：主要是由光导纤维（细如头发的玻璃丝）和塑料保护套管及塑料外皮构成。光缆是一定数量的光纤按照一定方式组成缆心，外包有护套，有的还包覆外护层，用以实现光信号传输的一种通信线路。即光缆由光纤（光传输载体）经过一定的工艺而形成的线缆，如图 2-7 所示。

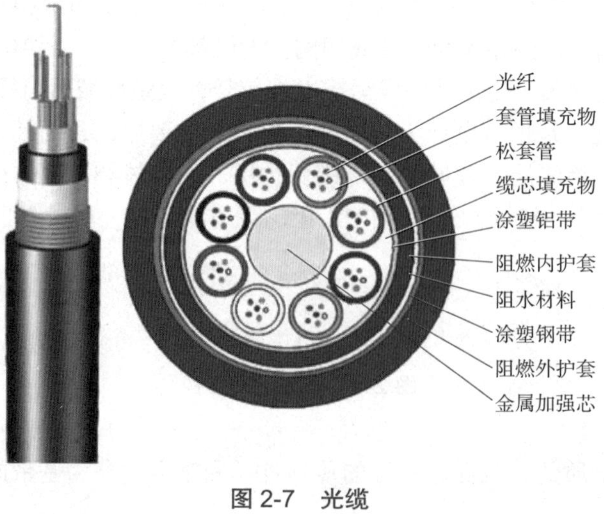

图 2-7　光缆

1）光纤的特点

（1）传输损耗小、中继距离长，远距离传输特别经济。

（2）抗雷电和电磁干扰性好。

（3）无串音干扰，保密性好；体积小，质量小。

（4）通信容量大，每波段都具有 25 000 ～ 30 000 GHz 的带宽。

2）光纤的分类

国际电工委员会（International Electrotechnical Commission, IEC）按光纤所用材料、折射率分布形状等因素，将光纤分为 A 和 B 两大类：A 类为多模光纤（multimode fiber），B 类为单模光纤（monomode fiber）。

多模光纤采用发光二极管 LED 作为光源，允许多条不同角度入射的光线在一条光纤中传输，即有多条光路。多模光纤在传输过程中的衰减比单模光纤大，无中继条件下，在 10 Mbit/s 及 100 Mbit/s 的以太网中，多模光纤最长可支持 2 000 m 的传输距离，而在 1 Gbit/s 的千兆以太网中，多模光纤最长可支持 550 m 的传输距离。因此，多模光纤适合近距离通信。

单模光纤的光纤直径与光波波长相等，只允许一条光线在一条光纤中直线传输，即只有一种光路。在无中继条件下，传播距离可达到几十千米，采用激光作为光源。

单模光纤传输性能比多模光纤好，所以价格也高于多模光纤。

3）光纤的工作原理

简单地说，光纤的工作原理就是利用玻璃纤维的全反射。光能够在玻璃纤维中传递，是利用光在折射率不同的两种物质的交界处，产生“全反射”的原理。为了防止光线在传导过程中“泄漏”，必须给玻璃细丝穿上“外套”，它主要由纤芯和包层两部分组成。光纤的结构呈圆柱形，中间是直径为 8 μm 或 50 μm 的纤芯，具有高折射率，外面裹上低折射率的包层，最外面是塑料护套，特殊的制造工艺、特殊的材料，使光纤既纤细似发又柔软如丝，并能抗压、抗弯曲。由于包层的折射率比芯线折射率小，这样进入芯线的光线在芯线与包层的界面上作多次全反射而曲折前进，不会透过界面，仿佛光线被包层紧紧地封闭在纤芯内，使光线只能沿着纤芯传送，就好像自来水只能在水管里流动一样。

4. 无线传输介质

无线传输介质一般是指人们看不到、摸不着的传输介质，或者不是人为架设的介质，在这些传输介质中传输的信号是电磁波。无线传输所使用的频段很广，人们现在已经利用了好几个频段进行通信，目前多采用无线电波、微波、红外线和激光等。

1）无线电波

无线电波是指在自由空间（包括空气和真空）传播的射频频段的电磁波。

无线电波（频率范围为 10 ～ 16 kHz）是一种能量的传播形式，电场和磁场在空间中是相互垂直的。并都垂直于传播方向，在真空中的传播速度等于光速（300 000 km/s）。无线电波通信主要用于广播通信中。

无线电波的传播方式有两种：

（1）直线传播，即沿地面向四周传播。

在 VLF、LF、MF 频段，无线电波沿着地面传播，在较低频率上可以在 1 000 km 以外检测到它，在较高频率上的距离要近一些。

（2）靠大气层中电离层的反射传播。

在 HF 和 VHF 频段，地表电磁波被地球吸收，但是到达电离层（离地球 100 ~ 500 km 高的带电粒子层）的电磁波被它反射回地球，在某些天气情况下，信号可能反射多次。

2）微波

微波是指频率为 300 MHz ~ 300 GHz 的电磁波，是一种定向传播的电磁波，在 1 000 MHz 以上，微波沿直线传播，因此可以集中于一点，通过卫星电视接收器，把所有能量集中于一小束，便可以获得极高的信噪比。但是发射天线和接收天线必须精准地对准，除此以外，这种方向性使成排的多个发射设备可以和成排的多个接收设备通信而不会发生串扰。

微波通信系统主要分为地面系统和卫星系统两种。

（1）地面系统：采用定向抛物线天线，这要求发送和接收方之间的通路之间没有大障碍物。地面系统的频率一般为 4 ~ 6 GHz 或 21 ~ 23 GHz，其传输率取决于频率。微波对外界的干扰比较敏感。

（2）卫星系统：利用地面上的定向抛物天线，将视线指向地球同步卫星。收、发双方都必须安装卫星接收及发射设备，且收、发双方的天线都必须对准卫星，否则不能收发信息。

3）红外线

目前，广泛使用的家电遥控器几乎都采用红外线传输技术，红外线网络使用红外线通过空气传输数据。红外线局域网采用小于 1 μm 波长的红外线作为传输媒体，有较强的方向性，但受太阳光的干扰大，对非透明物体的透过性极差，这导致传输距离受限制。

优点：

作为一种无线局域网的传输方式，红外线传输的最大优点是不受无线电波的干扰。

如果在室内发射红外线，室外就收不到，这可避免各个房间的红外线相互干扰，并有效地进行数据保密控制。

缺点：

传输距离有限，受太阳光的干扰大，一般只限于室内通信，而且不能穿透坚实的物体（如砖墙等）。

4）激光

激光也可以在空气中传输数据。和微波通信相似，激光传输系统至少由两个激光站组成，每个站点都拥有发送信息和接收信息的能力。激光设备通常安装在固定位置上，较多安装在高山上的铁塔上，并且与天线相互对应。由于激光能在很长的距离上聚焦，因此激光的传输距离很远，能传输几十千米。

激光与红外线类似，也需要无障碍地直线传播。任何阻挡激光的人或物都会阻碍正常的传输，激光不能穿过建筑物和山脉，但可以穿透云层。

2.2 网络连接设备

网络连接设备是指用于建立、管理和维护计算机网络连接的硬件设备或系统。这些设备可以在不同网络之间传输数据，将数据包从一个设备传输到另一个设备，或者帮助计算机设备连接到网络并进行通信。

常见的网络连接设备有网络接口卡、调制解调器、集线器、交换机、路由器、网关等。它们各自具有不同的功能和作用，用于实现特定的网络连接需求和功能。例如，路由器用于在不同网络之间传递数据包并决定最佳路径，而交换机则用于在局域网内部传递数据包。

1. 网络接口卡

视　频

网络接口卡

网络接口卡（network interface card, NIC）又称网络适配器或网卡，是局域网中最基本的部件之一，它是连接计算机与网络的硬件设备，网卡上面装有处理器和存储器（包括 RAM 和 ROM）。当网卡接收到一个有差错的帧时，它就将这个帧丢弃而不必通知它所插入的计算机。当网卡接收到一个正确的帧时，它就使用中断功能来通知该计算机并交付给协议栈中的网络层。当计算机要发送一个 IP 数据报时，它就由协议栈向下交给网卡，由网卡组装成帧后发送到局域网。

图 2-8　PCI-E、PCMICA、USB 接口网卡

1）网卡的功能

现在各厂家生产的网卡种类繁多，但其功能大同小异，如图 2-8 所示，分别为 PCI-E、PCMICA、USB 接口网卡。网卡的主要功能有以下三个：

（1）数据的封装与解封，发送时将上一层交下来的数据加上首部和尾部，封装成以太网的帧，并通过网线（对无线网络来说就是电磁波）将数据发送到网络上。接收时将以太网的帧剥去首部和尾部，然后送交上一层。

（2）链路管理，主要是 CSMA/CD（carrier sense multiple access with collision detection，载波侦听多路访问 / 冲突检测）协议的实现。

（3）编码与译码，即曼彻斯特编码与译码。

每块网卡都有唯一的网络节点地址，它是网卡生产厂家在生产时烧入 ROM（只读存储芯片）中的，通常称为 MAC 地址（物理地址），且保证绝对不会重复。

2）网卡的分类

（1）按网卡的总线接口类型划分。一般可分为 ISA 接口网卡、PCI/PCI-X/PCI-E 接口网卡、USB 接口网卡和笔记本计算机使用的 PCMCIA 接口网卡。其中 ISA/PCI 是较为早期的总线接口，这种类型的网卡现在市场上已逐渐开始淘汰，在工业级应用、服务器计算机上用的主要是 PCI-E 接口，而 USB 接口的网卡主要应用在消费级电子产品中。

（2）按网络接口划分。网卡最终要与网络进行连接，所以也就必须有一个接口是网线，通过它与其他网络设备连接起来。不同的网络接口适用于不同的网络类型，常见的接口主要有以太网的 RJ-45 接口、SC 型光纤接口、细同轴电缆的 BNC 接口和粗铜轴电缆的 AUI 接口、FDDI 接口、ATM 接口等。

（3）按带宽划分。随着网络技术的发展，网络带宽也在不断提高，这样就出现了适用于不同网络带宽环境下的网卡产品，常见的网卡主要有 10 Mbit/s 网卡、100 Mbit/s 网卡、10/100 Mbit/s 自适应网卡、1 000 Mbit/s 网卡四种。

（4）按网卡应用领域划分，可以将网卡分为应用于工作站的网卡和应用于服务器的网卡。

服务器网卡相对于工作站网卡来说，在带宽、接口数量、稳定性、纠错等方面都有比较明显的提高。此外，服务器网卡通常都支持冗余备份、热插拔等功能。

当然，如果按网卡是否提供有线传输介质接口，还可以分为有线网卡和无线网卡。

3）网卡的选择

（1）选择性价比高的网卡。由于网卡属于技术含量较低的产品，品牌网卡和普通网卡在性能方面并不会相差太多。因此，对于普通用户来说没有必要非去购买 Intel、3Com 等品牌网卡。

（2）根据组网类型选择网卡。用户在选购网卡之前，最好应明确需要组建的局域网是通过什么介质来连接各个工作站的，工作站之间数据传输的容量和要求高不高等因素。现在大多数局域网都使用双绞线连接工作站，因此 RJ-45 接口的网卡就成为普通用户的首选产品。此外，如果局域网对数据传输的速度要求很高时，还必须选择合适带宽的网卡。一般个人用户和家庭组网时因传输的数据信息量不是很大，主要可选择 10/100 Mbit/s 自适应网卡。

（3）根据工作站选择合适总线类型的网卡。由于网卡要插在计算机的插槽中，这就要求所购买的网卡总线类型必须与装入机器的总线相符。目前市场上应用最为广泛的网卡通常为 PCI 总线网卡。

（4）根据使用环境选择网卡。为了能使选择的网卡与计算机协同高效地工作，还必须根据使用环境来选择合适的网卡。在普通工作站中，选择常见的 10/100 Mbit/s 自适应网卡即可。相反，服务器中的网卡就应该选择带有自动功能处理器的高性能网卡；另外，还应该让服务器网卡实现高级容错、带宽汇聚等功能，这样服务器就可以通过增插几块网卡提高系统的可靠性。

（5）根据特殊要求选择网卡。不同的服务器实现的功能和要求也是不一样的，用户应该根据局域网实现的功能和要求选择网卡。例如，如果需要对网络系统进行远程控制，则应该选择一款带有远程唤醒功能的网卡；如果想要组建一个无盘工作站网络，就应该选择一款具有远程启动芯片（BOOTROM 芯片）的网卡。

2. 交换机

交换机（switch）和集线器（hub）都是用于局域网内部传递数据包的两种常见设备，集线器工作在 OSI 模型的物理层，而交换机工作在 OSI 模型的数据链路层。交换机是集线器的换代产品，其作用也是将传输介质的线缆汇聚在一起，以实现计算机的连接。目前，在实际的网络工程中，几乎全部使用交换机进行网络连接。

1）交换机的功能

交换机在网络中的作用主要体现在以下几方面：

（1）提供网络接口。交换机在网络中最重要的应用就是提供网络接口，所有网络设备的互连都必须借助交换机才能实现。主要包括：连接交换机、路由器、防火墙和无线接入点等网络设备；连接计算机、服务器等计算机设备；连接网络打印机、网络摄像头、IP 电话等其他网络终端。

（2）扩充网络接口。尽管有的交换机拥有较多数量的端口（如 48 口），但是当网络规模较大时，一台交换机所能提供的网络接口数量往往不够，此时，就必须将两台或更多台交换机连接在一起，从而成倍地扩充网络接口。

（3）扩展网络范围。交换机与计算机或其他网络设备是依靠传输介质连接在一起的，而每种传输介质的传输距离都是有限的，根据网络技术不同，同一种传输介质的传输距离是不同的。

当网络覆盖范围较大时，必须借助交换机进行中继，以成倍地扩展网络传输距离，增大网络覆盖范围。

2）交换机的性能指标

（1）转发速率。转发速率指交换机每秒能够处理和转发的数据包数量。转发速率越高，交换机的性能越好。

（2）端口吞吐量。端口吞吐量反映交换机端口的分组转发能力，是指在没有帧丢失的情况下，设备能够接受的最大速率。

（3）背板带宽。背板带宽是交换机接口处理器或接口卡和数据总线间所能吞吐的最大数据量。背板带宽又称交换带宽，体现了交换机总的数据交换能力，单位为 Gbit/s。一台交换机的背板带宽越高，处理数据的能力就越强。

（4）端口数量（number of port）。端口数量指交换机具有的物理端口数量。端口数量越多，交换机可以连接的设备就越多。

（5）MAC 地址数量。每台交换机都维护着一张 MAC 地址表，记录着 MAC 地址与端口的对应关系，交换机就是根据 MAC 地址将访问请求直接转发到对应端口上的。存储的 MAC 地址数量越多，数据转发的速度和效率也就越高，抗 MAC 地址溢出供给能力也就越强。

（6）缓存大小。交换机的缓存用于暂时存储等待转发的数据。如果缓存容量较小，当并发访问量较大时，数据将被丢弃，从而导致网络通信失败。只有缓存容量较大，才可以在组播和广播流量很大的情况下，提供更佳的整体性能，同时保证最大可能的吞吐量。目前，几乎所有廉价交换机都采用共享内存结构，由所有端口共享交换机内存，均衡网络负载并防止数据包丢失。

（7）支持网管功能。网管功能是指网络管理员通过网络管理程序对网络上的资源进行集中化管理的操作，包括配置管理、性能和记账管理、问题管理、操作管理和变化管理等。一台设备所支持的管理程度反映了该设备的可管理性及可操作性，现在交换机的管理通常是通过厂商提供的管理软件或通过第三方管理软件实现的。

（8）VLAN 支持。指交换机是否支持虚拟局域网（VLAN）功能。VLAN 可以将网络分割成多个逻辑上独立的部分，提高网络的灵活性和安全性。

（9）冗余支持。冗余强调了设备的可靠性，也就是当一个部件失效时，相应的冗余部件能够接替工作，使设备继续运转。冗余组件一般包括管理卡、交换结构、接口模块、电源、机箱风扇等。对于提供关键服务的管理引擎及交换结构模块，不仅要求冗余，还要求这些部件具有自动切换的特性，以保证设备冗余的完整性。

3. 路由器

路由器是一种连接多个网络或网段的网络设备，它能将不同网络或网段之间的数据信息进行转发，使不同的网络或网段能够相互识别对方的数据，从而构成一个更大的网络。

路由器有两大主要功能，即数据通道功能和控制功能。数据通道功能包括转发决定、背板转发以及输出链路调度等，一般由特定的硬件完成；控制功能一般用软件实现，包括与相邻路由器之间的信息交换、系统配置、系统管理等。

路由器是 OSI 七层网络模型中的第三层设备，路由器接收到任何一个来自网络中的数据包（包括广播包在内）后，首先要将该数据包第二层（数据链路层）的信息去掉（称为“拆包”），并查看第三层信息。然后，根据路由表确定数据包的路由，再检查安全访问控制列表；若被通过，则再进行第二层信息的封装（称为“打包”），最后将该数据包转发。如果在路由表中查不到对应 MAC 地址的网络，则路由器将向源地址的站点返回一个信息，并把该数据包丢掉。

路由器的性能指标有：

（1）吞吐量。衡量路由器数据包转发能力的关键指标，包括整机吞吐量和端口吞吐量两个方面。整机吞吐量指的是设备整体的包转发能力，而端口吞吐量则是指单个端口上的数据包转发能力。

（2）路由表能力。路由器通常依靠所建立及维护的路由表来决定数据包的转发路径。路由表能力指的是路由器能容纳的路由表项的最大数量。

（3）背板能力。背板指的是输入与输出端口间的物理通路，背板能力通常是指路由器背板容量或者总线带宽能力，这个性能对于保证整个网络之间的连接速度是非常重要的。如果所连接的两个网络速率都较快，而由于路由器的带宽限制，将直接影响整个网络之间的通信速度。

（4）丢包率。丢包率是指路由器在稳定的持续负荷下，由于资源缺少而不能转发的数据包在应该转发的数据包中所占的比例。丢包率是衡量路由器在高负载下性能的重要指标。

（5）时延。时延是指数据包第一个比特进入路由器到最后一个比特从路由器输出的时间间隔。该时间间隔是存储转发方式工作的路由器的处理时间。

（6）时延抖动。时延抖动是指时延变化。数据业务对时延抖动不敏感，所以该指标通常不作为衡量高速核心路由器的重要指标。当网络上需要传输语音、视频等数据量较大的业务时，该指标才有测试的必要性。

（7）背靠背帧数。背靠背帧数是指以最小帧间隔发送最多数据包而不引起丢包时的数据包数量。该指标用于测试核心路由器的缓存能力。对具有线速全双工转发能力的核心路由器来说，该指标值无限大。

（8）服务质量能力。服务质量能力包括队列管理控制机制和端口硬件队列数两项指标。其中，队列管理控制机制是指路由器拥塞管理机制及其队列调度算法，常见的方法有 RED、WRED、WRR、DRR、WFQ、WF2Q 等。

（9）网络管理能力。网络管理是指网络管理员通过网络管理程序对网络上的资源进行集中化管理的操作，包括配置管理、记账管理、性能管理、差错管理和安全管理。设备所支持的网络管理程度体现设备的可管理性与可维护性，通常使用 SNMPv2 协议进行管理。网络管理能力指示路由器管理的精细程度，如管理到端口、到网段、到 IP 地址、到 MAC 地址等，管理能力可能会影响路由器的转发能力。

（10）可靠性和可用性。路由器的可靠性和可用性主要是通过路由器本身的设备冗余程度、组件热插拔、无故障工作时间以及内部时钟精度四项指标来提供保证的。

①设备冗余程度：设备冗余可以包括接口冗余、插卡冗余、电源冗余、系统板冗余、时钟板冗余等。

②组件热插拔：组件热插拔是路由器 24 小时不间断工作的保障。

③无故障工作时间：即路由器不间断可靠工作的时间，该指标可以通过主要器件的无故障工作时间计算或者大量相同设备的工作情况计算。

④内部时钟精度：拥有 ATM 端口做电路仿真或者 POS 口的路由器互连通常需要同步，在使用内部时钟时，其精度会影响误码率。

2.3　网络安全设备

网络安全设备是专门设计用于保护计算机网络免受各种网络威胁和攻击的硬件和软件设备。这些设备旨在监控、检测、阻止和应对可能对网络安全造成威胁的活动，以确保网络的机密性、完整性和可用性。

网络安全设备的作用有以下几个方面：

（1）边界防御：防火墙（firewall）是一种常见的网络安全设备，用于监控和控制进出网络的流量，并根据预设的安全策略来允许或阻止数据包的传输，从而保护网络免受未经授权的访问。

（2）入侵检测与防御：入侵检测系统和入侵防御系统是用于监视网络或系统的活动，并识别、阻止可能有安全事件或违规行为的设备。入侵检测系统用于发现潜在的攻击行为并发出警报，而入侵防御系统则可以主动阻止这些攻击。

（3）安全连接：虚拟私人网络设备用于在公共网络上创建加密的连接，以确保数据在传输过程中的安全性和隐私性。它们允许远程用户安全地访问公司网络资源。

（4）恶意软件防护：反病毒软件和其他恶意软件防护设备用于检测、阻止和清除计算机系统中的恶意软件和病毒，以防止它们对网络安全造成损害。

（5）数据加密：加密设备用于对数据进行加密和解密，以确保数据在传输和存储过程中的安全性，防止未经授权的访问者窃取敏感信息。

（6）安全管理和监控：安全信息和事件管理系统（security information and event management, SIEM）是用于集中管理和分析网络安全事件和日志的设备，以便及时发现和应对安全威胁，并进行安全政策的审计和执行。

在实际网络工程中，根据不同的网络应用场景与需求，通常在网络中部署防火墙、入侵检测系统、入侵防御系统、防病毒网关（防毒墙）等安全设备。

项目实施

任务一　制作双绞线

任务目的： 掌握两种双绞线制作方法，学会使用普通网线测线仪。

任务内容： 使用网钳、六类线制作交叉线。

任务环境： 网络实训室。

任务步骤：

步骤 *1*： 剪线。如图 2-9 所示。

根据所需长度选择双绞线缆的长度，至少 0.6 m，最长不超过 100 m。先用钳子将网线的一端剪齐，然后将剪齐的一端插入到钳子用于剥线的缺口中，注意网线不能弯，直插进去，直到顶住网线钳后面的挡位，稍微握紧压线钳慢慢旋转一圈，让刀口划开双绞线的保护胶皮，拔下胶皮。

步骤 2： 理线。如图 2-10 所示。

剪掉线的外皮后可以看到四对芯线，将四对芯线分开，并将线对扭开，按照统一的排列顺序排列，要注意每条芯线都要拉直，并相对分开排列，不能重叠。

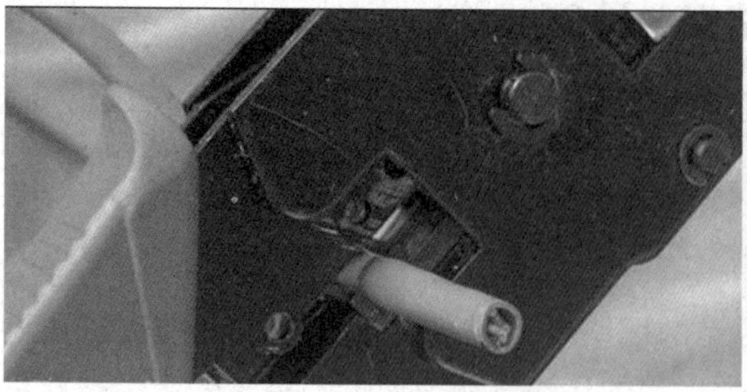

图 2-9　剪线

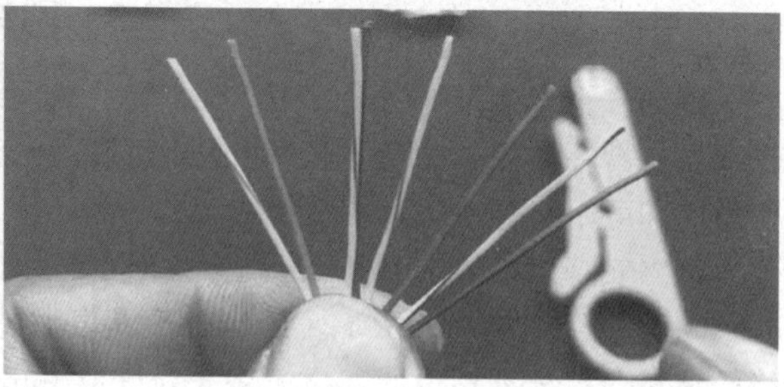

图 2-10　理线

步骤 3：排线。如前知识准备部分 2.1 中图 2-4 所示，按照 EIA/TIA 568B 标准排列芯线。

步骤 4：齐线。如图 2-11 所示，将已经排好的芯线并列一排，再用钳子在垂直于芯线排列方向将芯线剪齐。

步骤 5：插线。如图 2-12 所示，左手水平握住水晶头，塑料扣的一面朝下，开口朝右，将剪齐的双绞线插入水晶头中，插时要将各条芯线插到水晶头的底部，不能弯曲。

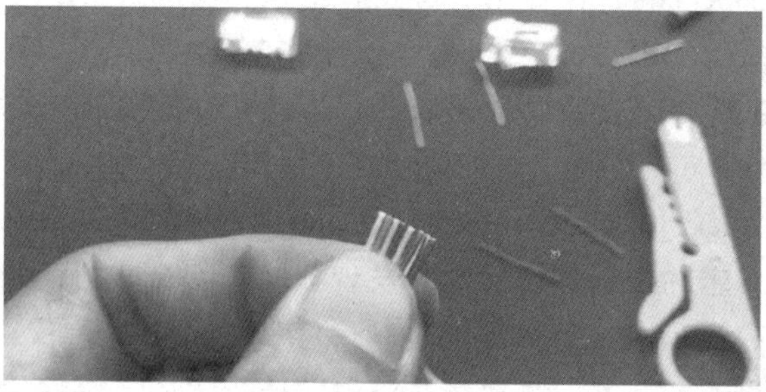

图 2-11　齐线

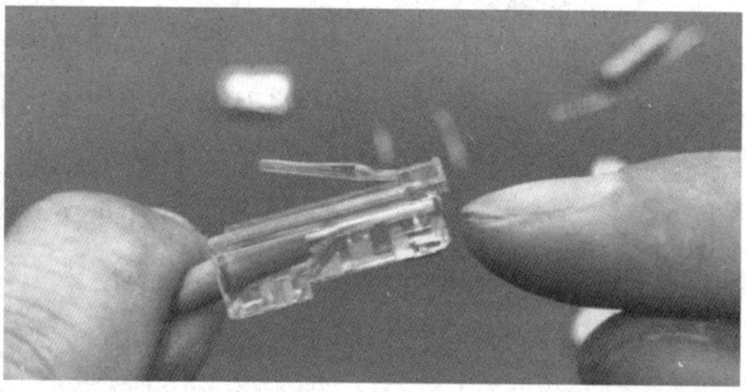

图 2-12　插线

步骤 6：压线。如图 2-13 所示，确认所有芯线都插到水晶头底部后，将水晶头放入钳子的压线缺口处，用钳子压插好线的水晶头，压紧，用手轻拉网线，确保网线和水晶头连接紧密。

步骤 7：重复步骤 1 ~ 6，按照 EIA/TIA 568B 标准制作双绞线的另一端，制作的网线为直通线，如果按照 EIA/TIA 568A 标准制作双绞线的另一端，则所制作的为交叉线。

步骤 8：测线。如图 2-14 所示，用测线仪测验双绞线是否制作成功，如果是直通线，则左右灯亮时一一对应；如果线的连接方式是交叉线，则左右 1 和 3 同时亮，2 和 6 同时亮，其余一一对应。

图 2-13　压线

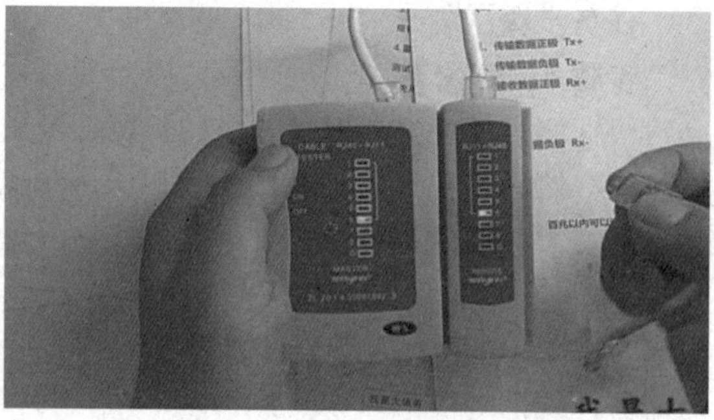

图 2-14　测线

任务二　交换机的管理与配置

任务目的：掌握配置与管理交换机基本方法。

任务内容：通过 CLI 方式配置交换机的基础信息。

任务环境：Cisco Packet Tracer 8.1。

任务步骤：

步骤 1：打开 Packet Tracer，如图 2-15 所示拖入一台 PC 与交换机，用串行口连接线互连 PC 的 RS-232 串行口和网络设备的 Console（控制台）端口。

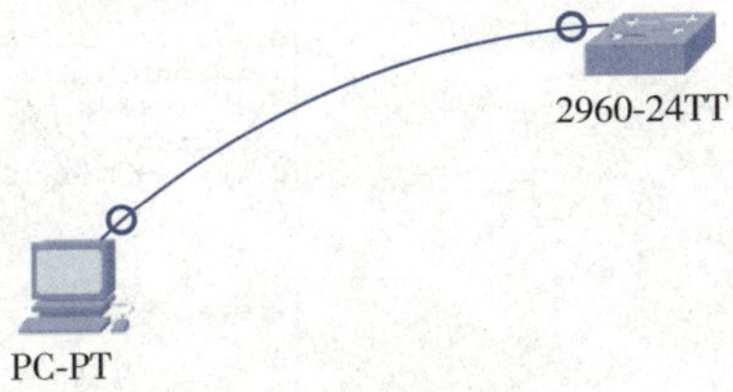

图 2-15　配置交换机

步骤 2：双击 PC，在打开的 PC 桌面选项卡中，启动超级终端 Terminal 程序（见图 2-16），配置超级终端程序参数如图 2-17 所示，按【Enter】键即可进入网络设备的命令行接口（command line interface，CLI）配置界面，如图 2-18 所示。

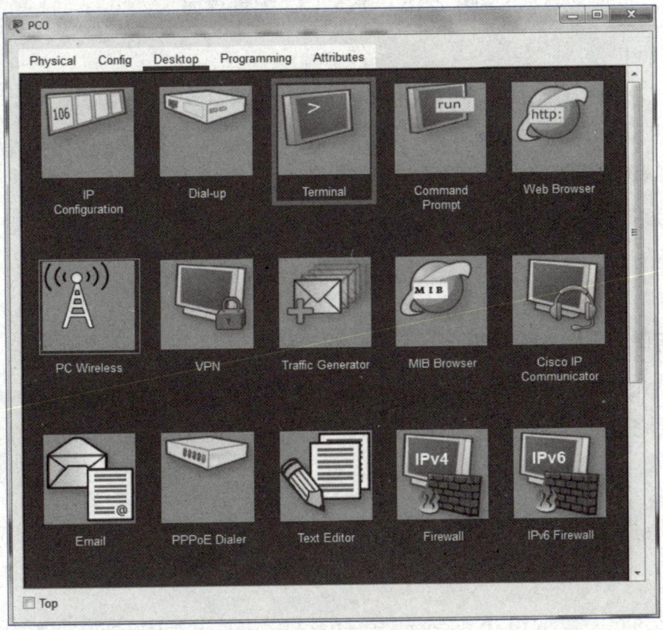

图 2-16　启动 Terminal

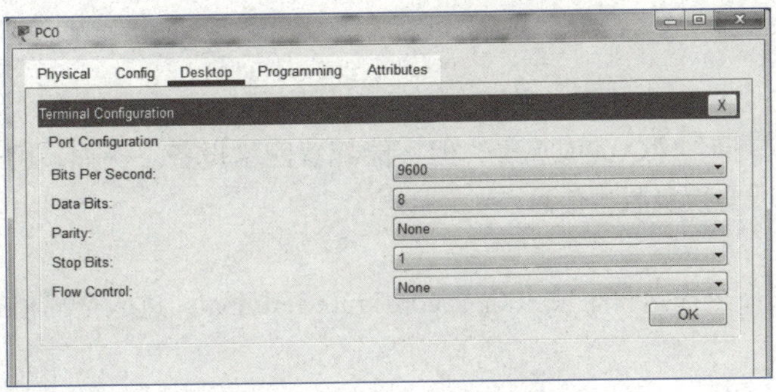

图 2-17　Terminal 参数配置

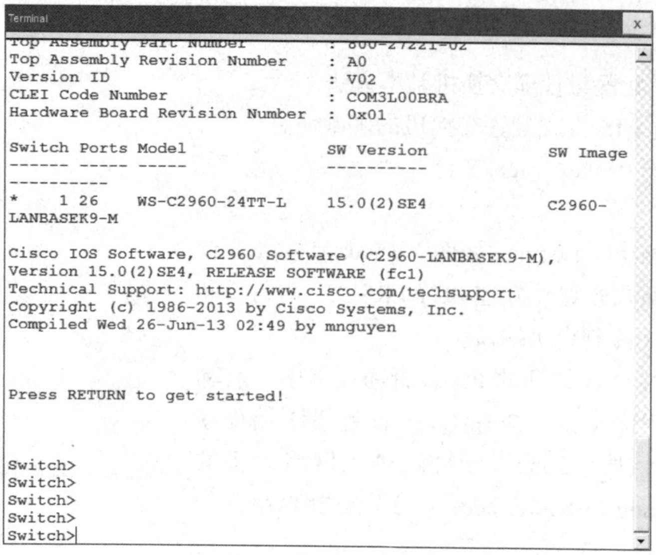

```
Top Assembly Part Number          : 800-27221-02
Top Assembly Revision Number      : A0
Version ID                        : V02
CLEI Code Number                  : COM3L00BRA
Hardware Board Revision Number    : 0x01

Switch Ports Model               SW Version              SW Image
------ ----- -----               ----------
----------
*    1 26    WS-C2960-24TT-L     15.0(2)SE4              C2960-
LANBASEK9-M

Cisco IOS Software, C2960 Software (C2960-LANBASEK9-M),
Version 15.0(2)SE4, RELEASE SOFTWARE (fc1)
Technical Support: http://www.cisco.com/techsupport
Copyright (c) 1986-2013 by Cisco Systems, Inc.
Compiled Wed 26-Jun-13 02:49 by mnguyen


Press RETURN to get started!


Switch>
Switch>
Switch>
Switch>
Switch>
```

图 2-18　进入 CLI 配置界面

步骤 3：认识不同的配置模式。

Cisco 网络设备可以看作专用计算机系统，同样由硬件系统和软件系统组成，核心系统软件是 IOS（internet work operating system）。IOS 用户界面是命令行接口界面，用户通过输入命令实现对网络设备的配置和管理。为了安全，IOS 提供三种命令行模式，分别是 User Mode（用户模式）、Privileged Mode（特权模式）和 Global Mode（全局模式）。不同模式下，用户具有不同的配置和管理网络设备的权限。

1）用户模式

第一次配置网络设备时，可按照系统配置对话框提示进行操作，也可输入 n，进入用户模式；用户模式是权限最低的命令行模式，用户只能通过命令查看一些网络设备的状态，没配置网络设备的权限，也不能修改网络设备状态和控制信息。用户模式的命令提示符如下：

```
Switch>
```

Switch 是默认交换机的名称。

2）特权模式

通过在用户模式命令提示符下输入命令 enable，如图 2-19 所示，特权模式的命令提示符如下：

```
Switch#
```

同样，Switch 是默认的主机名。特权模式下，用户可以查看、修改网络设备的状态和控制信息，如交换机转发表（MAC table）等，但不能配置网络设备。例如，可通过 show version 命令（见图 2-19），查看交换机版本信息。

3）全局模式

通过在特权模式命令提示符下输入命令 configure terminal，进入全局模式。全局模式下的命令提示符如下：

```
Switch(config)>
```

```
Switch>
Switch>
Switch>enable
Switch#show version
Cisco IOS Software, C2960 Software (C2960-LANBASEK9-M),
Version 15.0(2)SE4, RELEASE SOFTWARE (fc1)
Technical Support: http://www.cisco.com/techsupport
Copyright (c) 1986-2013 by Cisco Systems, Inc.
Compiled Wed 26-Jun-13 02:49 by mnguyen

ROM: Bootstrap program is C2960 boot loader
BOOTLDR: C2960 Boot Loader (C2960-HBOOT-M) Version
12.2(25r)FX, RELEASE SOFTWARE (fc4)

Switch uptime is 39 minutes
System returned to ROM by power-on
System image file is "flash:c2960-lanbasek9-mz.150-2.SE4.bin"


This product contains cryptographic features and is subject to
United
States and local country laws governing import, export,
transfer and
use. Delivery of Cisco cryptographic products does not imply
third-party authority to import, export, distribute or use
encryption.
Importers, exporters, distributors and users are responsible
for
compliance with U.S. and local country laws. By using this
```

图 2-19　查看交换机版本信息

同样，Switch 是默认的主机名。全局模式下，用户可以对网络设备进行配置，如配置交换机的接口参数以及基于端口划分 VLAN（virtual LAN，虚拟局域网）等。全局模式下，用户可以完成对整个网络设备的有效配置，如果需要完成对网络设备部分功能块的配置，如交换机某个接口的配置，则需要从全局模式进入这些功能块的配置模式，从全局模式进入交换机接口 fastEthernet 0/1 的接口配置模式需要输入的命令及路由器接口配置模式下的命令提示符如图 2-20 所示。

```
Switch>enable
Switch#configure terminal
Enter configuration commands, one per line.  End with CNTL/Z.
Switch(config)#interface fastEthernet 0/1
Switch(config-if)#
```

图 2-20　进入交换机接口配置模式

使用 exit 命令，可退回上一个模式，在全局模式下也可使用 end 或 Ctrl+Z 命令。

步骤 *4*：使用 hostname 命令设置交换机的主机名为 SWITCH-A，如图 2-21 所示。

```
Switch>enable
Switch#configure terminal
Enter configuration commands, one per line.  End with CNTL/Z.
Switch(config)#hostname SWITCH-A
SWITCH-A(config)#
```

图 2-21　配置主机名

步骤 *5*：配置交换机特权密码，如图 2-22 所示。

```
SWITCH-A>en
SWITCH-A#conf t
Enter configuration commands, one per line.  End with CNTL/Z.
SWITCH-A(config)#enable password 123456
SWITCH-A(config)#enable secret 654321
SWITCH-A(config)#
```

图 2-22　设置密码

注意： 上述命令中，enable password 命令是配置交换机特权密码为 123456；enable secret 命令配置特权密码为 654321，以密文形式保存。

步骤 6： 交换机在网络中工作时需要设置准确的系统时间，才能与其他设备保持一致。在交换机的特权模式下设置系统时间为 2024 年 5 月 1 日 10:00:00，如图 2-23 所示。

```
SWITCH-A#
SWITCH-A#clock set ?
  hh:mm:ss  Current Time
SWITCH-A#clock set 10:00:00 1 may 2024
SWITCH-A#show clock
10:0:7.365 UTC Wed May 1 2024
```

图 2-23　设置时间

素质拓展

自主可控交换机

交换机作为信息传递的“高速公路”，是底层信息安全的保障者，如果关键信息在链路层直接被窃取转发，那么再完善的信息安全产品也无法保障安全。自主可控交换机是指核心软硬件全部国产自主，即“交换芯片、CPU 和操作系统软件”必须是采用国内自主研发生产的，这样可保证交换机基本上不存在恶意后门，并能不断地对其进行改进或修补漏洞。只有这样才能保障产品的安全不受制于人、技术不受制于人和货源不受制于人。

例如，中国电子信息产业集团的迈普 NSS 系列信创交换机（见图 2-24），是其所属迈普通信技术股份有限公司面向政府等安全性要求较高的行业推出的基于国产 CPU、国产交换芯片的新一代多业务高性能的以太网交换产品。该产品提供从芯片到硬件到软件的全方位安全可控、稳定、可靠的高性能 L2/L3 层交换服务。

迈普 NSS 系列自主安全交换机覆盖从园区网核心、数据中心核心、万兆 / 千兆汇聚到接入的全场景档次型号，满足不同场景的应用要求。NSS 18500/NSS 11500 系列是采用业内领先的主

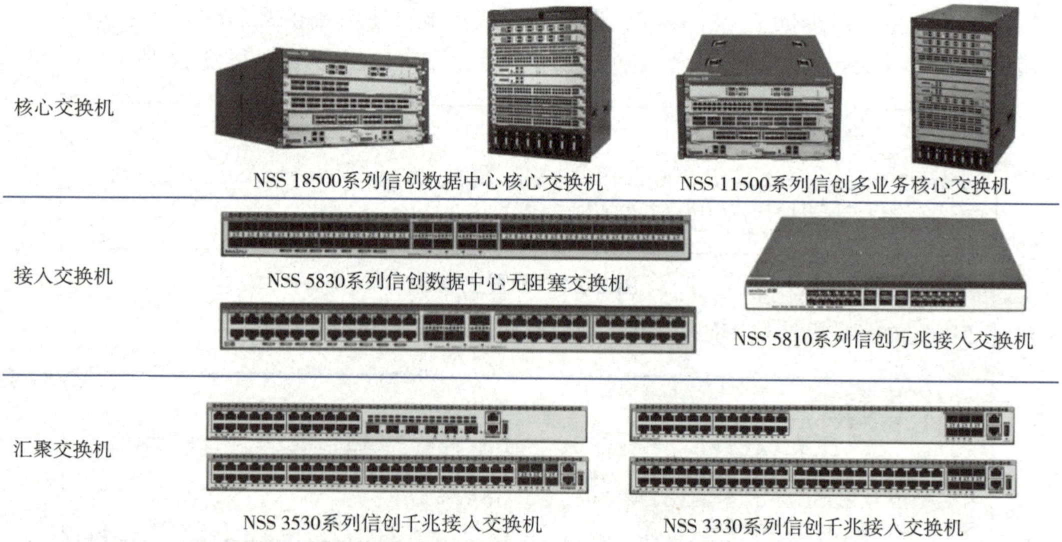

图 2-24　迈普 NSS 系列信创交换机

控、交换分离技术、正交背板矩阵设计，整机最高可提供 10 Gbit/s、40 Gbit/s、100 Gbit/s 的高密度端口部署能力，可满足超大规模数据中心高密度、高性能转发需求。NSS 5830/NSS 5820 系列可提供高密度万兆汇聚，40/100 Gbit/s 上行能力；NSS 3530 系列交换机具备高密度千兆接入、万兆上行能力。通过以上全系列产品的配合，可提供整网的自主安全数据中心解决方案。

思考与练习

一、填空题

1. 传输介质可分为有线传输介质和________传输介质，常用的有线传输介质有________、同轴电缆和________等。

2. 同轴电缆可分为两种基本类型，其中________用于数字信号传输，________用于模拟信号传输。

3. 按照光纤的传输模式划分，可分为________和________。

二、简答题

1. 常用的网络传输介质有哪几种？它们分别用于什么场合？

2. 简述交换机和路由器的主要功能。

3. 自己的校园网络中部署的网络安全设备有哪些？

项目三

熟悉计算机网络体系结构

项目导读

经过一周的实地查看，小飞基本熟悉了校园网的结构和网络中通信线路、交换机、路由器等设备的分布位置，借助测线仪等工具，已经能排查并解决因水晶头接触不良等引起的网络故障了。但小飞又产生了新的困惑，计算机网络中数据是如何从一台计算机经过通信线路、网络设备传递到另一台计算机呢？大牛告诉小飞，要解决这个困惑，一定要静下心来，查阅学习数据通信的相关知识，进一步了解计算机网络体系结构和协议标准。

知识导图

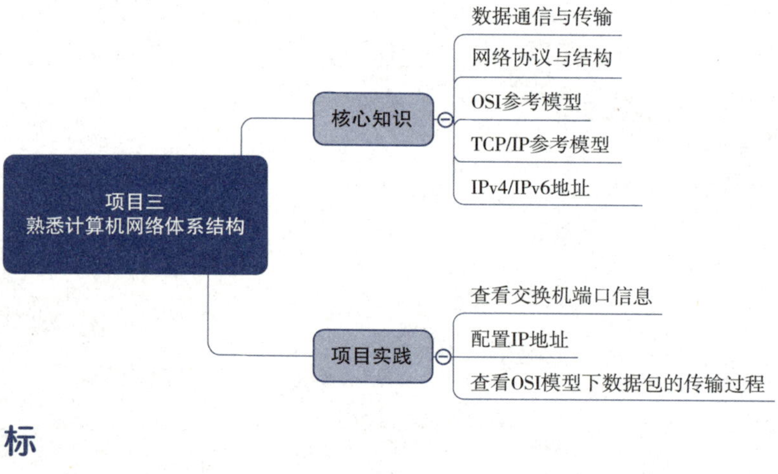

项目目标

知识目标

1. 了解数据通信基本概念和方式。
2. 熟悉 OSI 模型和 TCP/IP 模型。
3. 理解各层之间的关系及其在数据传输中的作用。

技能目标

1. 掌握 IP 地址配置的方法。
2. 使用 Packet Tracer 工具捕获数据包。

素养目标

1. 培养学生树立团队合作的意识，形成严谨、认真的工作态度。
2. 激发学生对网络技术的兴趣，鼓励持续学习和更新知识。

知识准备

3.1　数据通信与传输

数据通信是通信技术和计算机技术相结合而产生的一种新的通信方式。数据通信的基本目的是在接收方与发送方之间交换信息，也就是将数据信息通过相应的传输线路从一台机器传输到另一台机器。这里所说的机器可以是计算机、终端设备以及其他任何通信设备。

视　频

数据通信与传输

数据在计算机中是以离散的二进制数字信号表示的，但在数据通信过程中，它是以数字信号方式表示，还是以模拟信号方式表示，这主要取决于所选通信信道允许传输的信号类型。如果通信信道不允许直接传输计算机所产生的数字信号，那么就需要在发送端先将数字信号变换成模拟信号再送入信道传输，在接收端再将收到的模拟信号还原成数字信号，这个过程称为调制和解调，相应的设备称为调制解调器。

数据通信所涉及的技术问题很多，主要有信道特性、传输方式、多路复用、同步等，数据通信技术完成数据的编码、传输和处理，为计算机网络的应用提供必要的技术支持和可靠的通信环境。以下就如何实现这些功能进行简单介绍。

1. 数据的传输方式

数据在通信线路上的传输是有方向的。根据数据在通信线路上传输的方向和特点，数据传输可分为单工通信（simplex）、半双工通信（half-duplex）和全双工通信（full-duplex）三种方式。

1）单工通信

在单工通信方式中，数据只能按一个固定的方向传输，任何时候都不能改变数据的传输方向。如图 3-1（a）所示，A 端是发送端，B 端是接收端，任何时候数据都只能从 A 端发送到 B 端，而不能由 B 端传回 A 端。图中实线为主信道，用来传输数据；虚线为监测信道，用于传输控制信号，监测信息就是接收端对收到的数据信息进行校验后，发回发送端的确认及请求信息。单工通信一般采用二线制。

视　频

数据的传输方式

2）半双工通信

在半双工通信方式中，数据可以双向传输，但必须交替进行，同一时刻一个信道只允许单方向传输数据。如图 3-1（b）所示，数据可以从 A 端传输到 B 端，也可以从 B 端传输到 A 端，但两个方向不能同时传送；监测信息也不能同时双向传输。在半双工通信中，设备 A 和 B 都具有发送和接收数据的功能。半双工通信方式适用于终端之间的会话式通信，由于通信设备需要频繁地改变数据的传输方向，因此，数据传输效率较低。半双工通信一般也采用二线制。

3）全双工通信

全双工通信可以双向同时传输数据，如图 3-1（c）所示，它相当于两个方向相反的单工通信方式的组合，通信的任何一方在发送数据的同时也能接收数据，因此，全双工通信一般采用四线制。其数据传输效率高，控制简单，但组成系统的造价高，主要用于计算机之间的通信。

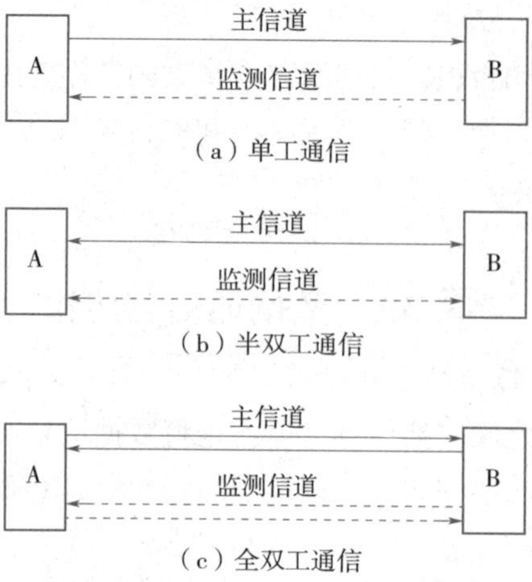

图 3-1　数据传输方式

2. 基带传输与频带传输

1）基带传输

视　频
基带传输

计算机或终端等数字设备产生的、未经调制的数字数据所对应的电脉冲信号通常呈矩形波形式，它所占据的频率范围通常从直流和低频开始，因此这种电脉冲信号称为基带信号。

基带信号所固有的频率范围称为基本频带，简称基带（baseband）。在信道中直接传输这种基带信号的传输方式就是基带传输。在基带传输中整个信道只传输这一种信号。

由于在近距离范围内，基带信号的功率衰减不大，从而信道容量不会发生变化，因此，计算机局域网系统广泛采用基带传输方式，如以太网、令牌环网等都采用这种传输方式。基带传输是一种最简单、最基本的传输方式，它适合各种传输速率要求的数据。基带传输过程简单，设备费用低，适合近距离传输的场合。

2）频带传输

视　频
频带传输

远距离传输过程中，基带信号频率很低，含有直流成分，信号功率的衰减或干扰将造成信号减弱，使接收方无法接收，因此基带传输不适合远距离传输；又因远距离通信信道多为模拟信道，所以，在远距离传输中不采用基带传输而采用频带传输的方式。频带传输就是先将基带信号调制成便于在模拟信道中传输的、具有较高频率范围的信号（这种信号称为频带信号），再将这种频带信号在信道中传输。由于频带信号也是一种模拟信号，频带传输实际上就是模拟传输。计算机网络系统的远距离通信通常都是频带传输。基带信号与频带信号的变换由调制解调技术完成。

3. 串行通信与并行通信

视　频
串行通信与并行通信

1）串行通信

在计算机中，通常用 8 位二进制代码表示一个字符。在数据通信中，可以将待传输的每个字符的二进制代码按照由低位到高位的顺序依次发送，到达对方后，再由通信接收装置将二进制代码还原成字符，这种工作方式称为串行通信。如图 3-2（a）所示，串行通信方式的传输速率较低，但只需要在接收端与发送端之间建立一条通信信道，因此费用较低。目前，在远程通信中，一般采用串行通信方式。

2）并行通信

在并行通信中，如图 3-2（b）所示，可以利用多条并行的通信线路，将表示一个字符的 8 位二进制代码同时通过 8 条对应的通信信道发送出去，每次可发送一个字符代码。并行通信的特点是在通信过程中，收、发双方之间必须建立并行的多条通信信道，这样，在传输速率相同的情况下，并行通信在单位时间内所能传输的码元数将是串行通信的 n 倍（n 为并行通信信道数）。由于要建立多个通信信道，并行通信造价较高，一般主要用于近距离传输。

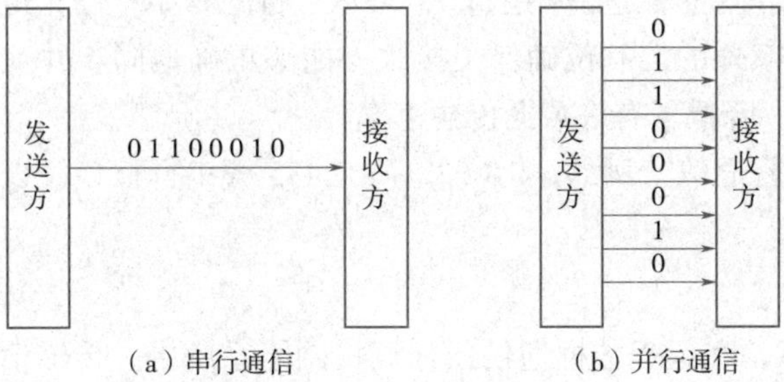

图 3-2 串行与并行传输

4. 同步技术

在数据通信系统中，接收端收到的信息应与发送端发出的信息完全一致，这就要求在通信中收、发两端必须有统一的、协调一致的动作，若收、发两端的动作互不联系、互不协调，则收、发之间就要出现误差，随着时间的增加，误差的积累将会导致收、发“失步”，从而使系统不能正确传输信息。为了避免收、发“失步”，使整个通信系统可靠地工作，需要采取一定的措施。这种统一收、发两端的动作，保持收、发步调一致的过程称为同步。同步问题是数据通信中的一个重要问题。

常用的数据传输方式有两种：同步传输方式和异步传输方式，如图 3-3 所示。

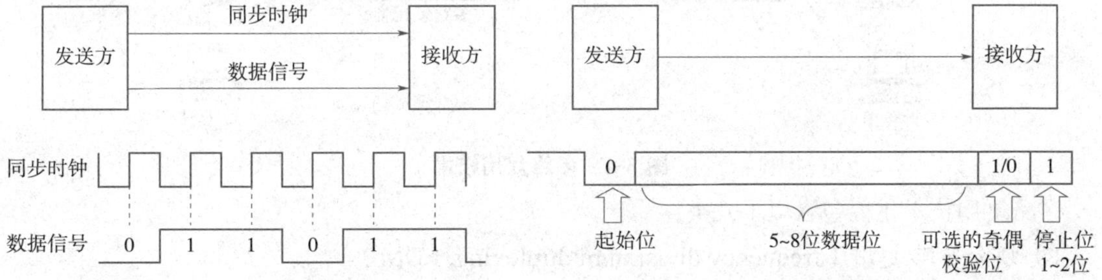

图 3-3 同步与异步传输

1）同步传输

同步传输，数据以连续的比特流形式发送，没有起始位或停止位来界定每个字符的开始和结束。在同步传输中，发送方和接收方必须保持严格的时钟同步，通常通过一个共同的时钟信号实现。这种传输方式适用于高速数据传输，因为它减少了控制信号的需求，提高了数据传输的效率。

在同步传输中，数据通常被组织成数据帧，每个帧包含多个字节的数据以及一些额外的信息，如帧开始标志、帧结束标志、错误检测码等。接收方根据这些标志和时钟信号来识别和解码数据帧。

同步传输常见于局域网（LAN）、广域网（WAN）以及高速串行接口（如USB、PCI Express）等场景。

2）异步传输

异步传输主要用于低速或中速的数据传输。在这种传输模式下，每个字符或数据块都是独立发送的，不需要发送方和接收方之间有严格的时钟同步。异步传输通过在每个字符前后添加起始位和停止位来界定字符的边界，这使得接收方能够识别和解码每个字符。

在异步传输中，起始位通常是一个逻辑0，表示字符的开始；停止位则是一个或多个逻辑1，表示字符的结束。这些额外的控制位确保了接收方能够正确地同步并捕获每个字符，但它们也增加了数据传输的开销，降低了有效数据传输速率。

异步传输常用于串行通信，例如，RS-232、RS-485等串行接口，以及一些低速设备之间的通信。

5. 多路复用技术

视　频

多路复用技术

一般情况下，在远程数据通信或计算机网络系统中，传输信道的传输容量往往大于一路信号传输单一信息的需求，所以为了有效地利用通信线路，提高信道的利用率，人们研究和发展了通信链路的信道共享和多路复用技术。如图3-4所示，多路复用器连接许多低速线路，并将它们各自所需的传输容量组合在一起后，仅由一条速度较高的线路传输所有信息。其优点显而易见，这在远距离传输时可大大节省电缆的安装和维护成本，降低整个通信系统的费用，并且多路复用系统对用户是透明的，提高了工作效率。

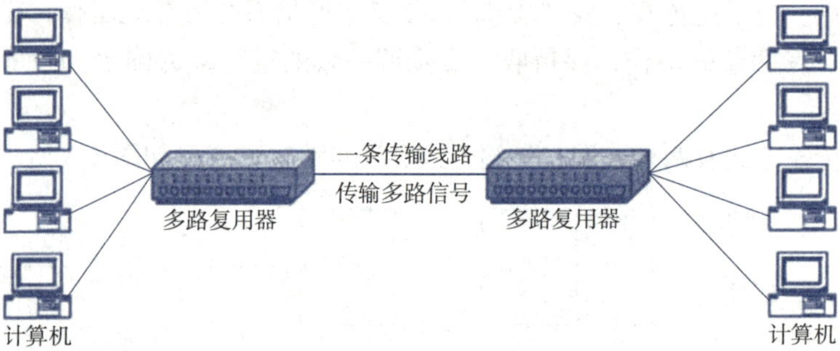

图3-4　多路复用技术

多路复用技术主要包含以下几类：

1）频分多路复用（frequency division multiplexing, FDM）

在单一物理信道上，将可用的频率带宽划分成多个非重叠的子带，每个子带分配给一个独立的信号进行传输。

2）时分多路复用（time division multiplexing, TDM）

将时间分割成一系列时间片，每个时间片分配给一个特定的信号进行传输。TDM又可以细分为同步时分多路复用（synchronous TDM）和统计时分多路复用（statistical TDM）。

3）码分多址（code division multiple access, CDMA）

允许多个用户在同一时间、同一频率上进行通信，通过使用独特的编码序列来区分不同的用户信号。

4）波分多路复用（wavelength division multiplexing, WDM）

在光纤通信中，通过使用不同波长的光信号在同一根光纤上传输多个独立的信号流。

5）空分多路复用（space division multiplexing, SDM）

在多天线无线系统中，通过使用不同的空间路径来传输多个独立的信号流。

这些多路复用技术在不同的通信场景中发挥着重要作用，提高了通信系统的容量和效率。

3.2　网络协议与结构

视　频

网络协议与结构

现实生活中，在邮政通信系统中，存在着很多通信规则。例如，写信人在写信之前要确定是用中文还是英文，或其他文字。如果对方只懂英文，那么如果用中文写信，对方一定得请人译成英文后才能阅读。不管选择中文还是英文，寄件人在内容书写中一定要严格遵照中文或英文的写作规范（包括语义、语法等）。其实，语言本身就是一种协议。另一个协议的例子是信封的书写方法。图 3-5 和图 3-6 比较了中英文信封的书写规范。

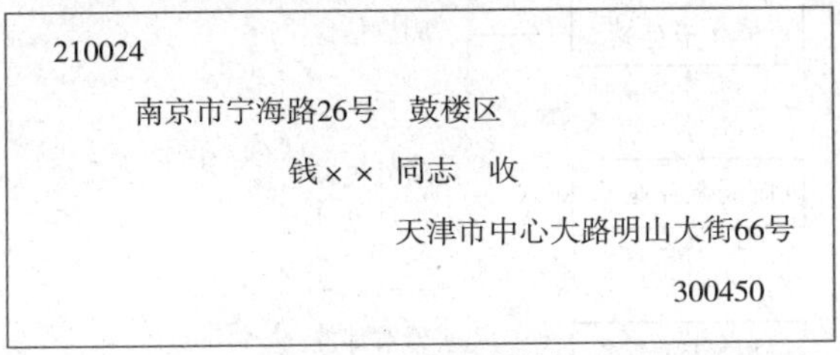

图 3-5　中文信封

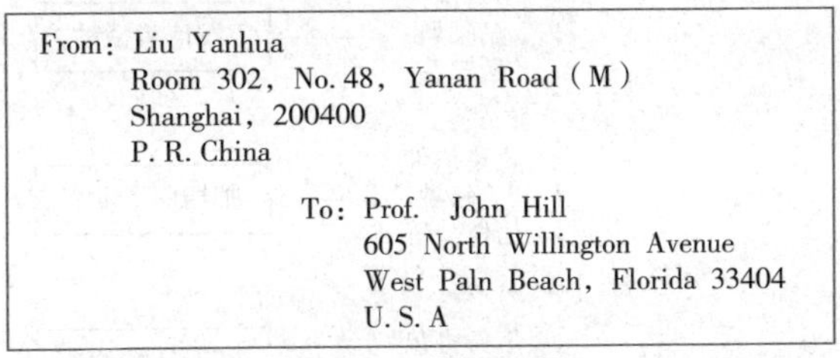

图 3-6　英文信封

如果你写的信是在中国国内邮寄，那么信封的书写规范如前所述。如果要给住在美国的一位朋友写信，那么信封就要用英文书写，并且左上方应该是发信人的姓名与地址，中间部分是收信人姓名与地址。显然，国内中文信件与国际英文信件的书写规范是不相同的。

这本身也是一种通信规则，即关于信封书写格式的一种协议。对于普通的邮递员，也许他不懂英文。他可以不管信是寄到哪儿去的，只需要按照普通信件的收集、传送方法，送到邮政局，由那里的分拣人员阅读寄到国外的用英文书写的信封的目的地址，然后确定传送的路由。

无论是邮政通信系统还是计算机网络，它们都有协议（protocol）、层次（layer）、接口（interface）、体系结构（architecture）这几个重要的概念。

1. 协议

从广义的角度来讲，人们之间的交往就是一种信息交互的过程，我们每做一件事都必须遵循一种事先规定好的规则与约定。因此，为了保证计算机网络中的大量计算机之间有条不紊地交换数据，就必须制定一系列通信协议。协议是计算机网络中一个重要的基本概念。

计算机网络是由多个互连的节点组成的，节点之间需要不断地交换数据与控制信息。要做到有条不紊地交换数据，每个节点必须遵守一些事先约定好的规则。这些规则明确地规定了所交换数据的格式和时序。这些为网络数据交换而制定的规则、约定与标准称为网络协议。

任何一种通信协议都包括三个组成部分：语法、语义和时序。

（1）语法规定通信双方"如何讲"，确定用户数据与控制信息的结构与格式。

（2）语义规定通信双方"讲什么"，即需要发出何种控制信息、完成何种动作以及作出何种响应。

（3）时序规定双方“何时进行通信”，即对事件实现顺序的详细说明。

2. 层次

层次是人们对复杂问题处理的基本方法。人们对于一些难以处理的复杂问题，通常将其分解为若干较容易处理的小一些的问题。对于邮政通信系统，它是一个涉及全国乃至世界各地区亿万人民之间信件传送的复杂问题。它解决的方法是，将总体要实现的很多功能分配在不同的层次中，每个层次要完成的服务及服务实现的过程都有明确规定。

不同地区的系统分成相同的层次；不同系统的同等层具有相同的功能；高层使用低层提供的服务时，并不需要知道低层服务的具体实现方法。计算机网络层次化的体系结构，与邮政通信系统层次结构有很多相似之处，如图 3-7 所示。层次结构体现出对复杂问题采取“分而治之”的模块化方法，它可以大大降低复杂问题处理的难度，这正是网络研究中采用层次结构的直接动力。因此，层次是计算机网络体系结构中又一个重要的基本概念。

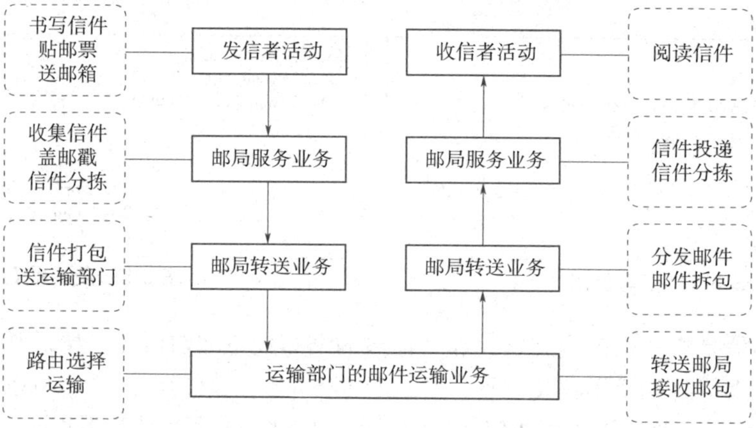

图 3-7　邮政通信系统中的层次结构

在计算机网络的层次化体系结构中，各层有各层的协议。一台机器上的第 n 层与另一台机器上的第 n 层进行通信，通信的规则就是第 n 层协议。

3. 接口

接口是同一节点内相邻层之间交换信息的连接点。在邮政系统中，邮箱就是发信人与邮递员之间规定的接口。同一个节点的相邻层之间存在着明确规定的接口，低层向高层通过接口提供服务。只要接口条件、低层功能不变，低层功能的具体实现方法与技术的变化就不会影响整个系统的工作。

4. 体系结构

网络协议对计算机网络是不可缺少的，一个功能完备的计算机网络需要制定一整套复杂的协议集。为了简化问题，减少协议设计的复杂性，现在计算机网络都采用类似邮政系统的层次化结构，这种层次结构具有以下性质：

（1）各层独立完成一定的功能，每一层的活动元素称为实体，对等层称为对等实体。

（2）下层为上层提供服务，上层可调用下层的服务。

（3）相邻层之间的界面称为接口，接口是相邻层之间的服务、调用的集合。

（4）上层与下层的地址须完成某种形式的地址映射。

（5）两个对等实体之间的通信规则的集合称为该层的协议。

通常将这种网络层次结构模型与各层协议的集合称为网络体系结构（network architecture）。网络体系结构对计算机网络应该实现的功能进行了精确定义，而这些功能是用什么样的硬件与软件去完成的，则是具体的实现（implementation）问题。体系结构是抽象的；而实现是具体的，它指能够运行的一些硬件和软件。

计算机网络采用层次结构，具有以下优点：

（1）各层之间相互独立。高层只需通过接口向低层提出服务请求，并使用下层提供的服务，并不需要了解下层执行的细节。

（2）结构独立分割。各层独立划分，这样可以使每层都选择最为合适的实现技术。

（3）灵活性好。如果某层发生变化，只要接口条件不变，则以上各层和以下各层的工作均不受影响，有利于技术的革新和模型的修改。

（4）易于实现和维护。整个系统被划分为多个不同的层次，这使整个复杂的系统变得容易管理、维护和实现。

（5）易于标准化的实现。由于每一层都有明确的定义，这非常有利于标准化的实现。

在 1974 年，IBM 公司提出了世界上第一个网络体系结构，这就是系统网络体系结构（system network architecture, SNA）。此后，许多公司纷纷提出了各自的网络体系结构，这些网络体系结构的共同之处在于它们都采用了分层技术，但层次的划分、功能的分配与采用的技术术语均不相同。随着信息技术的发展，各种计算机系统联网和各种计算机网络的互连成为人们迫切需要解决的课题。OSI 参考模型就是在这个背景下提出并研究的。

3.3　OSI 参考模型

视　频

OSI参考模型

在计算机网络产生之初，每个计算机厂商都有一套自己的网络体系结构的概念，不同厂商设备之间网络互不相通。为此，国际标准化组织（International Organization for Standardization, ISO）为了解决不同系统的网络互连问题而制定了 OSI 体系结构。在 OSI 中，开放是指只要遵循 OSI 标准，一个系统就可以与位于世界上任何地方、遵循统一标准的其他任何系统通信。

OSI（open system interconnect，开放式系统互连）一般称为 OSI 参考模型，是 ISO 在 1985 年研究的网络互连模型。该体系结构标准定义了网络互连的 7 层框架（物理层、数据链路层、网络层、传输层、会话层、表示层和应用层），又称 ISO 开放系统互连参考模型。在这一框架下进一步详细规定了每一层的功能，以实现开放系统环境中的互连性、互操作性和应用的可移植性，如图 3-8 所示。

1. 物理层的功能

- 有关物理设备通过物理媒体进行互连的描述和规定。
- 以比特流的方式传送数据，物理层识别“0”和“1”。
- 定义了接口的机械特性、电气特性、功能特性和规程特性。

2. 数据链路层的功能

- 通过物理层在两台计算机之间无差错地传输数据帧。
- 允许网络层通过网络连接进行虚拟无差错的传输。
- 实现点对点的连接。

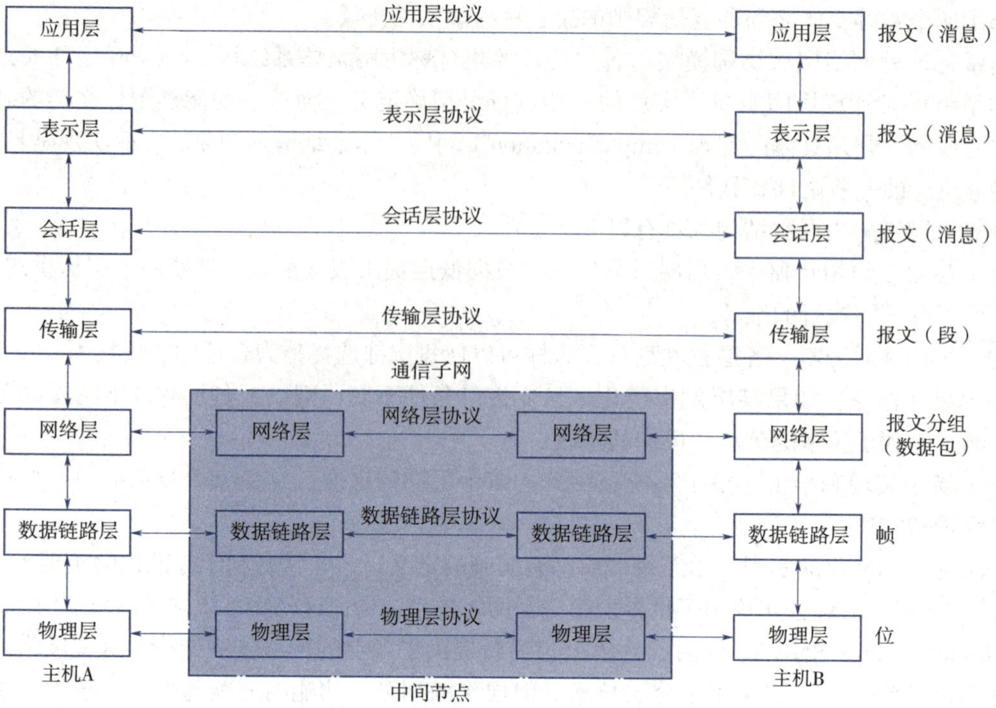

图 3-8　OSI 参考模型

3. 网络层的功能

- 负责寻址，将 IP 地址转换为 MAC 地址。
- 选择合适的路径并转发数据包。
- 能协调发送、传输及接收设备能力的不平衡。

4. 传输层的功能

- 保证不同子网设备间数据包的可靠、顺序、无错传输。
- 实现端到端的连接。
- 将收到的乱序数据包重新排序，并验证所有的分组是否都已收到。

5. 会话层的功能

- 负责不同数据格式之间的转换。
- 负责数据的加密。
- 负责文件的压缩。

6. 表示层的功能

- 向表示层或会话层的用户提供会话服务。
- 在两节点间建立、维护和释放面向用户的连接。
- 对会话进行管理和控制，保证会话数据可靠传送。

7. 应用层的功能

应用层是 OSI 参考模型中的最高层，它直接面向用户，是用户访问网络的接口层。其主要任务是提供计算机网络与最终用户的界面，提供完成特定网络服务功能所需的各种应用程序协议。

图 3-9 所示为 OSI 环境中的数据在主机 A 与主机 B 之间传输的过程。

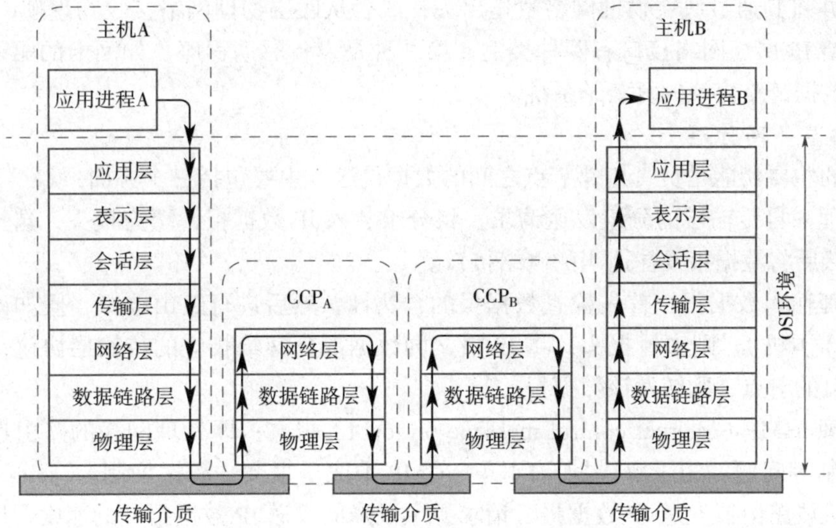

图 3-9　OSI 环境下数据的传输

假设应用进程 A 要与应用进程 B 交换数据。进程 A 与进程 B 分别处于主机 A 与主机 B 的本地系统环境中，即处于 OSI 环境之外。进程 A 首先要通过本地的计算机系统来调用实现应用层功能的软件模块，应用层模块将主机 A 的通信请求传送到表示层，表示层再向会话层传送，直至物理层。物理层通过主机 A 与通信控制处理机（CCP_A）之间的传输介质，数据传送到 CCP_A。CCP_A 的物理层接收到主机 A 传送的数据后，通过数据链路层检查是否存在传输错误。如果没有错误，CCP_A 通过其网络层来确定下一步应该把数据传送到哪一个 CCP。如果通过路由选择算法确定下一个节点是 CCP_B，那么 CCP_A 就将数据传送到 CCP_B。CCP_B 采用同样的方法，将数据传送到主机 B。主机 B 将接收到的数据，从物理层逐层向高层传送，直至主机 B 的应用层。应用层再将数据传送给主机 B 的进程 B。

3.4　TCP/IP 参考模型

视　频

TCP/IP 参考模型

TCP/IP 起源于美国国防部高级研究规划署（ARPA）的一项研究计划——实现若干台主机的相互通信，现在 TCP/IP 已成为 Internet 上通信的标准。TCP/IP 模型一般包括四个概念层次：

➢ 应用层（application layer）。
➢ 传输层（transport layer）。
➢ 网络层（network layer）。
➢ 网络接口层（network interface layer）。

与 OSI 模型相比，TCP/IP 模型将数据链路层和物理层合并为一个层次（网络接口层），并且将 OSI 模型的会话层、表示层和应用层合并为一个应用层。TCP/IP 的核心思想是通过在传输层和网络层构建一个统一的虚拟逻辑网络，以屏蔽和隔离底层物理网络的硬件差异，从而实现网络的互连。

1. TCP/IP 参考模型各层的主要功能

1）网络接口层（链路层）

网络接口层是主机与传输线路之间的接口，负责与硬件的沟通。它主要接收从 IP 层传来的 IP 数据报，并将其通过底层物理网络发送出去；或者从底层物理网络接收物理帧，提取出 IP 数据报，并交给 IP 层。网络接口有两种类型：第一种是设备驱动程序，如网卡的驱动程序；第二种是含自身数据链路协议的复杂子系统。

2）网络层（网际层）

网络层的主要功能是负责相邻节点之间的数据传送。主要包括三个方面：

（1）处理来自传输层的分组发送请求，将分组装入 IP 数据报，填充报头，选择去往目的节点的路径，然后将数据报发往适当的网络接口。

（2）处理输入数据报：首先检查数据报的合法性，然后进行路由选择，假如该数据报已到达目的节点（本机），则去掉报头，将 IP 报文的数据部分交给相应的传输层协议；假如该数据报尚未到达目的节点，则转发该数据报。

（3）处理 ICMP（internet control message protocol）报文：即处理网络的路由选择、流量控制和拥塞控制等问题。为了解决拥塞问题，ICMP 采取了报文“源站抑制”（source quench）技术，向源主机或路由器发送 IP 数据报，请求源主机降低发送 IP 数据报文的速度，以达到控制数据流量的目的。

3）传输层

传输层的主要功能是在源节点和目的节点的两个进程实体之间提供可靠的端到端的数据传输。TCP/IP 模型提供了两个传输层协议：传输控制协议（transmission control protocol, TCP）和用户数据报协议（user datagram protocol, UDP）。

（1）TCP：TCP 是一个可靠的面向连接的传输层协议，它将某节点的数据以字节流形式无差错地传递到互联网的任何一台机器上。

（2）UDP：UDP 是一个不可靠的、无连接的传输层协议，它将可靠性问题交给应用程序解决。UDP 主要面向请求 / 应答式的交互式应用。

4）应用层

传输层的上一层是应用层，应用层包括所有的高层协议。例如：

（1）网络终端协议（Telnet）。

（2）文件传输协议（FTP）。

（3）简单邮件传输协议（SMTP）。

（4）域名系统（DNS）。

（5）简单网络管理协议（SNMP）。

（6）超文本传输协议（HTTP）。

2. OSI 参考模型与 TCP/IP 参考模型

虽然 OSI 参考模型没有在实际中得到广泛应用，但它的提出在计算机网络历史上还是具有里程碑意义的，许多后来的参考模型都以 OSI 参考模型为参照，TCP/IP 参考模型与 OSI 参考模型的对应关系是：TCP/IP 参考模型的应用层对应于 OSI 参考模型的应用层、表示层、会话层；TCP/IP 参考模型的传输层对应于 OSI 参考模型的传输层；TCP/IP 参考模型的网络层对应于 OSI

参考模型的网络层；TCP/IP 参考模型的网络接口层对应于 OSI 参考模型的数据链路层、物理层，如图 3-10 所示。

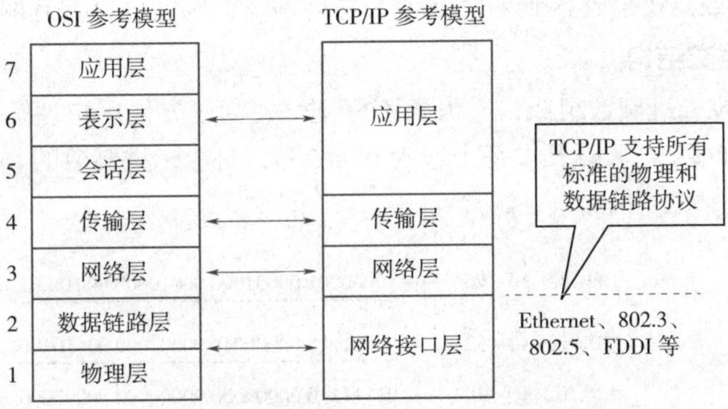

图 3-10　OSI 参考模型与 TCP/IP 参考模型的对应关系

TCP/IP 参考模型之所以能在国际上广泛应用，主要因为以下三点：

（1）TCP/IP 一开始就考虑到多种异构网（heterogeneous network）的互连问题，并将网际协议 IP 作为 TCP/IP 的重要组成部分。而 ISO 和 CCITT 最初只考虑通过用户标准的公用数据网将各种不同的系统互连在一起。后来，ISO 认识到了网际协议（IP）的重要性，然而已经来不及了，只好在网络层中划分出一个子层来完成类似 TCP/IP 中 IP 的作用。

（2）TCP/IP 一开始就面向连接服务和无连接服务，而 OSI 参考模型在开始时只强调连接服务，后来才开始制定无连接服务的有关标准。

（3）TCP/IP 有较好的网络管理功能，而 OSI 参考模型到后来才开始考虑这个问题，在这方面，两者有所不同。

3.5　IPv4/IPv6 地址

视　频

IPv4/IPv6 地址

要使 Internet 上主机间能正常通信，必须给每台计算机一个全球都能接收和识别的唯一标识，即 IP 地址，也就是 TCP/IP 协议的网络层使用的地址标识符。

1. IP 地址的作用

在大型的互联网中需要有一个全局的地址系统，IP 地址能够给每一台主机或路由器分配一个全局唯一的地址。从概念上讲，每个 IP 地址都由两部分构成：网络号和主机号。其中，网络号标识某个网络，主机号标识在该网络上的一台特定的主机。IPv4 是一个 32 位的二进制地址，IPv6 是一个 128 位的二进制地址。

在 Internet 的信息服务中，IP 地址具有以下重要功能：

（1）唯一的网络通信地址。在 Internet 上，每一台计算机都被分配一个 IP 地址，这个 IP 地址在整个 Internet 中是唯一的。

（2）全球认可的通用地址格式。IP 地址是供全球识别的通信地址，要实现在 Internet 上通信，必须采用这种通用地址格式，才能保证 Internet 成为向全球开放的互联数据通信系统。它是全球认可的计算机网络标识方法。

（3）工作站、服务器和路由器的端口地址。在 Internet 上，任何一台服务器和路由器的每一个端口都必须有一个 IP 地址。

（4）运行 TCP/IP 协议的唯一标识符。TCP/IP 协议与其他网络通信协议的区别在于，TCP/

IP 是上层协议，无论下层是何种拓扑结构网络，均应统一在上层 IP 地址上。任何网络一旦接入 Internet，均应使用 IP 地址。

（5）若一台主机或路由器连接到两个或多个物理网络，则它可以拥有两个或多个 IP 地址。

2. IPv4 地址的层次结构

IPv4 地址由 32 位二进制数组成，它太长不好记忆，为了方便用户理解记忆，通常采用 4 个十进制数来表示，中间用 “.” 隔开。每个数为 0 ~ 255，对应二进制数的 8 位，如图 3-11 所示。

视 频

IPv4地址的层次结构

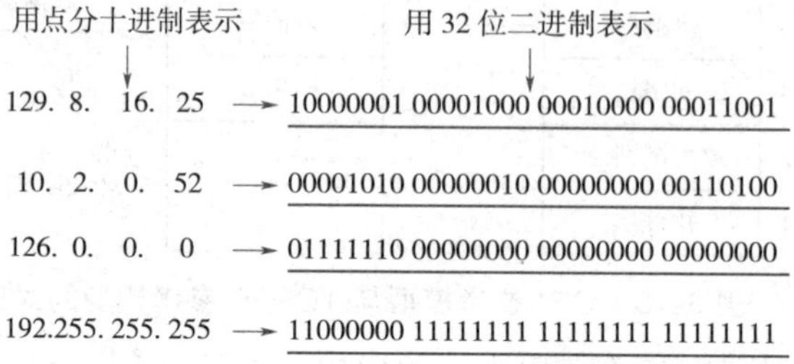

图 3-11 IPv4 地址的点分十进制表示

IP 地址采用分层结构，IP 地址是由网络号（net ID）与主机号（host ID）两部分组成的，如图 3-12 所示。

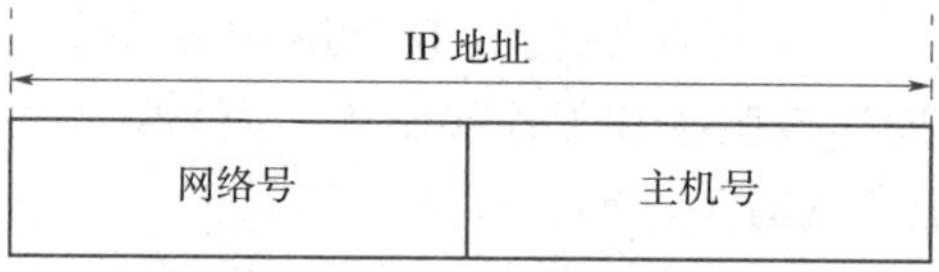

图 3-12 IPv4 地址的分层结构

给出一个 IP 地址，可以通过子网掩码确定该 IP 地址的网络号和主机号；子网掩码的作用就是将某个 IP 地址划分成网络地址和主机地址两部分。

子网掩码由连续的 1 和连续的 0 构成，一共 32 位二进制数字。连续的 1 在前面，表示网络位；连续的 0 在后面，表示主机位。例如，有一个 IP 地址为 192.9.200.13，其子网掩码为 255.255.255.0，则它的网络号和主机号可按如下方法得到：

（1）将 IP 地址 192.9.200.13 转换为二进制 11000000 00001001 11001000 00001101。

（2）子网掩码 255.255.255.0 转换为二进制 11111111 11111111 11111111 00000000。

子网掩码中有 24 位 1，也就是说网络位为 24 位，即 11000000 00001001 11001000，转化为十进制为 192.168.9；有 8 位 0，也就是说主机位为 8 位，即 00001101，转化为十进制为 13。

3. IPv4 地址的分类

Internet 将 IP 地址分为 5 类（A、B、C、D、E），一般的用户使用 A、B、C 类地址。

（1）A 类地址：网络地址为 8 位，主机（接口）地址为 24 位，属于大型网络。A 类地址的首位二进制数一定是 0。可分配的 A 类地址共 126 个；每个 A 类地址可容纳主机 16 777 214 台（全 0 和全 1 地址不分配）。地址范围是 0.0.0.0 ~ 127.255.255.255。其中，10.0.0.0 到 10.255.255.255 是私有地址（所谓的私有地址就是在互联网上不使用，而被用在局域网中的地址）。127.0.0.0 到 127.255.255.255 是保留地址，用来进行循环测试。

（2）B 类地址：网络地址为 16 位，主机（接口）地址为 16 位，属于中型网络。B 类地址前两位二进制数一定是 10。可分配的 B 类地址共 16 384 个；每个 B 类地址可容纳主机 65 534

台（全 0 全 1 地址不分配）。地址范围是 128.0.0.0 ~ 191.255.255.255。其中，172.16.0.0 到 172.31.255.255 是私有地址。

（3）C 类地址：网络地址为 24 位，主机地址为 8 位，属于小型网络。C 类地址的特征是前三位二进制数一定是 110。可分配的 C 类地址共 2 097 152 个；每个 C 类地址可容纳主机 254 台（全 0 全 1 地址不分配）。地址范围是 192.0.0.0~223.255.255.255。其中，192.168.0.0 到 192.168.255.255 是私有地址。

（4）D 类地址是组播地址，地址范围是 224.0.0.0~239.255.255.255。

（5）E 类地址保留用于实验和将来使用，地址范围是 240.0.0.0~247.255.255.255。

IP 地址的分类如图 3-13 所示。

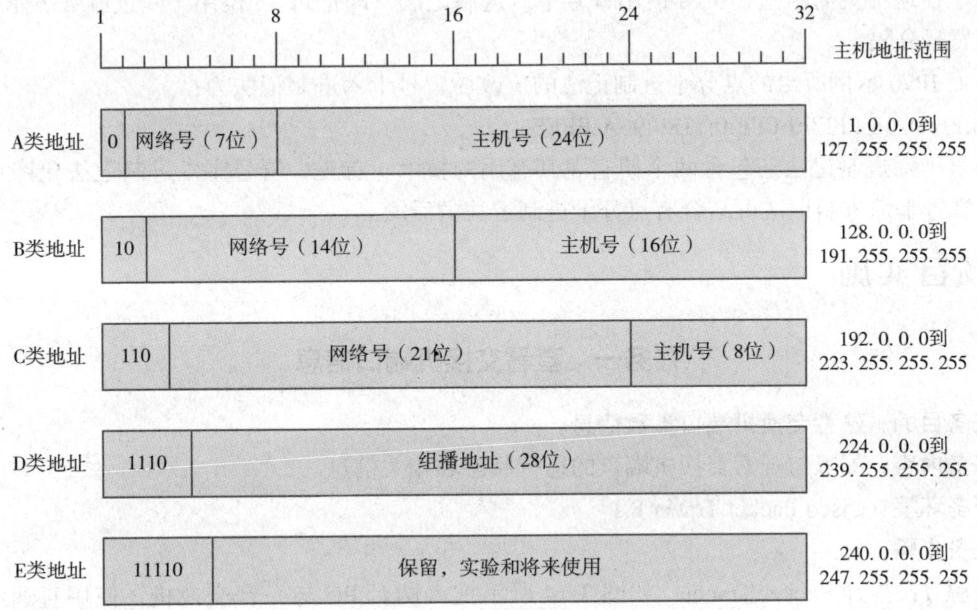

图 3-13　IP 地址的分类

IPv4 地址的获取方法如下：

Internet 中所有 IP 地址是由国际组织 NIC（network information center，网络信息中心）负责分配。目前全世界共有三个这样的网络信息中心，分别是 Inter NIC、APNIC 和 ENIC。Inter NIC 负责美国及其他地区；ENIC 负责欧洲地区；APNIC 负责亚太地区。我国申请 IP 地址要通过 APNIC，APNIC 的总部设在日本东京大学。申请时要考虑申请哪一类 IP 地址，然后向国内的代理机构提出。

中国互联网络信息中心（China internet network information center, CNNIC）是经国家主管部门批准，于 1997 年 6 月 3 日组建的管理和服务机构，行使国家互联网络信息中心的职责。

4. IPv6 地址

视　频

IPv6 地址

随着 Internet 技术的迅猛发展和规模的不断扩大，IPv4 已经暴露出许多问题，而其中最重要的一个问题就是 IP 地址资源短缺。2011 年，IPv4 地址已完全用尽。

IPv6 是 IETF 设计的用于替代 IPv4 的下一代 IP 协议。IPv6 的主要特点如下：

（1）更大的地址空间：地址长度从 32 位增大到 128 位，使地址空间增大了 2^{96} 倍。

（2）简化了头部格式：头部长度变为固定，取消了头部的检验和字段，加快了路由器处理速度。

（3）协议的灵活性：将选项功能放在可选的扩展头部中，路由器不处理扩展头部，提高了路由器的处理效率。

（4）允许对网络资源预分配：支持实时的视频传输等带宽和时延要求高的应用。

（5）允许协议增加新的功能，使之适应未来技术的发展：可选的扩展头部与数据合起来构成有效载荷。

一个用点分十进制记法的 128 位 IPv6 地址如下：

102.230.120.100.255.255.255.255.0.0.17.128.150.10.255.255

为了使地址更简洁些，IPv6 使用冒号十六进制记法，即把每 16 位用十六进制数表示，各数之间用冒号分隔。

上面 IPv6 示例所给的点分十进制记法的值改为冒号十六进制记法为：

68:E6:8C64:FFFF:FFFF:0:1180:96A:FFFF

冒号十六进制记法还包含两个使它尤其有用的技术。首先，冒号十六进制记法允许零压缩；其次，冒号十六进制记法可结合有点分十进制记法的后缀。

项目实施

任务一　查看交换机端口信息

任务目的：熟悉交换机端口参数信息。

任务内容：配置与观察交换机端口的运行状态和相关信息。

任务环境：Cisco Packet Tracer 8.1。

任务步骤：

步骤 1：打开 Packet Tracer，如图 3-14 所示拖入两台 PC 与一台交换机，使用直通线连接 PC 到 Switch0 的 Fa0/1 接口，用配置线连接 PC2 到 Switch0 的 Console 口，并启动 PC2 的超级终端 Terminal 程序，对 Switch0 进行配置操作。

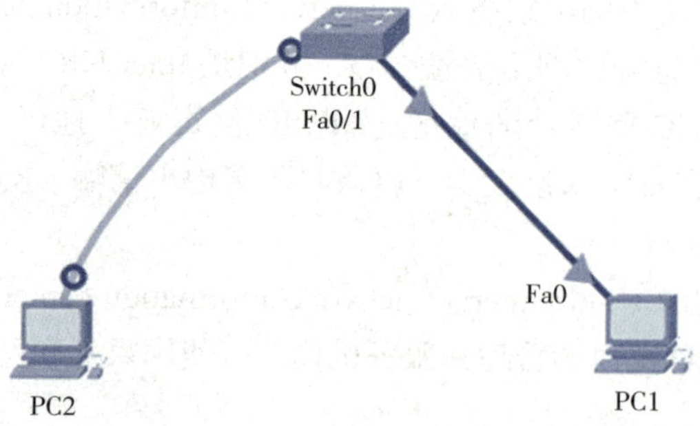

图 3-14　查看交换机端口信息

步骤 2：在超级终端 Terminal 窗口中，在特权模式下，输入 show interfaces status 命令可以显示所有端口的状态信息，包括端口速率、双工模式、连接状态等。如图 3-15 所示，Fa0/1 端口的状态是 connected，表示当前 PC1 连接在该端口。

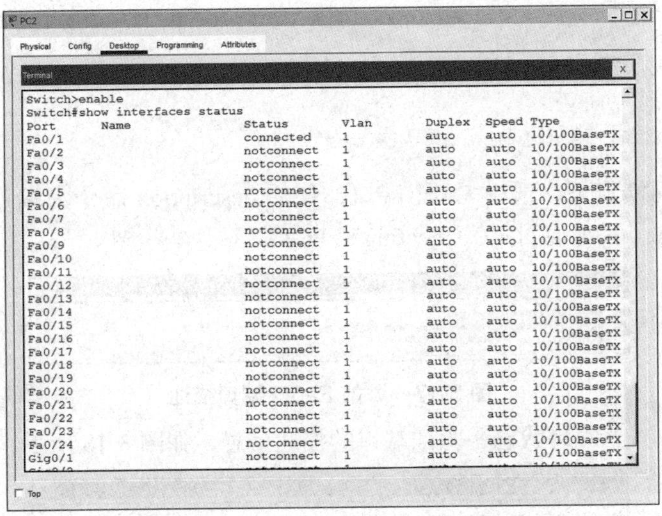

图 3-15　显示所有端口当前状态

步骤 3：在特权模式下，也可输入 show interfaces Fa0/1 命令，显示 Fa0/1 端口的详细状态，如图 3-16 所示。或输入 show interfaces 命令查看全部端口的详细状态信息。

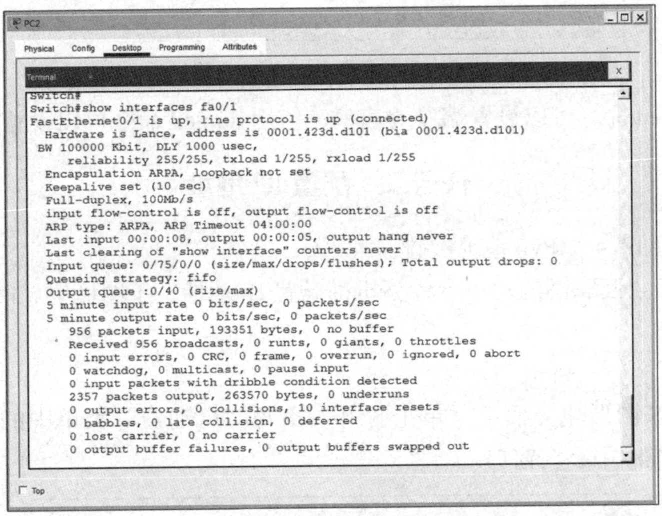

图 3-16　显示 Fa0/1 端口当前状态

```
Switch#show interfaces fa0/1
FastEthernet0/1 is up, line protocol is up (connected)
/*物理层端口UP，链路层协议UP*/
Hardware is Lance, address is 0001.423d.d101 (bia 0001.423d.d101)
/*该端口的MAC地址是0001.423d.d101*/
BW 100000 Kbit, DLY 1000 usec,
/*端口带宽是100 000 kbit，延迟是1 000 μs*/
reliability 255/255, txload 1/255, rxload 1/255
/*可靠性为255/255，发送负荷1/255，接收负荷为1/255*/
Encapsulation ARPA, loopback not set
/*此接口的数据链路层封装为Ethernet II，不是loopback*/
```

```
Keepalive set (10 sec)
/*每10 s检测一次连接是否仍然可用*/
Full-duplex, 100Mb/s
/*双工状态是全双工，端口速率为100 Mbit/s*/
```

步骤 4：在全局模式下，选中 Fa0/1 端口，使用 description 命令为端口添加描述信息，如图 3-17 所示，为 Fa0/1 添加说明“Connecting to PC1”。

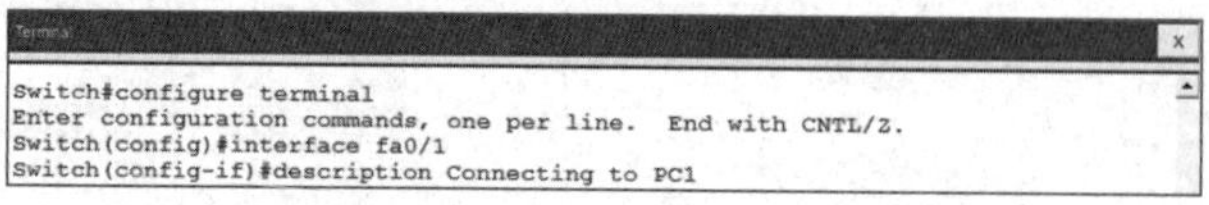

图 3-17 添加 Fa0/1 端口描述

在特权模式下，查看端口状态，验证端口的描述信息，如图 3-18 所示。

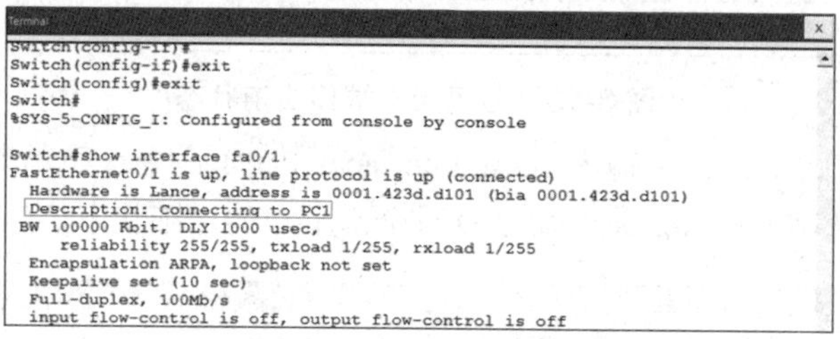

图 3-18 查看 Fa0/1 端口描述

此外，使用 speed 命令可以设置端口的速率；使用 duplex 命令可以设置端口的双工模式。

任务二 配置 IP 地址

任务目的：学会 IPv4、IPv6 地址配置。

任务内容：为接入互联网的每一台计算机都设置 IP 地址、子网掩码、网关和 DNS 服务器。

任务环境：UOS。

任务步骤：

步骤 1：在 UOS 图形化界面下，单击打开右下角“启动器”菜单中的“控制中心”命令，打开图 3-19 所示“控制中心”窗口。

图 3-19 “控制中心”窗口

步骤 2：在“控制中心”窗口中，双击“网络”按钮，打开图 3-20 所示“网络”界面。

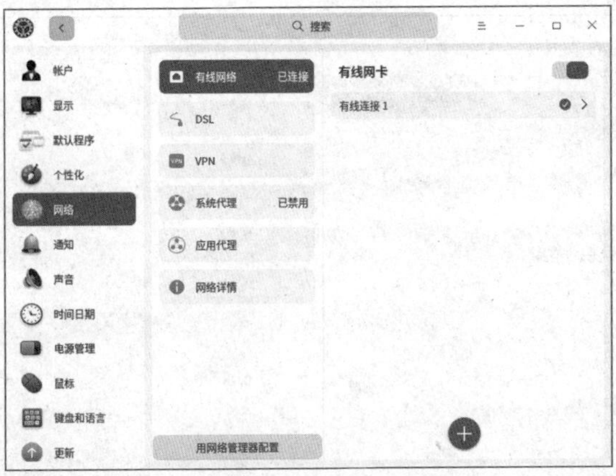

图 3-20　“网络”界面

步骤 3：单击图 3-20 右侧的“>”按钮，打开 IP 配置界面，如图 3-21 所示，输入 IP 信息，根据计算机所接入网络的具体情况，在“IPv4”区域的“方法”下拉列表中选择“手动”或“自动”。这里选择“手动”。

图 3-21　IP 配置界面

步骤 4：输入静态 IP 地址，如图 3-22 所示。

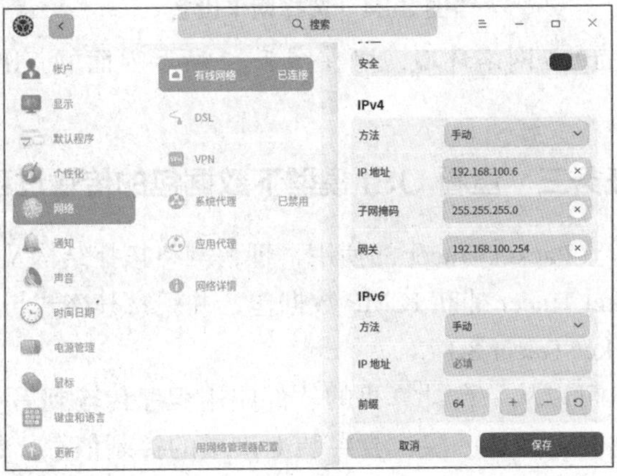

图 3-22　手动输入静态 IP 地址

步骤 5：拖动滚动条，如图 3-23 所示，输入两个 DNS 地址，即 DNS1 和 DNS2。

图 3-23　输入 DNS

步骤 6：拖动滚动条，如图 3-24 所示，选中当前配置 IP 所对应的网卡设备，单击“保存”按钮即可。

图 3-24　选择网卡设备

步骤 7：如接入的是 IPv6 网络环境，可在图 3-22 所示界面的“IPv6”区域进行类似操作，配置 IPv6 地址信息。

任务三　查看 OSI 模型下数据包的传输过程

任务目的：进一步熟悉 Packet Tracer 的使用，理解网络拓扑结构及数据包传输过程。

任务内容：使用 Packet Tracer 捕获 ICMP 数据包，并观察其格式与传输过程。

任务环境：Cisco Packet Tracer 8.1。

通过 OSI 模型，信息可以从一台计算机的软件应用程序传输到另一台的应用程序上。数据在源节点计算机向下传递时，到达一层，会封装上该层的控制信息；数据在目的节点计算机向上传递时，到达一层，会解封装，即去掉这一层的控制信息。数据包在不同层的称呼也有所不同，物理层称为比特，数据链路层称为帧，网络层称为分组，第 4~7 层称为报文。

步骤 1： 搭建拓扑。

如图 3-25 所示，拖入一台 PC、一台服务器、一台 2911 路由器，使用直通线连接各设备，并开启路由器的相应端口，按照表 3-1 配置各端口及 IP 参数。

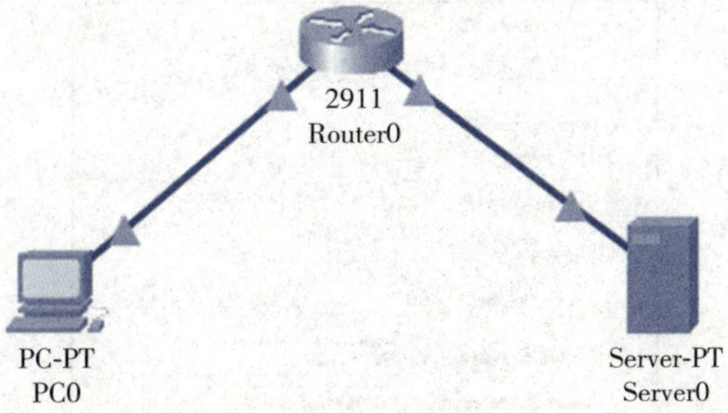

图 3-25　网络拓扑

表 3-1　各设备连接端口号与 IP 地址参数表

设备名	端口号	IP	掩码	网关	备注
Router0	GigabitEthernet0/0	192.168.1.254	255.255.255.0	/	
	GigabitEthernet0/1	172.16.1.254	255.255.255.0	/	
PC0	FastEthernet0	192.168.1.2	255.255.255.0	192.168.1.254	连接到路由器 G0/0
Server0	FastEthernet0	172.16.1.2	255.255.255.0	172.16.1.254	连接到路由器 G0/1

查看并记录各设备连接端口的 MAC 地址，见表 3-2。

表 3-2　设备连接端口 MAC 信息表

设备名	端口号	MAC 地址
Router0	GigabitEthernet0/0	0001.6499.2201
	GigabitEthernet0/1	0001.6499.2202
PC0	FastEthernet0	0000.0CB1.3C1A
Server0	FastEthernet0	0001.63ED.AB1D

步骤 2： 添加 PDU（协议数据单元）。

捕获从 PC0 到达 Server0 的 ICMP 回应报文。进入 Simulation（模拟）模式。在 Event List Filters（事件列表过滤器）中设置为只显示 ICMP 事件，如图 3-26 所示。

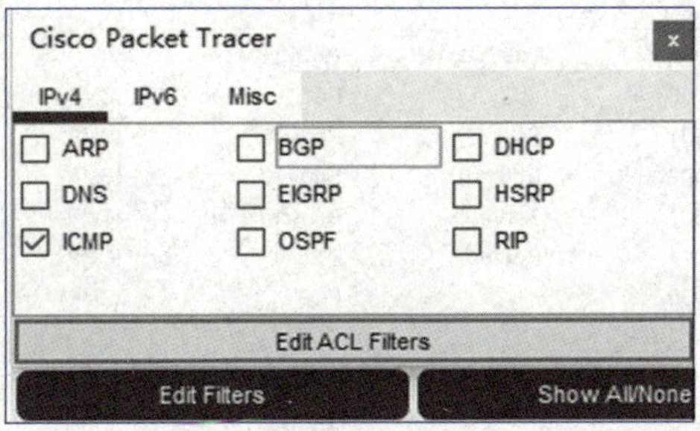

图 3-26　Event List Filters（事件列表过滤器）

单击菜单栏中的 Add Complex PDU（添加复杂 PDU）按钮，然后单击 PC0（源），打开 Create Complex PDU（创建复杂 PDU）对话框，如图 3-27 所示，在 Select Application（选

择应用程序）下拉列表中选择 PING，在 Destination IP Address（目的 IP 地址）文本框中输入 172.16.1.2，在 Source IP Address(源 IP 地址）文本框中输入 192.168.1.2；在 Sequence Number(序列号）文本框中输入 1；在 Simulation Settings（模拟设置）区域选择 Periodic（定期）单选按钮；在 Interval（时间间隔）文本框中输入 2；单击 Create PDU（创建 PDU）按钮。

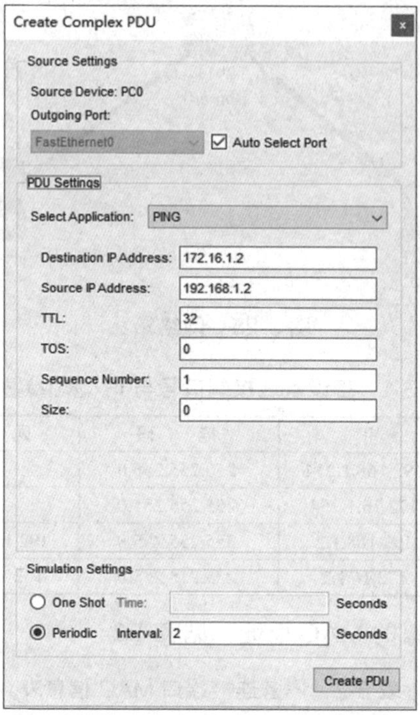

图 3-27　Create Complex PDU（创建复杂 PDU）对话框

在 Simulation 模式下，单击 Auto Capture/Play（自动捕获 / 播放）按钮以运行模拟和捕获事件。收到 No More Events（没有更多事件）消息时单击 OK（确定）按钮。

步骤 3：数据分析，在 OSI 模型中查看数据包流向。

在 Event List（事件列表）中可看到 PING 的数据包从 PC0 经过 Router0 到达 Server0，再从 Server0 经过 Router0 回到 PC0 的过程，如图 3-28 所示。

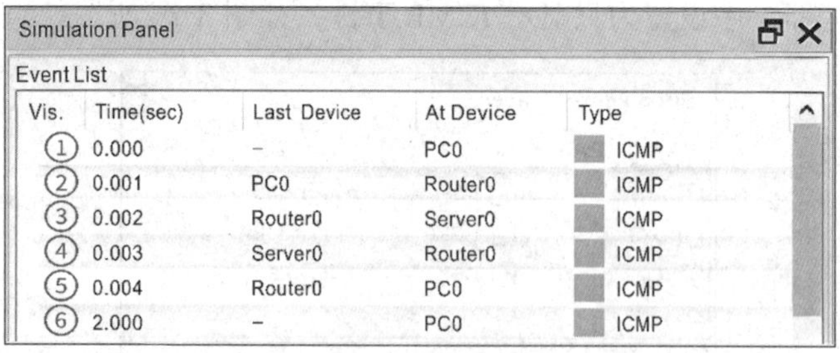

图 3-28　Event List（事件列表）

①在 PC0 上，如图 3-29（a）所示，ping 进程启动下一个 ping 请求，创建 ICMP Echo Request 消息并将其发送到较低的进程，由于目标 IP 地址 172.16.1.2 不在同一个子网中，就将下一跳设置为默认网关 172.16.1.254，通过 ARP 找到默认网关 IP 所对应的 MAC 地址，将其作为

目的地址封装到以太网帧中，通过 FastEthernet0 接口发送帧。

②在 Router0 上，如图 3-29（b）所示，GigabitEthernet0/0 接收到帧，通过比对帧的目的 MAC 地址与其 MAC 地址是否匹配，决定是否将该以太网帧解封装，并上传到网络层，然后，在 CEF 表中查找目的 IP 地址（172.16.1.2），根据 CEF 表中适用于目的 IP 地址的条目，确定下一跳 IP 地址，将数据包上的 TTL 减 1；之后，再次通过 ARP 找到目的 IP 所对应的 MAC 地址，并封装到以太网帧中，通过 GigabitEthernet0/1 接口发送帧。

③在 Server0 上，如图 3-29（c）所示，FastEthernet0 接口接收到帧，在比对帧的目的 MAC 地址与其 MAC 地址匹配后，将以太网帧解封装，发送到网络层；在网络层比对数据包的目的 IP 地址（172.16.1.2）与其 IP 地址是否一致，之后对数据包进行解封装；由于收到的数据包是 ICMP 数据包，ICMP 进程对其进行处理，通过将 ICMP 类型设置为 Echo Reply 来回复 PC0（192.168.1.2）的回显请求；由于 ICMP 回显请求的目标 IP 地址 192.168.1.2 不在同一个子网中，将回复数据包的目的地址设为默认网关（172.16.1.254），并通过 ARP 找到默认网关 IP 所对应的 MAC 地址，封装到以太网帧中，通过 FastEthernet0 接口发送帧。

④在 Router0 上，如图 3-29（d）所示，GigabitEthernet0/1 接收到帧，通过比对帧的目的 MAC 地址与其 MAC 地址是否匹配，决定是否将该以太网帧解封装，并上传到网络层，然后，在 CEF 表中查找目的 IP 地址（192.168.1.2），根据 CEF 表中适用于目的 IP 地址的条目，确定下一跳 IP 地址，将数据包上的 TTL 减 1；之后，再次通过 ARP 找到目的 IP 所对应的 MAC 地址，并封装到以太网帧中，通过 GigabitEthernet0/0 接口发送帧。

⑤在 PC0 上，如图 3-29（e）所示，FastEthernet0 接口收到帧，将该帧的目的 MAC 地址与端口的 MAC 地址比对，然后将以太网帧解封装，上传到网络层，检查数据包的目的 IP 地址与 PC0 的 IP 地址一致后，在网络层对数据包进行解封装；由于收到的数据包是 ICMP 数据包，ICMP 进程对其进行处理，ICMP 进程收到一条回显回复消息，即 ping 进程接收到一个 Echo Reply 消息。

⑥在 PC0 上，如图 3-29（f）所示，ping 进程启动下一个 ping 请求。

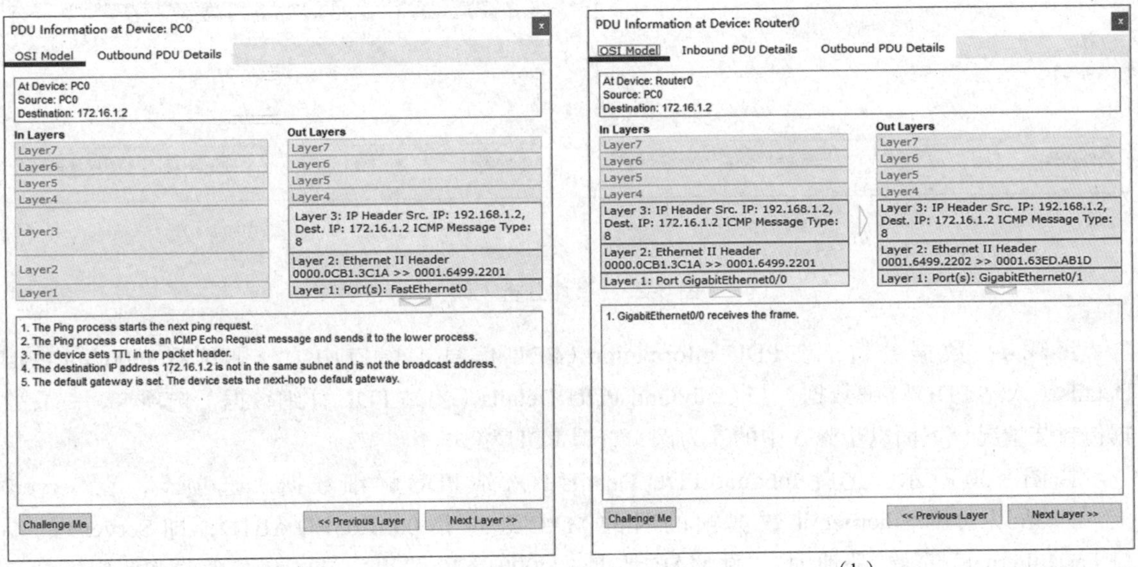

（a）　　　　（b）

图 3-29　事件分析

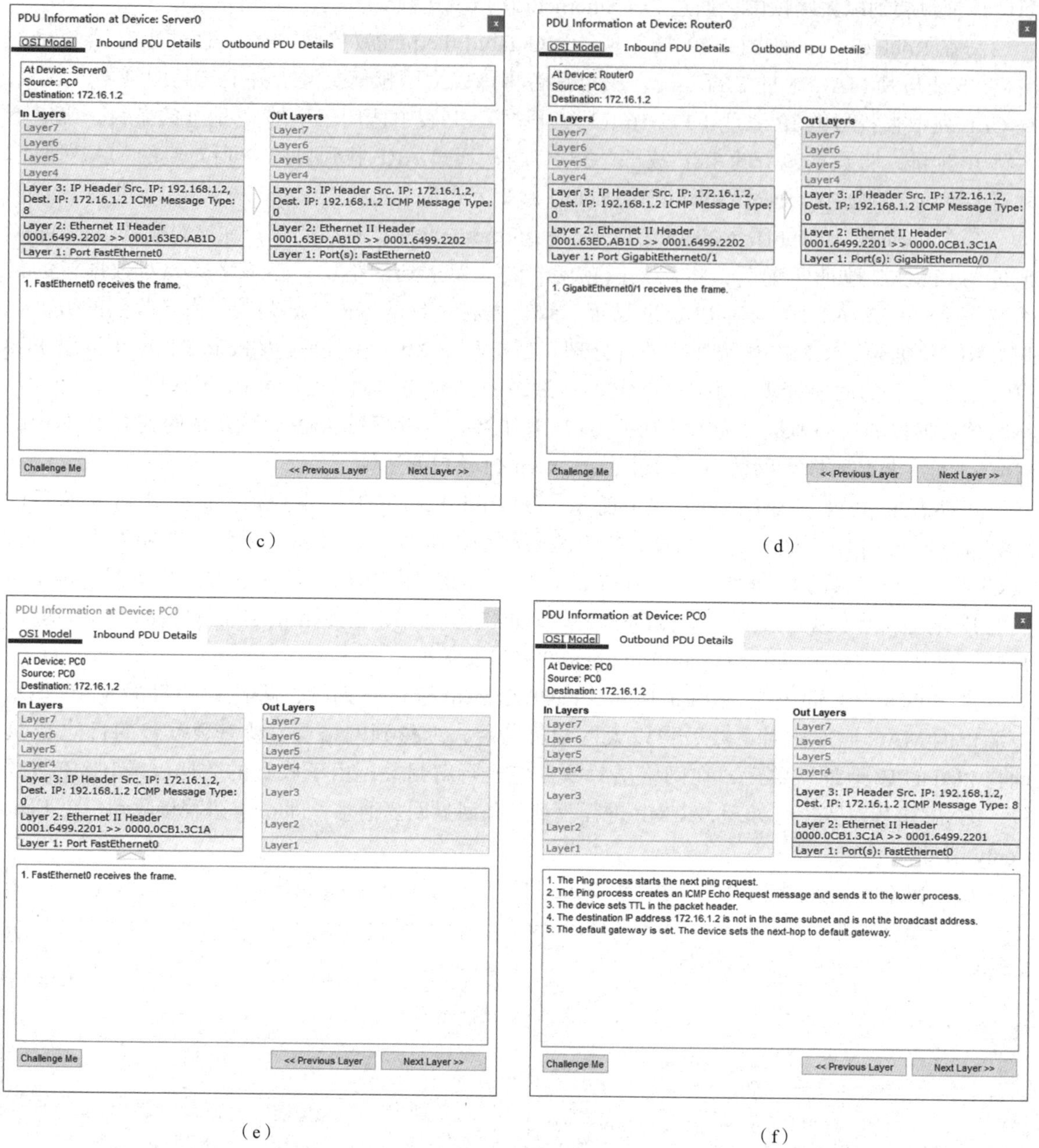

图 3-29　事件分析（续）

步骤 4：数据分析，在 PDU Information（PDU 信息）窗口中，分别选择 Inbound PDU Details（入站 PDU 详细数据）与 Outbound PDU Details（出站 PDU 详细数据）选项卡，查看数据包封装情况。下面以步骤 3 中的③为例，查看 PDU 格式。

如图 3-30 所示，选择 Inbound PDU Details（入站 PDU 详细数据）选项卡，在 Server0 上，入站以太网 Ethernet Ⅱ 数据帧的目的 MAC 地址是 0001.63ED.AB1D，即 Server0 的端口 FastEthernet0 的物理地址，源 MAC 地址是 0001.6499.2202，这是路由器 Router0 端口 GigabitEthernet0/1 的物理地址。而 IP 分组的目标 IP 是 172.16.1.2，源 IP 地址是 192.168.1.2。

如图 3-31 所示，选择 Outbound PDU Details（出站 PDU 详细数据）选项卡，在 Server0 上，ICMP 要发送 Echo Reply 回复 PC0（192.168.1.2）的回显请求；出站以太网 Ethernet Ⅱ数据帧的目的 MAC 地址是 0001.6499.2202，即路由器 Router0 端口 GigabitEthernet0/1 的物理地址，源 MAC 地址是 0001.63ED.AB1D，这是 Server0 的端口 FastEthernet0 的物理地址。而 IP 分组的目标 IP 是 192.168.1.2，源 IP 地址是 172.16.1.2。

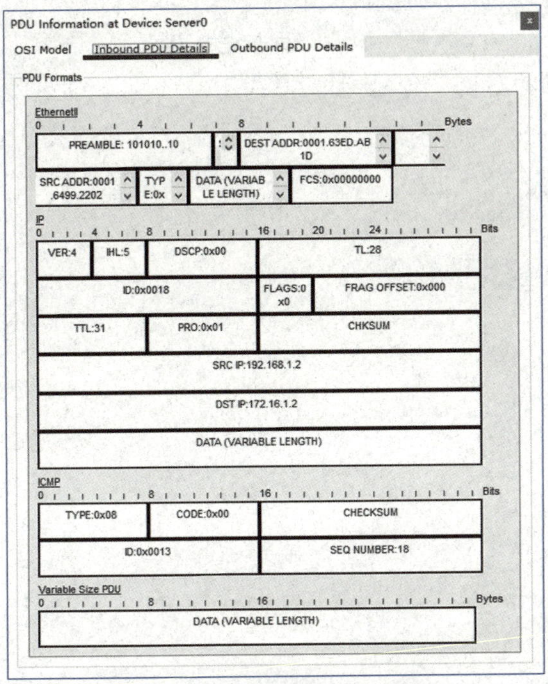

图 3-30　Inbound PDU Details（入站 PDU 详细数据）选项卡

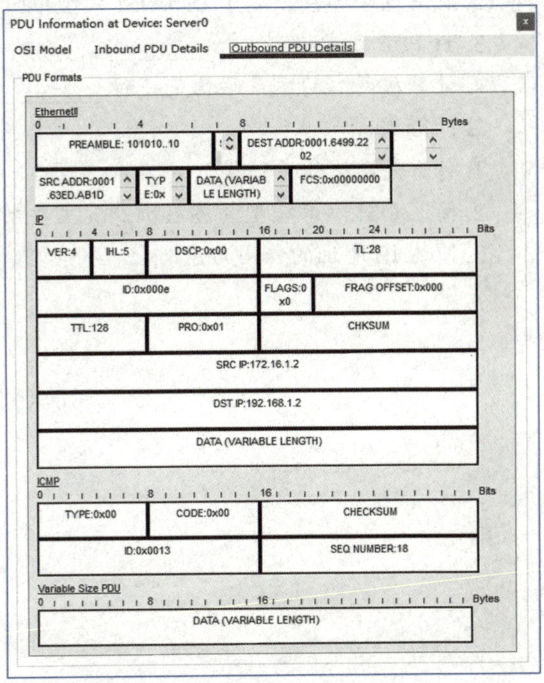

图 3-31　Outbound PDU Details（出站 PDU 详细数据）选项卡

素质拓展

未来网络试验设施（CENI）

未来网络试验设施（CENI）是我国通信与信息领域首个国家重大科技基础设施，旨在建设一个先进的、开放的、灵活的、可持续发展的大规模通用试验平台，满足“十四五”期间国家关于下一代互联网、网络空间安全、天地一体化网络、工业互联网等方向战略性、基础性、前瞻性创新试验与验证需求，以及全社会新技术、新产品与新应用的创新需求。

CENI 布局为一张覆盖全国、辐射全球的“大网”，采用服务定制网络（SCN）架构搭建，通过自主网络操作系统、白盒交换大规模组网等创新技术，将建成由全国 40 个城市核心节点、133 个边缘节点组成的当前覆盖最广的国家重大科技基础设施，是全球首个基于全新网络架构构建的大规模、多尺度、跨学科的网络试验环境。

CENI 是推动国家科学与技术发展的“国之重器”，是实现重大科技创新、前沿技术引领、颠覆性技术创新的“国之利器”。该设施建成后可为研究新型网络体系架构提供简单、高效的试验验证环境，支撑我国网络科学与网络空间技术研究在关键设备、网络操作系统、路由控制技术、网络虚拟化技术、安全可信机制、创新业务系统等方面取得重大突破。

思考与练习

一、填空题

1. 根据数据在通信线路上传输的方向和特点，数据传输可分为________、________和________。

2. 收发电子邮件，属于ISO/OSI模型中________层的功能。

3. TCP/IP参考模型包括________、________、________、________四个概念层次。

4. 计算机网络的体系结构是一种________结构。

二、简答题

1. 什么是网络体系结构？

2. 简述OSI参考模型的各层次及其主要功能。

3. 简述IP地址的作用与意义。

项目四

认知以太局域网

项目导读

在校园网络的运维过程中，小飞逐渐了解到，运维的校园网是按照以太网标准采用三层网络架构组建的局域网，相对于 OSI 与 TCP/IP 参考模型，以太网标准主要涉及物理层和数据链路层，更关注于局域网的硬件连接和数据传输细节。因此，为了做好运维项目工作，大牛要求小飞要进一步查阅学习以太网的标准，掌握以太网交换机的使用方法，进一步理解局域网的组网方式和数据传输机制。

知识导图

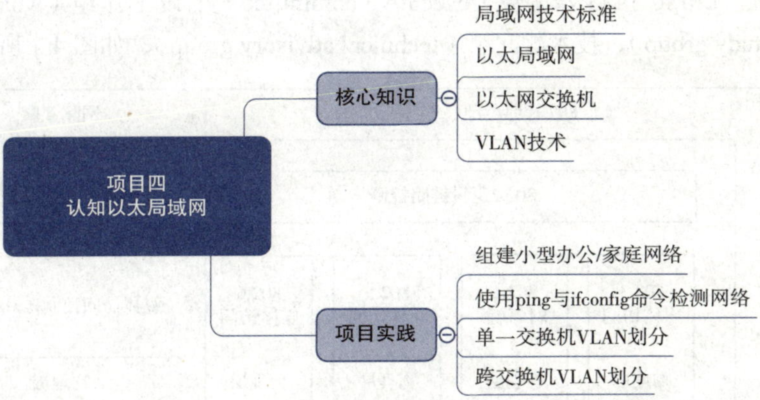

项目目标

知识目标

1. 了解 IEEE 802.3 标准，熟悉几种常见以太网的特性及应用场景。
2. 了解以太网交换机的功能及工作原理，掌握常用的 VLAN 技术。

技能目标

1. 能组建小型办公 / 家庭网络。
2. 掌握单一和跨交换机的 VLAN 划分。

素养目标

1. 培养学生在网络配置中细致和严谨的态度，确保每步操作的准确性。
2. 通过小组合作完成网络搭建和配置任务，提升团队协作和沟通能力。

知识准备

在日常使用的有线网络中，以太网最为普遍。在企业、学校、公共机房等不同场所，以太网是有线局域网建设的首选类型。正是因为以太网的普及，以太网标准也成为局域网的实际标准。

4.1 局域网技术标准

1. IEEE 802 标准

电气与电子工程师协会（Institute of Electrical and Electronics Engineers, IEEE）是一个国际性的电子技术与信息科学工程师的协会，由创立于 1912 年的美国无线电工程师协会（institute of radio engineers, IRE）和创建于 1884 年的美国电气工程师协会（American institute of electrical engineers, AIEE）于 1963 年合并而成，总部设在美国。该组织在太空、计算机、电信、生物医学、电力及消费性电子产品等领域中很具权威性。IEEE 定义的标准在工业界有极大的影响。

视 频
局域网技术标准

IEEE 802 又称局域网 / 城域网标准委员会（LAN /MAN standards committee, LMSC），致力于研究局域网和城域网的物理层及 MAC 层规范，对应 OSI 参考模型的下两层。IEEE 802 委员会负责起草局域网草案，并送交美国国家标准协会（ANSI）批准和在美国国内标准化。IEEE 还把草案送交国际标准化组织（International Organization for Standardization, ISO）。ISO 把 802 规范称为 ISO 802 标准，因此，许多 IEEE 标准也是 ISO 标准。LMSC 执行委员会（executive committee）下设工作组（working group）、研究组（study group）、技术顾问组（technical advisory group），如图 4-1 所示。

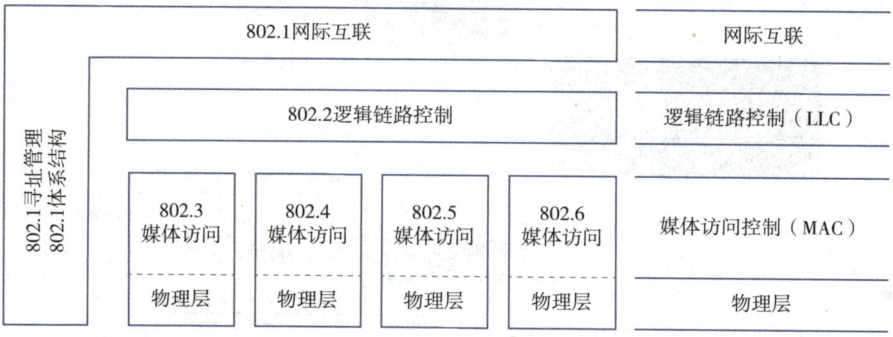

图 4-1 IEEE 802 委员会

例如：

802.1 工作组研究高层局域网协议规范。

802.2 工作组研究逻辑链路控制规范。

802.3 工作组研究以太网 Ethernet 的 CSMA/CD 访问控制方法与物理层规范。

802.4 工作组研究令牌总线 Token-Bus 访问控制方法与物理层规范。

802.5 工作组研究令牌环 Token-Ring 访问控制方法。

802.6 工作组研究城域网访问控制方法与物理层规范。

802.7 工作组研究宽带局域网访问控制方法与物理层规范。

其中，802.3 工作组还针对 10 Base-T、100 Base-T、1 000 Base-T、1 000 Base-SX 和 1 000 Base-LX 分别设置研究小组。

2. IEEE 802 参考模型

局域网技术标准——IEEE 802 参考模型与 OSI 参考模型的对应关系如图 4-2 所示。

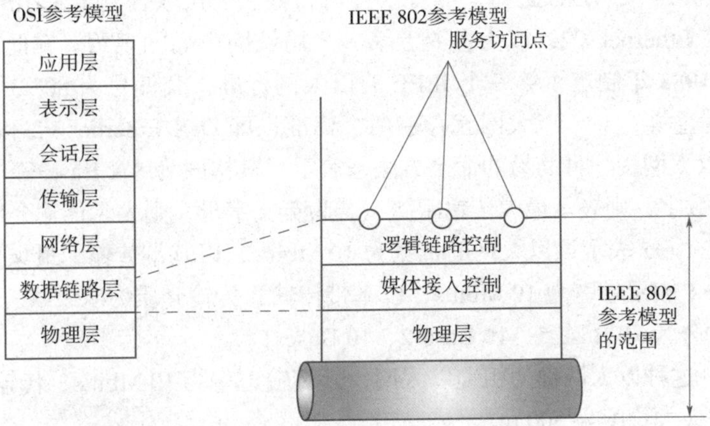

图 4-2 IEEE 802 参考模型与 OSI 参考模型的对应关系

IEEE 802 参考模型的最低层对应于 OSI 模型中的物理层，将数据链路层分为逻辑链路控制子层（logical link control，LLC）和媒体访问控制子层（media access control, MAC）。物理层规定了所使用的信号、编码和传输介质；数据链路层采用差错控制和帧确认技术，传送带有校验的数据帧。为了使数据帧的传送独立于所采用的物理媒体和媒体访问控制方法，IEEE 802 标准特意把 LLC 独立出来，形成一个单独子层，使得 LLC 子层与媒体无关，仅让 MAC 子层依赖于物理介质和介质访问控制方法。

LLC 子层向高层提供一个或多个逻辑接口，这些接口称为服务访问点（service access point, SAP）。SAP 具有帧的接收、发送功能。发送时将要发送的数据加上地址和循环冗余校验 CRC 字段等构成 LLC 帧；接收时将帧拆封，进行地址识别和 CRC 校验。

MAC 子层在支持 LLC 层完成介质访问控制功能时，可以提供多个可供选择的媒体访问控制方式。为此，IEEE 802 标准制定了多种媒体访问控制方式，如 CSMA/CD、Token Ring、Token Bus 等。同一个 LLC 子层能与其中的任何一种访问方式接口。虽然底层硬件传输方式不同，但通过统一的上层协议封装，网络层始终能获得一致的通信服务。

4.2 以太局域网

1. 经典以太网

以太网是当前世界上最普遍的一种计算机局域网络，人们在实际组网中提到的局域网多数是指以太网。以太网有两种：一种是经典以太网，使用载波侦听多路访问 / 冲突检测（carrier sense multiple access/collision detection, CSMA/CD）机制解决了多路访问的问题，是以太网的原始形式，运行速率为 3 ~ 10 Mbit/s，现在已不再使用；另一种是交换式以太网，使用交换机设备连接不同的计算机，处理多路访问的问题。交换式以太网是当前以太网的主要形式，是以太网快速发展的主要方式，有 100 Mbit/s（快速以太网）、1 Gbit/s（千兆以太网）和 10 Gbit/s（万兆以太网）等形式。

视 频

经典以太网

经典以太网作为早期以太网，针对传输介质共享、信号广播方式传输等特点，采用 CSMA/CD 协议进行介质访问控制，避免和检测冲突。

1）以太网的命名规则

以太网用无源电缆作为传输媒体来传送数据帧，并以曾经在历史上表示传播电磁波的以太（ether）来命名。1982 年，DEC 公司、英特尔公司和施乐公司联合制定了 10 Mbit/s 以太网的第二版规约，即 DIX Ethernet V2，成为世界上第一个局域网产品的规约。在此基础上，IEEE 802 委员会于 1983 年制定了第一个 IEEE 的以太网标准，其编号为 802.3，数据传输速率为 10 Mbit/s。这样，对于以太网就存在两个标准，即 DIX Ethernet V2 和 IEEE 802.3 a，各种规格的以太网用一种简易的命名方法来表示，其格式为“X Base-Y”，其中，X 表示带宽。Y 若为数字，则表示最大传输距离；若为英文字母，则表示传输介质。Base 表示基带。例如，10 Base-5 表示该以太网的带宽为 10 Mbit/s，以基带传输，最大传输距离为 500 m；而 10 Base-T 表示带宽为 10 Mbit/s，以基带传输，传输介质为双绞线。

视 频

以太网的命名规则

经典以太网又分为 10 Base-5、10 Base-2、10 Base-T。

➢ 10 Base-5：这种以太网称为粗缆以太网，其传输速率为 10 Mbit/s，传输介质为同轴电缆，使用每一段电缆的最大长度为 500 m。

➢ 10 Base-2：这一标准的以太网称为细缆以太网，其传输速率为 10 Mbit/s，传输介质为细同轴电缆，每一段电缆的最大长度为 180 m。

➢ 10 Base-T：1990 年，IEEE 制定出星形以太网 10 Base-T 的标准 802.3i。它使用两对双绞电缆（3 类、4 类或 5 类），一对用于发送数据，另一对用于接收数据。10 Base-T 对每段的距离限制约为 100 m。

2）CSMA/CD 原理

CSMA/CD 是经典以太局域网的协议基础。

视 频

CSMA/CD 原理

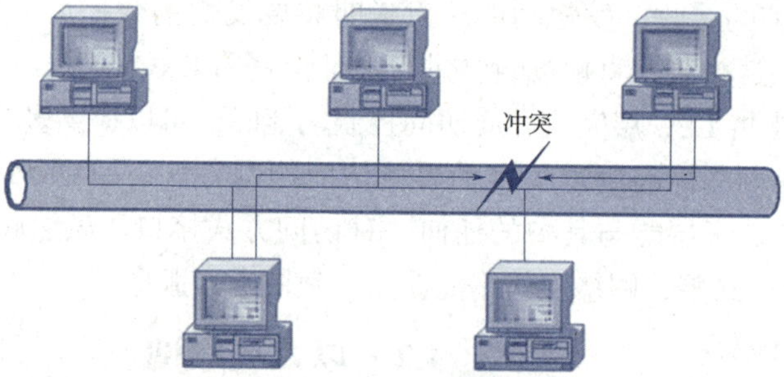

图 4-3 传统局域网的冲突

传统局域网的介质访问控制方法采用的是“共享介质”方式，所有节点都接入公共传输介质，以“广播”方式传输和接收数据，如图 4-3 所示，因此出现“冲突（collision）”是不可避免的，“冲突”会造成传输失败，必须解决多个节点访问总线的介质访问控制（medium access control，MAC）问题，以太网（ethernet）就是使用 CSMA/CD 介质访问控制来解决这个冲突问题。

在以太网中，任何节点都不能事先预约发送，所有节点发送都是随机的，而且网络中没有集中的管理控制，所有节点平等地竞争发送时间，这种随机竞争的控制方式正是 CSMA/CD 的精髓，如图 4-4 所示。

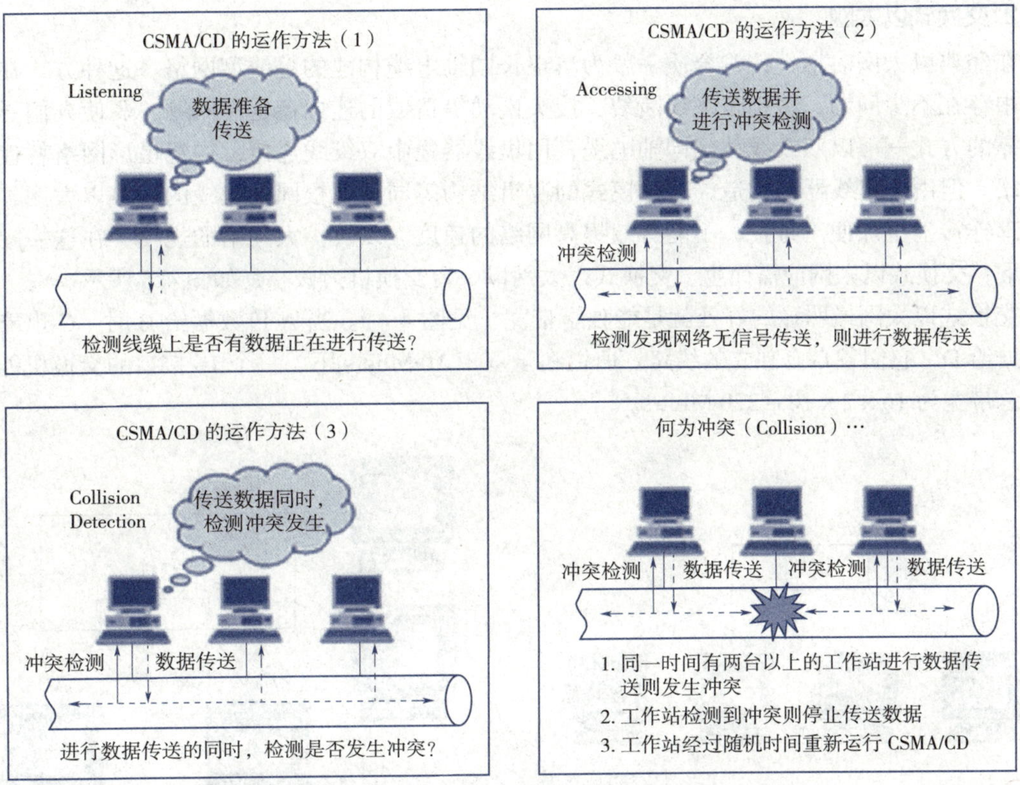

图 4-4　CSMA/CD 带冲突检测的载波监听多路访问技术

CSMA 又称“先听后说”，是减少冲突的主要技术，有 1- 坚持 CSMA、非坚持 CSMA 和 P- 坚持 CSMA 三种侦听方案。

➢ 1- 坚持 CSMA：是最简单的 CSMA 方案。当一个站有数据要发送时，首先侦听信道，确定当时是否有其他站正在传输数据。如果有信道空闲，就立即发送数据，否则等待并持续侦听信道，直到信道变成空闲。如果发生冲突，该站等待一段随机时间，然后继续侦听信道。由于当发现信道空闲时，该站传输数据的概率为 1，所以称为 1- 坚持。

➢ 非坚持 CSMA：与 1- 坚持 CSMA 类似，站点在发送数据前要先侦听信道。如果信道空闲，则该站点开始发送数据；如果信道忙，则该站点并不持续对信道进行监听，以便同 1- 坚持 CSMA 一样在第一时间发现信道空闲。相反，该站点会等待一段随机时间然后重复上述过程。

➢ P- 坚持 CSMA：该方案适用于时分复用的信道。当一个站点准备好数据要发送时，就侦听信道，如果信道是空闲的，则按照概率 P 发送数据，以概率 $1-P$ 推迟到下一个时间槽。如果下一个时间槽信道也是空闲的，则还是以概率 P 发送数据，以概率 $1-P$ 推迟到下一时间槽发送，如此下去，直到数据被发送出去。如果信道忙，则等待一段随机时间，然后重复侦听过程。

CSMA 协议确保了信道忙时站点不再传送数据。然而，如果两个站点侦听到信道为空，并同时开始传输，则它们的信号仍然会产生冲突。一个改进的方法是快速检测到冲突后立即停止传输数据，从而节省时间和带宽。站点在传输数据开始后，同步侦听信道，如果侦听到的信号不同于它发送到信道上的信号，则判断发生了冲突，此时立即停止发送数据。

2. 交换式以太网

在经典以太网时期，传输介质一般为单根长同轴电缆构建的总线型网络。这种方式在实际使用中存在不少问题，特别是缆线断裂、接头松动等造成的连接稳定性问题，驱使人们寻求更为可靠的方式——以双绞线替代同轴电缆，用集线器集中双绞线连接，构建星形网络替代总线型网络。但由于集线器的构造，这种模式的逻辑结构等同于单根同轴电缆的经典以太网，只是在物理连接上更加便于维护，不能有效提高网络的速度，以及扩大网络的规模。在这一问题的推动下，交换式以太网应需而生。交换式以太网以一台交换机为核心，如图 4-5 所示。

交换式以太网最明显的好处就是能独享带宽（见图 4-6）。当 A 传数据给 B 时，C 也能同时传数据给 D，它们各自有独立的线路。所以在全双工 10 Mbit/s 下，一个 16 接口的交换机能够提供的总带宽为 16 × 2 × 10 = 320 Mbit/s。

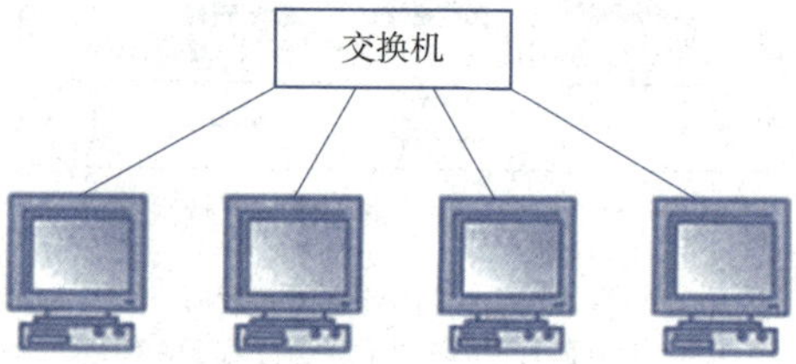

图 4-5　交换式以太网

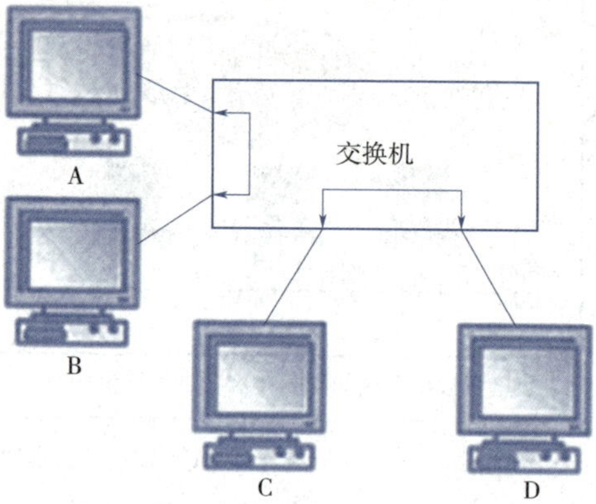

图 4-6　交换机切换出独立的传输线路

当然这是在理想的情况下才有的结果。如果传输的路线有交集，如 A 传给 B，C 同时也传给 B，则线路就要在 A 与 C 之间切换，此时 A 与 C 只能共享 10 Mbit/s 的带宽。

此外，由于交换式以太网不会有冲突检测，所以也不会有冲突延迟，这样能更有效地使用带宽。

3. 快速以太网

随着以太网技术的不断发展，出现了传输数据速率达到 100 Mbit/s 的以太网，称为快速以太网（fast ethernet）。其中，两种最重要的技术是 100 Base-TX 和 100 Base-FX。

100 Base-TX 基于 IEEE 802.3U 标准，是使用两对 UTP 或 STP 接线的 100 Mbit/s 基带快速以太网规范，一对用于接收数据，一对用于发送数据。为确保正确的信号定时，一个 100 Base-TX 网段不能超过 100 m。原来的同轴电缆以太网采用半双工传输，因此在同一时刻只能有一个设备进行传输。1997 年，以太网扩展到支持全双工特性，全双工允许同一时刻网络上的多台 PC 进行传输。这时出现了以太网交换机，它比原来的集线器能够更有效地进行数据传输。

100 Base-FX 使用光纤作为传输介质，最常使用的是带有 ST 或者 SC 接头的光纤对，一个用于数据发送，一个用于数据接收，所以是全双工工作的。但是因为 100 Base-FX 出现之后不久就出现了吉比特的光纤和铜线传输标准，所以现在使用的并不广泛，而更多使用的是 100 Base-TX 标准。不同的快速以太网布线见表 4-1。

表 4-1　不同的快速以太网布线

快速以太网	100 Base-TX	100 Base-T4	100 Base-T2	100 Base-FX
IEEE 标准	802.3U	802.3U	802.3y	802.3i
传输速率 /（Mbit/s）	100	100	100	100
基带 / 宽带	基带	基带	基带	基带
拓扑结构	星形	星形	星形	星形
传输介质	5 类 UTP	3、4、5 类 UTP	3、4、5 类 UTP	光纤
接头	RJ-45	RJ-45	RJ-45	ST、SC、MIC
网段最大传输距离	100 m	100 m	100 m	2 km（多模）、10 km（单模）

4. 千兆以太网

1998 年，IEEE 802.3z 委员会通过了 1 000 Base-X 标准，该标准将光纤上的数据传输速率提升到全双工 1 Gbit/s，所以千兆以太网（gigabit ethernet）又称吉比特以太网。光纤上的千兆以太网是当前非常受推荐的主干技术之一。主要优点：千兆的传输数据速率可以汇聚大范围内的快速以太网设备；较长的传输距离；较好的抗干扰性；不用像电缆一样需要考虑接地问题；1 000 Base-X 设备在选择上也非常丰富。不同的千兆以太网布线见表 4-2。

表 4-2　不同的千兆以太网布线

千兆以太网	1 000 Base-SX	1 000 Base-L4	1 000 Base-C2	1 000 Base-T
IEEE 标准	802.3z	802.3z	802.3z	802.3ab
传输速率 /（Gbit/s）	1	1	1	1
基带 / 宽带	基带	基带	基带	基带
拓扑结构	星形	星形	星形	星形
传输介质	62.5 μm 与 50 μm 多模光纤	62.5 μm 与 50 μm 多模光纤、10 μm 单模光纤	STP 双绞线	5 类 UTP
接头	SC	SC	DB9	RJ-45
网段最大传输距离	275 m（62.5 μm）、500 m（50 μm）	550 m（多模）、5 000 m（单模）	25 m	100 m

千兆以太网的物理层共有以下两个标准。

1）1 000 Base-X（802. 3z 标准）

1 000 Base-X 标准是基于光纤通道的物理层，分为 1 000 Base-SX 和 1 000 Base-LX。1 000 Base-SX 表示采用低成本的短波长 850 nm 激光或二极管光源和多模光纤，1 000 Base -LX 采用长波长为 1 310 nm 的激光光源和单模光纤。

2）1 000 Base-T（802.3ab 标准）

1 000 Base-T 是使用 4 对 5 类线 UTP，传送距离为 100 m。

5. 万兆以太网

万兆以太网（10 gigabit ethernet）又称 10 吉比特以太网。万兆以太网的正式标准为 IEEE 802.3 ae，于 2002 年 6 月完成。万兆以太网的帧格式与 10 Mbit/s、100 Mbit/s 和 1 Gbit/s 以太网的帧格式完全相同。万兆以太网一般用于数据中心和电信交换机房内部，可以用它们来连接高端路由器、交换机和服务器。除此之外，还可以用作局端之间的长途高带宽中继线，这些局端使整个城域网得以基于以太网和光纤来构建。万兆以太网的所有版本只支持全双工方式，不再使用 CSMA/CD 协议。万兆以太网布线见表 4-3。

表 4-3 不同万兆以太网布线

万兆以太网	10G Base-SR	10G Base-LR	10G Base-ER	10G Base-T
IEEE 标准	802.3ae	802.3ae	802.3ae	802.3ae
传输速率 /（Gbit/s）	10	10	10	10
基带 / 宽带	基带	基带	基带	基带
拓扑结构	星形	星形	星形	星形
传输介质	0.85 μm 多模光纤	1.3 μm 单模光纤	1.5 μm 单模光纤	6A 类 UTP
接头	SC	SC	SC	RJ-45
网段最大传输距离	300 m	10 km	40 km	100 m

6. 10 万兆以太网

随着通信技术、高性能计算及大数据应用的需求大幅提升，IEEE 于 2007 年决议着手下一代以太网标准的研究，并交给 HSSG（higher speed study group，高速研究小组）负责，HSSG 于 2007 年底提出 IEEE 802.3 ba 标准，并于 2009 年公布，至此，以太网的传输速率已经提升至 40 Gbit/s 和 100 Gbit/s，因此该标准以太网称为 10 万兆以太网（100 gigabit ethernet）。10 万兆以太网布线见表 4-4。

表 4-4 10 万兆以太网布线

名　　称	传输速率 /（Gbit/s）	传输介质	传输距离 /m
40GBase-KR4	40	背板	1
40GBase-CR4	40	铜线	10
40GBase-SR4	40	多模光纤	100
40GBase-LR4	40	单模光纤	10 000
40GBase-CR10	100	铜线	10
40GBase-SR10	100	多模光纤	100
40GBase-LR10	100	单模光纤	10 000
40GBase-ER10	100	单模光纤	40 000

4.3 以太网交换机

采用不同数据链路层协议的网络，交换机的工作原理各不一样，如工作在以太网中的以太网交换机、工作在帧中继网络中的帧中继交换机等。下面介绍最常见的以太网交换机。以太网交换机一般都采用星形拓扑结构的以太局域网标准技术，为所连接的两台联网设备提供一条独享的点到点的虚电路，因此避免了冲突，能够比集线器更有效地进行数据传输。

1. 以太网交换机的基本概念

1）以太网交换机的功能

以太网交换机实现的功能有地址的学习、帧的转发及过滤和环路避免。

（1）地址学习（address learning）：以太网交换机能够学习到所有连接到其接口的设备的MAC 地址。地址学习的过程是通过监听所有流入的数据帧，对其源 MAC 地址进行检验，形成一个 MAC 地址到其相应接口号的映射，并且将这一映射关系存储在其 MAC 地址表中。

（2）帧的转发和过滤（frame forward/filter decision）：当一个帧到达交换机后，交换机通过查找 MAC 地址表来决定如何转发数据帧。如果目的 MAC 地址存在，则将数据帧向其对应的接口转发。如果在表中找不到目的地址的相应项，则将数据帧向所有接口（除了源接口）转发。

（3）环路避免（loop avoidance）：以太网交换机通过使用生成树（spanning tree）协议来管理局域网内的环路，避免产生数据帧在网络中不断兜圈子的现象。

2）交换机分类

交换机按照传输数据带宽可分为以太网交换机、快速以太网交换机、千兆以太网交换机、万兆以太网交换机；按照管理则可划分为非网管交换机、可网管交换机；按照实现功能可划分为二层交换机、三层交换机。

一般情况下，没有特别说明类别的交换机指的都是二层交换机，它属于数据链路层设备，用于连接网络结点设备，传输数据。二层交换机可以识别数据包中的 MAC 地址信息，根据MAC 地址进行转发，并将这些 MAC 地址与对应的接口记录在自己内部的一个地址表中。

三层交换（又称多层交换技术，或 IP 交换技术）是在网络模型的第三层实现数据包的高速转发。可以将三层交换技术理解为二层交换技术 + 三层转发技术。三层交换机不是简单的二层交换机和路由器的叠加，它的三层路由模块直接叠加在二层交换的高速背板总线上，突破了传统路由器的接口速率限制，速率可达几十 Gbit/s。

2. 以太网交换机的工作原理

1）数据帧转发原理

交换机内有一张 MAC 地址表，里面存放着所有连接到交换机接口上的设备的 MAC 地址及其相应接口号的映射关系。

当交换机被初始化时，其 MAC 地址表是空的。如图 4-7 所示，此时如果有数据帧到来，交换机就向除了源接口之外的所有接口转发。

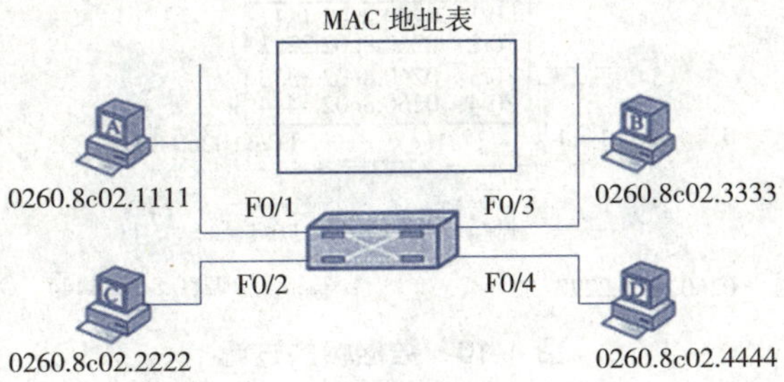

图 4-7　交换机初始化时状态

如图 4-8 所示，假设主机 A 给主机 C 发送数据，交换机从 F0/1 接口收到该数据帧后，就来查找其 MAC 地址表。由于 MAC 地址表为空，则向除了 F0/1 接口以外的所有接口转发该帧。在转发过程中，交换机得知，如果交换机现在能够从接口 F0/1 收到从源主机 A 发来的帧，那么以后就可以从接口 F0/1 将一个帧转发到目的地址 A。因此，交换机将源主机 A 的 MAC 地址 0260.8c02.1111 及其相应接口 F0/1 记录到 MAC 地址表中。

如图 4-9 所示，现在假设主机 D 给主机 C 发送数据，同理，交换机收到该数据帧后，查找其 MAC 地址表。由于在此之前主机 C 未发送过任何数据，所以交换机的 MAC 地址表中无主机 C 的信息。此时，交换机将此数据帧向所有接口转发（除源接口 F0/4），同时将主机 D 的 MAC 地址 0260.8c02.4444 及其接口 F0/4 的映射放入 MAC 地址表中。

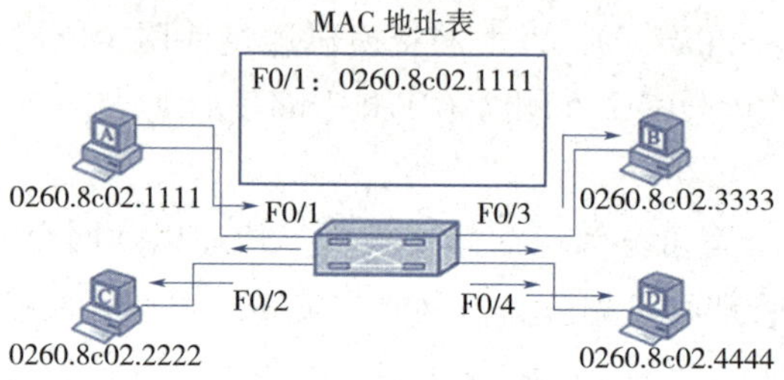

图 4-8　MAC 地址表建立

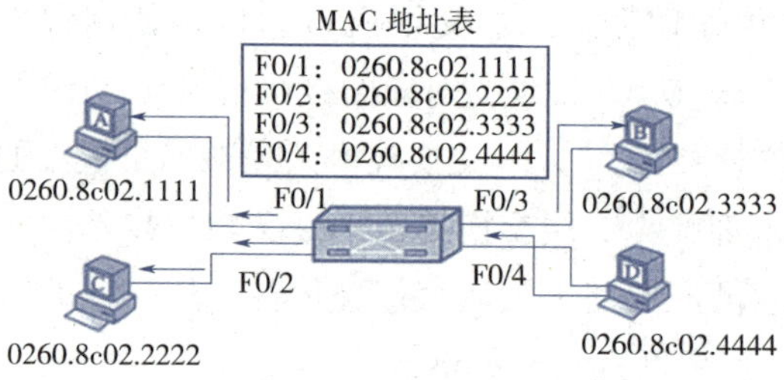

图 4-9　数据帧的转发

直到连接到交换机的所有站都发送过数据之后，交换机的 MAC 地址表最终建立完整。此时，如果有数据帧到来，交换机根据 MAC 地址表中相应的条目进行转发和过滤。如图 4-10 所示，当交换机收到来自主机 A 的数据帧之后，查找 MAC 地址表，找到目的地址 0260.8c02.2222（C 站的 MAC 地址）对应的接口为 F0/2。此时，交换机将数据帧只交给接口 F0/2，不再向其他接口转发，实现了数据帧的过滤。

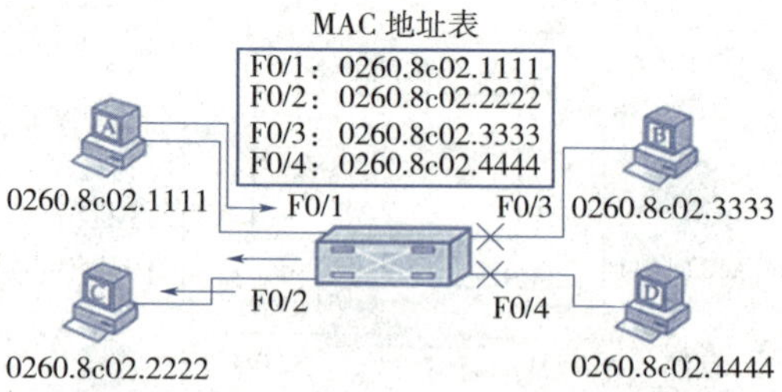

图 4-10　数据帧的过滤

2）转发方式

交换机数据转发的具体方式分直通式、存储转发式、无碎片直通式（更高级的直通式转发）三种。

➢ 直通（cut through）式是指在输入接口检测到一个数据包后，只检查其包头，取出目的地址，通过内部的地址表确定相应的输出接口，然后把数据包转发到输出接口，这样就完成了交换。

➢ 存储转发（store and forward）式是计算机网络领域使用得非常广泛的技术之一。在这种工作方式下，交换机的控制器先缓存输入到接口的数据包，然后进行 CRC 校验，滤掉不正确的帧，确认正确的包后，取出目的地址，通过内部的地址表确定相应的输出接口，然后把数据包转发到输出接口。

➢ 无碎片直通（fragment free cut through）式是介于直通式和存储转发式之间的一种解决方案，它检查数据包的长度是否够 64 B（512 位）。如果小于 64 B，则说明该包是碎片（即在信息发送过程中由于冲突而产生的残缺不全的帧），则丢弃该包；如果大于 64 B，则发送该包。该方式的数据处理速度比存储转发式快，但比直通式慢。

4.4　VLAN 技术

视　频

VLAN 技术

VLAN 是以太局域网中常用的一种网络隔离技术，工作在 OSI 参考模型的数据链路层。VLAN 是以太网交换机的基本功能之一，能够在物理连通的网络基础上，进一步从逻辑上将网络划分成若干在二层上相互隔离的网络。802.1q 是 IEEE 为虚拟局域网（VLAN）制定的标准，允许在以太网交换机上实现基于端口的 VLAN 划分，增加了一个 4 字节的标签，包含标签协议标识（tag protocol identifier, TPID）和标签控制信息（tag control information, TCI），用于标识帧所属的 VLAN，使得不同厂商之间的 VLAN 互通成为可能，提高了网络的灵活性和安全性，同时限制了广播域，节省了带宽，提高了网络处理能力。

1. VLAN 概述

虚拟局域网（VLAN）可以是由少数几台计算机构成的网络，也可以是由数以百计的计算机构成的企业网络。使用 VLAN 技术的主要原因是限制广播域。

1）广播域

广播域指的是广播帧（目标 MAC 地址全部为 1）所能传递到的范围，即能够直接通信的范围。严格地说，并不仅仅是广播帧，多播帧（multicast frame）和目标不明的单播帧（unknown unicast frame）也能在同一个广播域中畅行无阻。

本来，二层交换机只能构建单一的广播域，不过使用 VLAN 功能后，它能够将网络分割成多个广播域。

那么，为什么需要分割广播域呢？那是因为，如果仅有一个广播域，有可能会影响到网络整体的传输性能。

一个由五台二层交换机（交换机 1 ～ 5）连接了大量客户机构成的网络如图 4-11 所示。假设这时，计算机 A 需要与计算机 B 通信，在基于以太网的通信中，必须在数据帧中指定目标 MAC 地址才能正常通信，因此计算机 A 必须先广播“ARP 请求（ARP Request）信息”，来尝试获取计算机 B 的 MAC 地址。

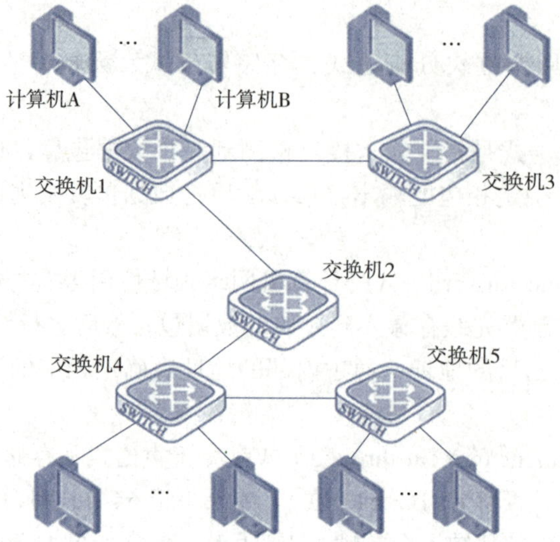

图 4-11　交换机网络

交换机 1 收到广播帧（ARP 请求）后，会将它转发给除接收接口外的其他所有接口，也就是泛洪（flooding）。接着，交换机 2 收到广播帧后也会泛洪。交换机 3、4、5 也会泛洪。最终，ARP 请求会被转发到同一网络的所有计算机上，如图 4-12 所示。

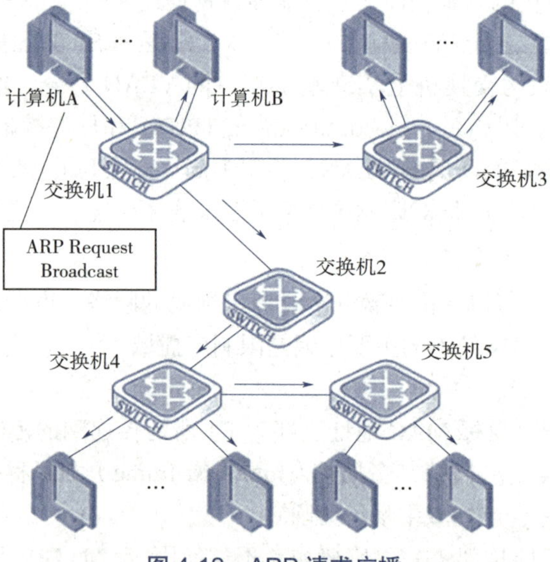

图 4-12　ARP 请求广播

数据帧传遍整个网络，导致所有计算机都收到了该帧。一方面，广播信息消耗了网络整体的带宽；另一方面，收到广播信息的计算机还要消耗一部分 CPU 时间来对它进行处理。这就造成了网络带宽和 CPU 运算能力的消耗。

事实上，在网络中，广播帧会频繁地出现。利用 TCP/IP 协议族通信时，除了前面出现的 ARP 外，还有可能需要发出 DHCP、RIP 等其他类型的广播信息。

当客户机请求 DHCP 服务器分配 IP 地址时，需要发出 DHCP 的广播。使用 RIP 作为路由协议时，每隔 30 s 路由器就会对邻近的其他路由器广播一次路由信息。RIP 以外的其他路由协议使用多播传输路由信息，这也会被交换机泛洪。除了 TCP/IP 以外，NetBEUI、IPX 和 Apple Talk

等协议也经常需要用到广播。下面是一些常见的广播通信。

- ARP 请求：建立 IP 地址和 MAC 地址的映射关系。
- RIP：一种路由协议。
- DHCP：用于自动设定 IP 地址的协议。
- NetBEUI：Windows 下使用的网络协议。
- IPX：Novell Netware 使用的网络协议。
- Apple Talk：苹果公司的 Macintosh 计算机使用的网络协议。

如果整个网络只有一个广播域，那么一旦发出广播信息，就会传遍整个网络，并且对网络中的主机带来额外的负担。因此，在设计 LAN 时，需要考虑怎样有效地分割广播域。

2）广播域的分割与 VLAN 的必要性

路由器也可实现广播域的分割，但是，通常情况下，路由器上不会有太多的网络接口，其数目在 1 ~ 4 个。随着宽带连接的普及，宽带路由器变得较为常见，但是需要注意的是，它们上面虽然带着多个连接 LAN 的网络接口，但那实际上是路由器内置的交换机，并不能分割广播域。

使用路由器分割广播域，所能分割的个数完全取决于路由器的网络接口个数，使得用户无法自由地根据实际需要分割广播域。

与路由器相比，二层交换机一般带有多个网络接口。因此，如果能使用它分割广播域，那么运用上的灵活性将大大提高。

在二层交换机上分割广播域的技术就是 VLAN。利用 VLAN 可以自由设计广播域的构成，提高网络设计的自由度。

3）交换机的接口与链接

交换机的接口可以分为两种：访问链接（access link）和汇聚链接（trunk link）

访问链接指的是“只属于一个 VLAN，且仅向该 VLAN 转发数据帧”的接口。在大多数情况下，访问链接所连的是客户机。

通常设置 VLAN 的顺序是：创建 VLAN；设定访问链接（决定各接口属于哪个 VLAN）。设定访问链接的方法，可以是事先固定的，也可以是根据所连的计算机而动态设定，前者称为“静态 VLAN”，后者称为“动态 VLAN”。

（1）静态 VLAN：又称基于接口的 VLAN（port based VLAN）。顾名思义，就是明确指定各接口属于哪个 VLAN 的设定方法，如图 4-13 所示。

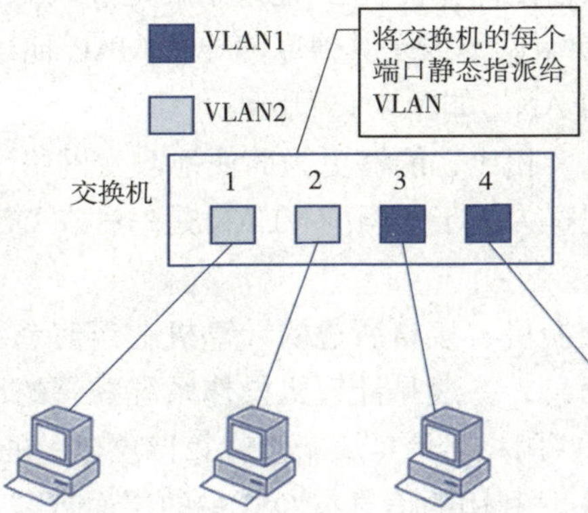

端口	VLAN
1	1
2	1
3	2
4	2

图 4-13　静态 VLAN

由于需要一个个地指定接口，因此当网络中的计算机超过一定数目（如数百台）后，设定操作就会变得繁杂无比。并且，客户机每次变更所连接口，都必须同时更改该接口所属 VLAN 的设定，这显然不适合那些需要频繁改变拓扑结构的网络。

（2）动态 VLAN：根据每个接口所连的计算机随时改变接口所属的 VLAN。这就可以避免上述更改设定之类的操作。动态 VLAN 大致分为三类：基于 MAC 地址的 VLAN（MAC based VLAN）、基于子网的 VLAN（subnet based VLAN）和基于用户的 VLAN（user based VLAN）。

它们之间的差异，主要在于根据 OSI 参考模型哪一层的信息决定接口所属的 VLAN。基于 MAC 地址的 VLAN，就是通过查询并记录接口所连计算机上网卡的 MAC 地址来决定接口的所属。假定有一台 MAC 地址为 A 的计算机，被交换机设定为属于 VLAN1，那么不论 MAC 地址为 A 的这台计算机连接在交换机的哪个接口，该接口都会被划分到 VLAN1 中。

计算机连接在接口 1 时，接口 1 属于 VLAN1，计算机连接在接口 2 时，则接口 2 属于 VLAN1，如图 4-14 所示。

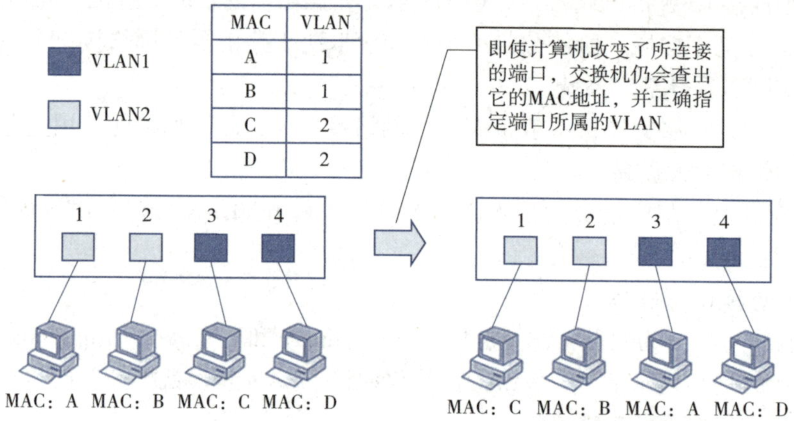

图 4-14　基于 MAC 地址的 VLAN

由于是基于 MAC 地址决定所属 VLAN，因此可以理解为这是一种在 OSI 的第二层设定访问链接的办法。

但是，基于 MAC 地址的 VLAN，在设定时必须调查所连接的所有计算机的 MAC 地址并登录。而且如果计算机更换了网卡，还是需要更改设定。

基于子网的 VLAN，则是通过所连接计算机的 IP 地址来决定接口的所属 VLAN。不像基于 MAC 地址的 VLAN，即使计算机更换了网卡或是其他原因导致 MAC 地址改变，只要它的 IP 地址不变，就仍可以加入原先设定的 VLAN，如图 4-15 所示。

因此，与基于 MAC 地址的 VLAN 相比，能够更为简便地改变网络结构。IP 地址是 OSI 参考模型中第三层的信息，所以可以理解为基于子网的 VLAN 是一种在 OSI 的第三层设定访问链接的方法。

基于用户的 VLAN，则是根据交换机各接口所连的计算机上当前登录的用户来决定该接口属于哪个 VLAN。这里的用户识别信息，一般是计算机操作系统登录的用户信息，比如可以是 Windows 域中使用的用户名信息。这些用户名信息属于 OSI 第四层以上的信息。

总的来说，决定接口所属 VLAN 时利用的信息在 OSI 中的层面越高，就越适用于构建灵活多变的网络。

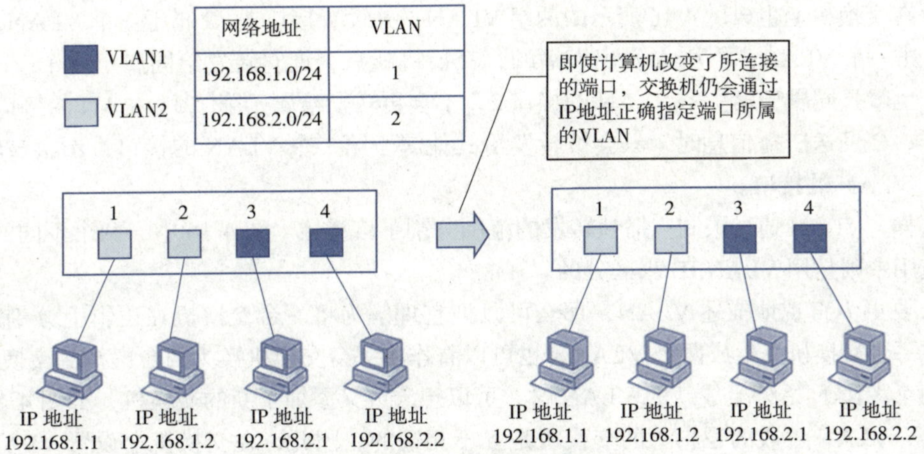

图 4-15　基于子网的 VLAN

4）访问链接的总结

综上所述，设定访问链接的方法有静态 VLAN 和动态 VLAN 两种。其中，动态 VLAN 又可以继续细分成几个小类。

其中，基于子网的 VLAN 和基于用户的 VLAN 有可能是网络设备厂商使用独有的协议实现的，不同厂商的设备之间互连有可能出现兼容性问题，因此在选择交换机时，一定要注意事先确认。静态 VLAN 和动态 VLAN 的相关信息见表 4-5。

表 4-5　静态 VLAN 与动态 VLAN 的相关信息

类　型	名　称	说　明
静态 VLAN	基于接口的 VLAN	将交换的各接口固定指派给 VLAN
动态 VLAN	基于 MAC 地址的 VLAN	根据各接口所连接计算机的 MAC 地址设定
	基于子网的 VLAN	根据各接口所连接计算机的 IP 地址设定
	基于用户的 VLAN	根据各接口所连接计算机上登录的用户设定

2. 实现 VLAN 的机制

在一台未设置任何 VLAN 的二层交换机上，任何广播帧都会被转发给除接收接口外的所有其他接口。如图 4-16 所示，在 VLAN 划分之前，计算机 A 发送广播信息后，会被转发给接口 2、3、4。交换机收到广播帧后，转发到除接收接口外的其他所有接口。

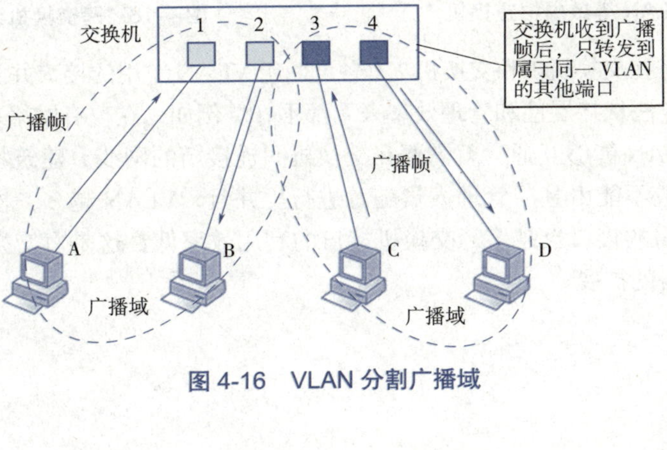

图 4-16　VLAN 分割广播域

如果在交换机上生成图 4-16 所示的两组 VLAN，并设置接口 1、2 属于一个 VLAN，接口 3、4 属于另外一个 VLAN；再从 A 发出广播帧，交换机就只会把它转发给同属于一个 VLAN 的其他接口，也就是同属于第一个 VLAN 的接口 2，不会再转发给属于第二个 VLAN 的接口。

同样，C 发送广播信息时，只会被转发给其他属于第二个 VLAN 的接口，不会被转发给属于第一个 VLAN 的接口。

就这样，VLAN 通过限制广播帧转发的范围分割了广播域。图 4-16 中，两个不同的 VLAN，在实际使用中则是用 VLAN ID 来区分的。

如果要更为直观地描述 VLAN，那么可以把它理解为将一台交换机在逻辑上分割成数台交换机。在一台交换机上生成两个 VLAN，也可以看作将一台交换机换为两台虚拟的交换机。

在两个 VLAN 之外生成新的 VLAN 时，可以想象成又添加了新的交换机，如图 4-17 所示。

但是，VLAN 生成的逻辑上的交换机是互不相通的。因此，在交换机上设置 VLAN 后，如果未做其他处理，VLAN 间是无法通信的。

上述都是使用单台交换机设置 VLAN 的情况。那么，如果需要设置跨越多台交换机的 VLAN 时又如何操作？

在规划企业级网络时，很有可能会遇到隶属于同一部门的用户分散在同一座建筑物的不同楼层的情况，这时就需要考虑如何跨越多台交换机设置 VLAN 的问题了。假设有图 4-18 所示的网络，且需要将不同楼层的 A、C 和 B、D 设置为同一个 VLAN。

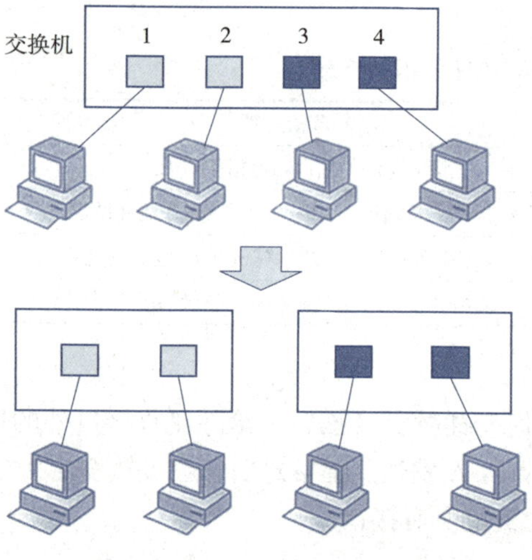

图 4-17　VLAN 等效虚拟交换机

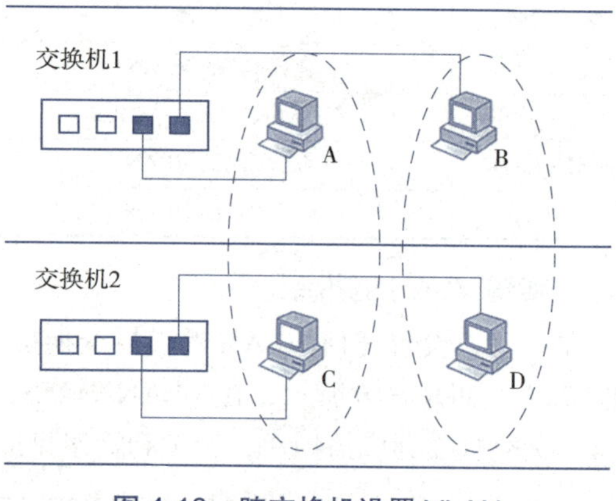

图 4-18　跨交换机设置 VLAN

最简单的方法是在交换机 1 和交换机 2 上各设两组 VLAN 专用的接口并互相连接，如图 4-19 所示。但是，这个方法从扩展性和管理效率来看都不好。例如，在现有网络基础上再新建 VLAN 时，为了让这个 VLAN 能够互通，就需要在交换机间连接新的网线。建筑物楼层间的纵向布线是比较烦琐的，一般不能由基层管理人员随意进行。并且，VLAN 越多，楼层间（严格地说是交换机间）互联所需的接口也越多，交换机接口的利用效率低，这是对交换机接口资源的一种浪费，也限制了网络的扩展。

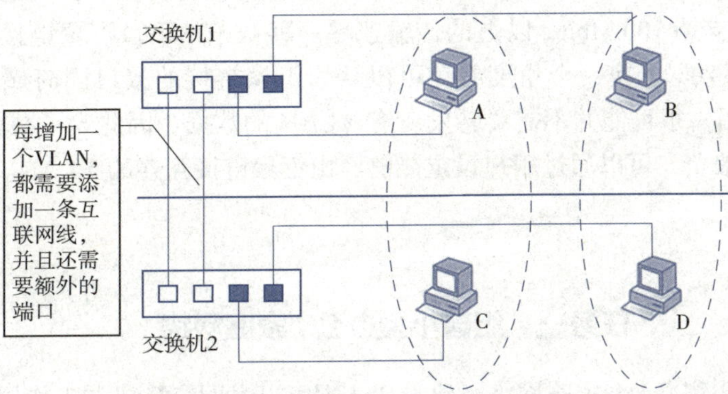

图 4-19　接口互连实现 VLAN

为了避免这种低效率的连接方式，人们想办法让交换机间互连的网线集中到一根上，这时使用的就是汇聚链接。

汇聚链接指的是能够转发多个不同 VLAN 通信的接口。汇聚链路上流通的数据帧，都被附加了用于识别分属于哪个 VLAN 的特殊信息。

下面具体看看汇聚链接是如何实现跨越交换机间 VLAN 的，如图 4-20 所示。

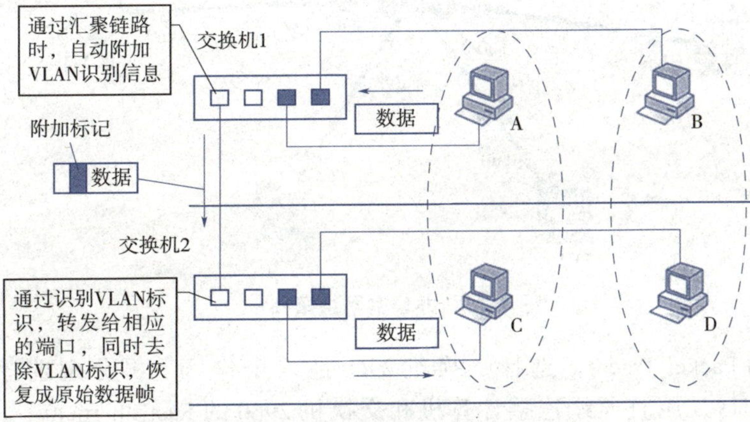

图 4-20　汇聚链接实现跨交换机 VLAN

A 发送的数据帧从交换机 1 经过汇聚链路到达交换机 2 时，在数据帧上附加相应 VLAN 的标记。

交换机 2 收到数据帧后，通过检查 VLAN 标识发现这个数据帧属于第一个 VLAN，因此，去除标记后，根据需要将复原的数据帧只转发给其他属于第一个 VLAN 的接口。这时的转送，是指通过确认目标 MAC 地址并与 MAC 地址列表比对后，只转发给目标 MAC 地址所连的接口。

只有当数据帧是一个广播帧、多播帧或是目标不明的帧时，它才会被转发到所有属于第一个 VLAN 的接口。

第二个 VLAN 发送数据帧时的情形也与此相同。

另外，汇聚链路上流通着多个 VLAN 的数据，自然负载较重。因此，在设定汇聚链接时，有一个前提就是必须支持 100 Mbit/s 以上的传输速率。默认条件下，汇聚链接会转发交换机上存在的所有 VLAN 的数据。换一个角度看，可以认为汇聚链接的接口同时属于交换机上所有 VLAN。由于实际应用中很可能并不需要转发所有 VLAN 的数据，因此为了减轻交换机的负载，也为了减少对带宽的浪费，可以通过用户设定能够经由汇聚链接互连的 VLAN。

项目实施

任务一　组建小型办公 / 家庭网络

任务目的： 掌握小型办公 / 家庭网络组建方法，理解以太网交换机的工作原理。

任务内容： 网线连接与主机 IP 地址的配置，查看交换机 MAC 地址表。

任务环境： Cisco Packet Tracer 8.1。

任务步骤：

办公室或家庭的小型网络中，通常有多台终端设备（PC 或其他）通过有线或无线连接到一台接入交换机，本任务中仅用有线连接作为例子，其拓扑如图 4-21 所示。

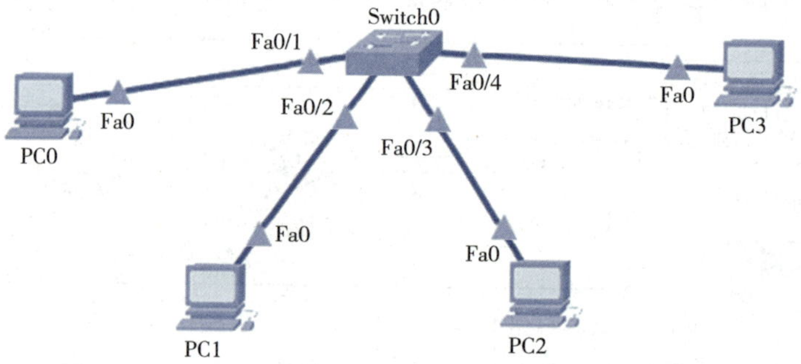

图 4-21　办公室网络拓扑

步骤 1： 启动 Packet Tracer，选择交换机 2960 拖入工作区，再分别选择四台计算机 PC0~PC3 拖入工作区，用直通线连接计算机和交换机 2960 的 FastEthernet0/1~FastEthernet0/4 端口。

注意： 连接时使用黑色的直通线。刚开始只有计算机一端是绿色的，PC 端显示绿色的连通状态，而交换机一端则显示不通的橘红色。

步骤 2： 打开交换机配置窗口，选择 CLI 选项卡，在命令行窗口中，在特权模式下输入 show mac-address-table 命令，查看交换机的 MAC 地址表，由于交换机处于初始化状态，当前 MAC 地址表是空的，如图 4-22 所示。

步骤 3： 配置 IP 地址；双击计算机 PC0，依次选择 Config → INTERFACE → FastEthernet0，在 IP 地址、子网掩码文本框中分别输入 192.168.1.1 和 255.255.255.0，如图 4-23 所示。

小型办公 / 家庭网络中互连的计算机可能分布在不同的区域，但一般情况下，IP 地址是在同一网段，所有接入网络的 PC 处于同一个广播域，PC0 ~ PC3 的 IP 地址规划见表 4-6。

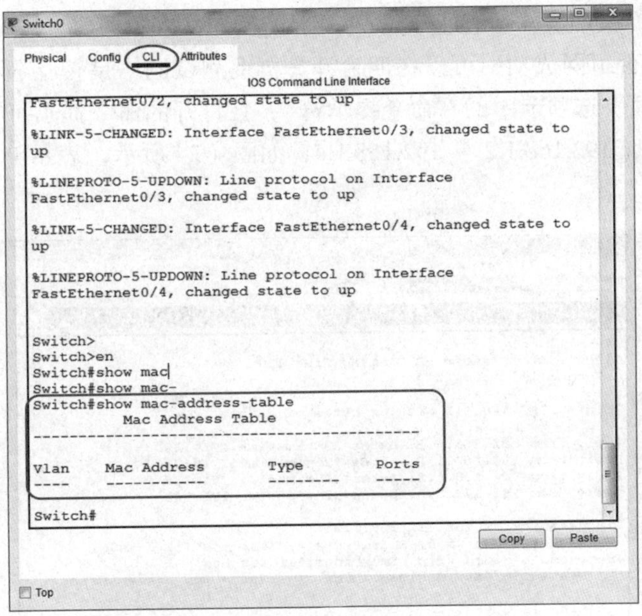

图 4-22　交换机初始化时的 MAC 地址表

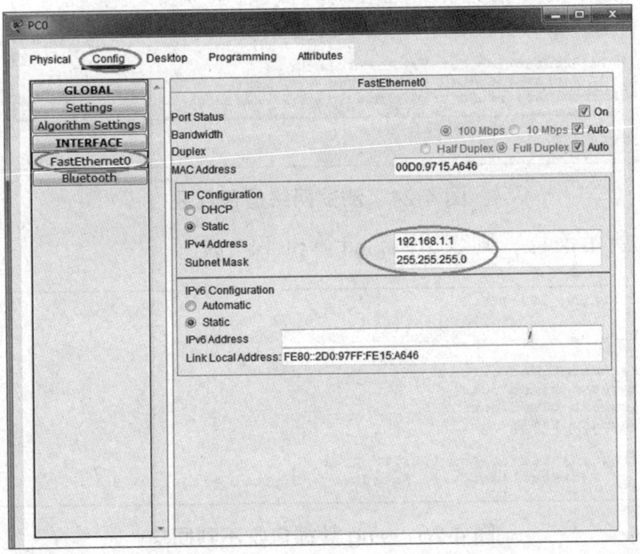

图 4-23　配置 PC0 的 IP 地址

表 4-6　IP 地址规划

主 机 名	IP 地址	子 网 掩 码
PC0	192.168.1.1	255.255.255.0
PC1	192.168.1.2	255.255.255.0
PC2	192.168.1.3	255.255.255.0
PC3	192.168.1.4	255.255.255.0

重复上述步骤 2，按照表 4-6 地址分配，分别配置 PC1~PC3。

步骤 4：验证是否组网成功；可以在四台计算机上测试网络是否互通，以 PC0 为例，选择 PC0 的 Desktop（桌面）选项卡中的“命令提示符”，在打开的命令提示符窗口中分别 ping 计算机 PC1~PC3 的 IP 地址 192.168.1.2 ~ 192.168.1.4，如图 4-24 所示，表示 PC0 与 PC1、PC2 是互通的。

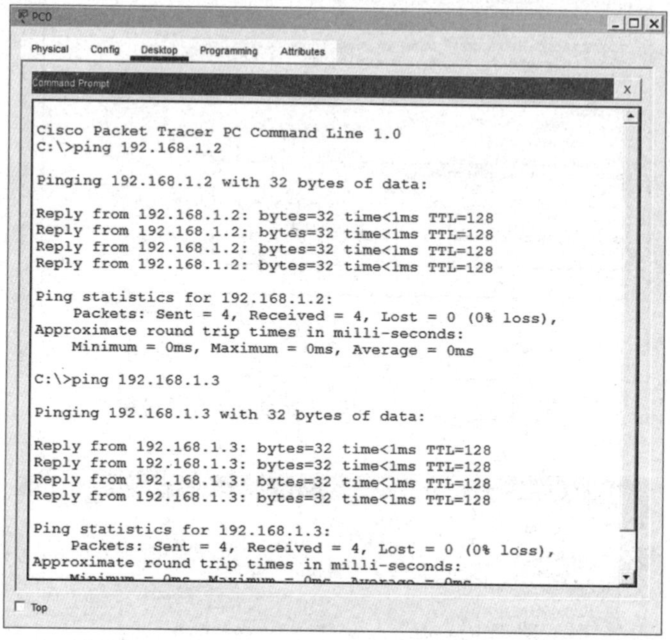

图 4-24　测试网络是否互通

如果出现图 4-25 所示信息，则表示两台计算机不连通。

```
C:\>ping 192.168.1.4

Pinging 192.168.1.4 with 32 bytes of data:

Request timed out.
Request timed out.
Request timed out.
Request timed out.

Ping statistics for 192.168.1.4:
    Packets: Sent = 4, Received = 0, Lost = 4 (100% loss),
```

图 4-25　ping 数据包收不到回复

步骤 5：再次打开交换机配置窗口，选择 CLI 选项卡，在命令行窗口中，在特权模式下输入 show mac-address-table 命令，查看交换机的 MAC 地址表，此时 MAC 地址表如图 4-26 所示。

```
Switch#show mac-address-table
          Mac Address Table
-------------------------------------------

Vlan    Mac Address       Type        Ports
----    -----------       --------    -----

   1    0001.6483.257e    DYNAMIC     Fa0/2
   1    000a.f340.9edc    DYNAMIC     Fa0/4
   1    00d0.9715.a646    DYNAMIC     Fa0/1
   1    00d0.ff13.0a62    DYNAMIC     Fa0/3
```

图 4-26　有数据传输后的 MAC 地址表

任务二 使用 ping 与 ifconfig 命令检测网络

任务目的：掌握 ping 与 ifconfig 命令在网络检测、调试中的应用。

任务内容：ping 与 ifconfig 命令的使用。

任务环境：能连接互联网的 UOS 计算机一台。

任务步骤：

不管是 Windows 平台，还是 Linux 平台，ping（packet internet groper，互联网分组探测器）都是常用的网络命令；ping 是工作在 TCP/IP 网络体系结构中应用层的一个服务命令，主要是向特定的目的主机发送 ICMP（Internet control message protocol，因特网控制消息协议）Echo 请求报文，测试目的站是否可达及了解其有关状态。而 ifconfig 是 Linux 中常用的网络配置工具之一，用于显示和配置网络接口的参数。

步骤 1：打开 UOS 的“终端”窗口，如图 4-27 所示，并输入 ifconfig -a 命令，查询当前主机的所有网络接口信息，包括接口名、MAC 地址、IP 地址子网掩码、广播地址等。如果接口状态显示为 UP，表示接口正常工作；如果接口状态显示为 DOWN，表示接口未工作。

```
root@Hnjd218-PC: /root
root@Hnjd218-PC:~# ifconfig -a
ens33: flags=4163<UP,BROADCAST,RUNNING,MULTICAST>  mtu 1500
        inet 192.168.100.6  netmask 255.255.255.0  broadcast 192.168.100.255
        inet6 fe80::20a:29ff:feaa:26cd  prefixlen 64  scopeid 0x20<link>
        ether 00:0a:29:aa:26:cd  txqueuelen 1000  (Ethernet)
        RX packets 222  bytes 78887 (77.0 KiB)
        RX errors 0  dropped 0  overruns 0  frame 0
        TX packets 288  bytes 37492 (36.6 KiB)
        TX errors 0  dropped 0 overruns 0  carrier 0  collisions 0

lo: flags=73<UP,LOOPBACK,RUNNING>  mtu 65536
        inet 127.0.0.1  netmask 255.0.0.0
        inet6 ::1  prefixlen 128  scopeid 0x10<host>
        loop  txqueuelen 1000  (Local Loopback)
        RX packets 1522  bytes 117920 (115.1 KiB)
        RX errors 0  dropped 0  overruns 0  frame 0
        TX packets 1522  bytes 117920 (115.1 KiB)
        TX errors 0  dropped 0 overruns 0  carrier 0  collisions 0

root@Hnjd218-PC:~#
```

图 4-27 在终端中显示所有网卡信息

图 4-27 显示的 lo（loopback）接口是计算机上的一个虚拟网络接口，用于本地回环测试，其 IP 地址通常为 127.0.0.1，表示该网卡仅限于与本机通信。数据通过该接口的通信不经过外部网络，而是直接在本地主机内处理和返回，这种通信方式常用于软件测试、系统内部通信或网络配置检查。

步骤 2：通过 ifconfig ens33 192.168.100.10 netmask 255.255.255.0 命令，重新设置网卡 ens33 的 IPv4 地址与子网掩码，如图 4-28 所示。

```
root@Hnjd218-PC: /root
root@Hnjd218-PC:~# ifconfig ens33 192.168.100.10 netmask 255.255.255.0
root@Hnjd218-PC:~# ifconfig -a
ens33: flags=4163<UP,BROADCAST,RUNNING,MULTICAST>  mtu 1500
        inet 192.168.100.10  netmask 255.255.255.0  broadcast 192.168.100.255
```

图 4-28 在终端中修改 IP 地址与子网掩码

步骤 3：ifconfig 也可以用于启用或禁用网络接口。如图 4-29 所示，输入 sudo ifconfig ens33 down 命令，禁用网卡 ens33。

```
root@Hnjd218-PC:~# sudo ifconfig ens33 down
root@Hnjd218-PC:~# ifconfig -a
ens33: flags=4098<BROADCAST,MULTICAST>  mtu 1500
        inet 192.168.100.6  netmask 255.255.255.0  broadcast 192.168.100.255
```

图 4-29　禁用网卡 ens33

步骤 4：测试当前主机到某计算机（如百度 Web 服务器）的连通性，如图 4-30 所示，在终端窗口中，可以使用 ping -c 4 www.baidu.com 命令，也可直接使用 IP 地址，如 39.156.66.14。

```
root@Hnjd218-PC:~# ping -c 4 www.baidu.com
PING www.a.shifen.com (39.156.66.14) 56(84) bytes of data.
64 bytes from 39.156.66.14 (39.156.66.14): icmp_seq=1 ttl=47 time=21.1 ms
64 bytes from 39.156.66.14 (39.156.66.14): icmp_seq=2 ttl=48 time=24.9 ms
64 bytes from 39.156.66.14 (39.156.66.14): icmp_seq=3 ttl=47 time=21.6 ms
64 bytes from 39.156.66.14 (39.156.66.14): icmp_seq=4 ttl=48 time=19.4 ms

--- www.a.shifen.com ping statistics ---
4 packets transmitted, 4 received, 0% packet loss, time 8ms
rtt min/avg/max/mdev = 19.385/21.738/24.935/2.023 ms
root@Hnjd218-PC:~#
```

图 4-30　测试到百度 Web 服务器的连通性

步骤 5：通过 ping -help 命令了解该命令的格式及各种参数选项，如图 4-31 所示。

```
root@Hnjd218-PC:~# ping -help
Usage: ping [-aAbBdDfhLnOqrRUvV64] [-c count] [-i interval] [-I interface]
            [-m mark] [-M pmtudisc_option] [-l preload] [-p pattern] [-Q tos]
            [-s packetsize] [-S sndbuf] [-t ttl] [-T timestamp_option]
            [-w deadline] [-W timeout] [hop1 ...] destination
Usage: ping -6 [-aAbBdDfhLnOqrRUvV] [-c count] [-i interval] [-I interface]
             [-l preload] [-m mark] [-M pmtudisc_option]
             [-N nodeinfo_option] [-p pattern] [-Q tclass] [-s packetsize]
             [-S sndbuf] [-t ttl] [-T timestamp_option] [-w deadline]
             [-W timeout] destination
root@Hnjd218-PC:~#
```

图 4-31　查看 ping 命令的帮助信息

ping 常用命令选项说明如下：

- -c count：指定发送的 ICMP 请求次数，默认为无限次。
- -i interval：指定发送 ICMP 请求的时间间隔，默认值为 1 s。
- -s packetsize：指定发送的 ICMP 请求的数据包大小，默认值为 56 B。
- -W timeout：指定等待 ICMP 回复的超时时间，默认值为 10 s。

步骤 6：使用 ping 命令帮助分析网络故障。

1）测试本机网卡是否工作正常

输入 ping -c 4 127. 0. 0. 1 命令，应该可以出现 4 行类似于图 4-24 中的正确提示，如果出现的是图 4-25 所示的 4 行 Request time out 提示，则说明网卡工作不正常，或者是本机的网络设置有问题。

此外，还可以使用 ping localhost 命令，localhost 是系统的网络保留名，它是 127.0. 0. 1 的别名，每台计算机都应该能够将 localhost 转换成 127.0.0.1。如果没有做到这一点，则表示主机名配置文件（Windows 平台下是 \Windows\System32\drivers\etc\hosts，在 Linux 平台下是 /etc/hosts）中存在问题。

或使用“ping 本机 IP”命令，该命令被送到本地计算机所配置的 IP 地址，本地计算机始终都应该对该 ping 命令做出应答，如果没有，则表示本地配置或安装存在问题。出现此问题时，局域网用户可断开网络电缆，然后重新发送该命令。如果断开网络电缆后本命令正确，则表示另一台计算机可能配置了相同的 IP 地址。

2）ping 局域网内其他 IP

该命令应该离开本地计算机，经过网卡及网络电缆到达其他计算机再返回。收到回送应答表明本地网络中的网卡和载体运行正确。但如果未收到回送应答，那么表示子网掩码不正确或网卡配置错误或电缆系统有问题。比如本项目中任务一的步骤 4，测试网络中各计算机间的连通性。

3）ping 网关 IP 检验网关配置

用 ping 域外主机 IP 的方法可以检验网关的配置是否正确，通过查看从网络内主机向域外主机发送 IP 包能否送出来判断结果。如出现 4 行 Request time out 提示，说明网关设置有错误，网关配置正确则会返回传输时间和 TTL 等信息。该命令如果应答正确，表示局域网中的网关路由器正在运行并能够做出应答。

如果上网浏览网页总是收到“找不到该页”或者“该页无法显示”等提示信息，一般应检查 DNS 是否有问题，一则可以测试 DNS 服务器是否能够 ping 通，另外还要测试 DNS 设置是否有错误。

4）测试 DNS 服务器是否能够 ping 通

在命令行窗口中输入“ping -c 4 DNS 服务器 IP 地址”命令，如果成功表明 DNS 服务器工作正常。如 ping 114.114.114.114（这是一台公共 DNS 服务器的地址），如果返回测试时间和 TTL 值等信息就表明正常，如果出现 Request time out 错误，那么在浏览器中输入域名将不能访问网站。

也可以用 ping 任一域名的方法查看 DNS 服务器配置是否正确，比如上文步骤 4 中的 ping -c 4 www.baidu.com，如果可以将该域名解析成一个 IP 地址并返回测试信息说明配置无误，如出现 unknown Host Name 提示，则说明 DNS 配置出错。

任务三　单一交换机 VLAN 划分

任务目的：解决公共办公区域内，同一交换机下，用户归属于不同业务部门的问题。

任务内容：基于端口的 VLAN 划分。

任务环境：Cisco Packet Tracer 8.1。

任务步骤：

在学生服务办事大厅中，由于财务工作需要，财务处 PC 中的数据要与其他办公人员的 PC 进行隔离，这种情况下通常使用基于端口 VLAN 技术来解决，其拓扑如图 4-32 所示。

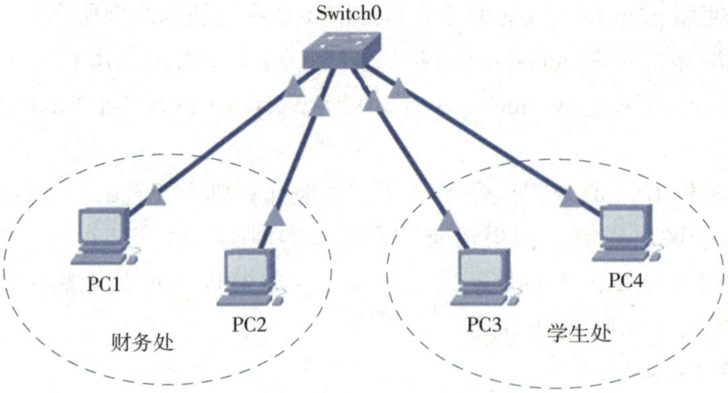

图 4-32　学生服务办事大厅网络拓扑

步骤 1：启动 Packet Tracer，选择交换机 2960 拖入工作区，再分别选择四台计算机 PC1~PC4 拖入工作区（见图 4-32），按表 4-7 进行连接与配置。

表 4-7　交换机 VLAN 端口及 PC IP 地址参数表

VLAN	交换机端口	主　机　名	IP 地址	子 网 掩 码
10	FastEthernet0/1	PC1	192.168.10.1	255.255.255.0
	FastEthernet0/2	PC2	192.168.10.2	255.255.255.0
20	FastEthernet0/11	PC3	192.168.20.1	255.255.255.0
	FastEthernet0/12	PC4	192.168.20.2	255.255.255.0

步骤 2：在交换机 Switch0 中创建 VLAN10 与 VLAN20，参考命令如下：

```
Switch>enable                          //进入特权模式
Switch#conf  t                         //configure terminal的简写，进入全局模式
Switch(config)#vlan 10                 //创建VLAN10
Switch(config-vlan)#vlan 20            //创建VLAN20
```

步骤 3：在全局模式下，将端口加入虚拟局域网中，其中 FastEthernet0/1-10 划到 VLAN10，FastEthernet0/11-20 划到 VLAN20，参考命令如下：

```
Switch(config)#interface range fa0/1-10             //选择0/1至0/10端口
Switch(config-if-range)#switchport access vlan 10   //将选中的端口加到VLAN10中
Switch(config)#interface range fa0/11-20
Switch(config-if-range)#switchport access vlan 20
```

说明：也可用以下语句，将个别端口放入某个 VLAN 中。

```
Switch(config)#interface fa0/21                    //选择0/21端口
Switch(config-if)#switchport access vlan 10        //将选中的端口加到VLAN10中
```

步骤 4：在特权模式下，使用 show vlan 命令，查看 VLAN 创建情况。如图 4-33 所示，查看步骤 2 与步骤 3 创建的 VLAN10 与 VLAN20，以及 VLAN 所属的端口情况。

```
Switch#show vlan

VLAN Name                             Status    Ports
---- -------------------------------- --------- -------------------------------
1    default                          active    Fa0/21, Fa0/22, Fa0/23, Fa0/24
                                                Gig0/1, Gig0/2
10   VLAN0010                         active    Fa0/1, Fa0/2, Fa0/3, Fa0/4
                                                Fa0/5, Fa0/6, Fa0/7, Fa0/8
                                                Fa0/9, Fa0/10
20   VLAN0020                         active    Fa0/11, Fa0/12, Fa0/13, Fa0/14
                                                Fa0/15, Fa0/16, Fa0/17, Fa0/18
                                                Fa0/19, Fa0/20
1002 fddi-default                     active
1003 token-ring-default               active
1004 fddinet-default                  active
1005 trnet-default                    active
```

图 4-33　查看 VLAN 创建情况

步骤 5： 验证连通性。财务处的两台计算机可以相互访问，学生处的两台计算机也可以相互访问，但学生处的计算机不能访问财务处的计算机，即同一 VLAN 内的两台计算机是能 ping 通的，不同 VLAN 之间任两台计算机 ping 数据不可达。

任务四　跨交换机 VLAN 划分

任务目的： 解决局域网中，不同交换机下用户归属于同一业务部门的问题。

任务内容： 基于端口的 VLAN 划分。

任务环境： Cisco Packet Tracer 8.1。

任务步骤：

随着学生服务大厅的业务增加，负责财务的老师需要与行政楼内的财务处其他工作人员进行协同办公，最好解决方案是办事大厅里财务老师的计算机与行政楼内财务处其他工作人员的计算机放在同一个局域网内，这种情况也可以使用基于端口 VLAN 技术来解决，其拓扑如图 4-34 所示。也就是说，财务处计算机所在的 VLAN 要跨越多个交换机，或者说不同交换机上的端口要放在同一个 VLAN 中。

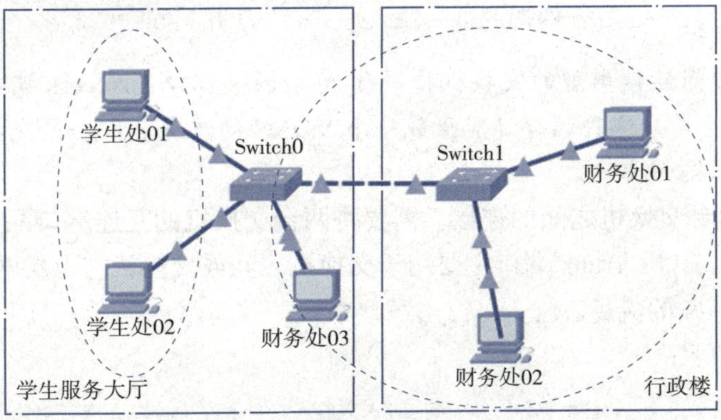

图 4-34　跨交换机 VLAN 划分

步骤 1： 启动 Packet Tracer，根据图 4-34 所示拓扑，拖入交换机与 PC 到工作区，并按照表 4-8 中 PC 接入交换机端口号与 IP 地址参数表进行端口连接与配置，另外，交换机 switch0 与 switch1 通过各自的 FastEthernet0/24 端口用交叉线连接。

表 4-8　PC 接入交换机端口号与 IP 地址参数表

PC 名	IP	掩　码	所连交换机端口	
学生处 01	192.168.10.1	255.255.255.0	Fa0/1	学生服务大厅 switch0
学生处 02	192.168.10.2	255.255.255.0	Fa0/2	
财处务 03	192.168.20.3	255.255.255.0	Fa0/16	
财处务 01	192.168.20.1	255.255.255.0	Fa0/11	行政楼 switch1
财处务 02	192.168.20.2	255.255.255.0	Fa0/12	

步骤 2：在交换机 switch0 与 switch1 中创建 VLAN，并添加端口，VLAN 与端口规划见表 4-9。

表 4-9　VLAN 与端口规划

VLAN\ 交换机	switch0	switch1	备　注
10	Fa0/1-10	Fa0/1-10	用于学生处
20	Fa0/10-20	Fa0/10-20	用于财务处

参考配置命令如下：

```
…       //在交换机上创建VLAN10与VLAN20
Switch>
Switch>enable
Switch#configure terminal
Switch(config)#vlan 10
Switch(config-vlan)#vlan 20
…       //将端口添加到相应VLAN中
Switch(config)#interface range fa0/1-10
Switch(config-if-range)#switchport access vlan 10
Switch(config-if-range)#interface range fa0/11-20
Switch(config-if-range)#switchport access vlan 20
```

说明：一般将访问链接类型的交换机接口称为 Access 端口，Access 端口主要用来接入终端设备，如 PC、服务器等，这种端口只能承载一个 VLAN 的流量。即一般交换机端口类型默认为 Access 模式，即 Access 端口。

步骤 3：配置两台交换机之间的连接。需要将两台交换机的互连端口配置为 Trunk 模式，即将 Fa0/24 变成 Trunk 端口。Trunk 端口主要用于交换机之间或交换机与上层网络设备之间的连接，它可以承载多个 VLAN 的流量。

参考配置命令如下：

```
…       //将Fa0/24端口配置为Trunk模式
Switch(config)#interface fa0/24
Switch(config-if)#switchport mode trunk
```

步骤 4：验证连通性。从 switch0 下的 PC 财务处 03 能够 ping 通 switch1 下的 PC 财务处 02 与 01，但却 ping 不通同一交换机下的 PC 学生处 01 与 02，即跨交换机下同一 VLAN 内的计算机是能相互访问的，而同一交换机下不同 VLAN 之间任两台计算机是逻辑隔离的。

素质拓展

全调度以太网（GSE）技术

当前新一轮科技革命和产业变革加速演进，人工智能、云计算、大数据、量子信息等数字科技迅猛发展，特别是以ChatGPT为代表的大模型出现，推动了数字科技加速进入人工智能时代，智能算力需求呈现爆炸式增加态势。

研究表明，AI大模型训练依赖GPU集群不同服务器节点间频繁地参数同步，节点间通信开销导致集群的有效算力并不等于单颗GPU算力乘以集群GPU数量，网络的性能成为其规模扩展和性能提升的瓶颈。同时，新型智算中心网络技术体系依赖网络芯片、网卡芯片及网络设备等上下游企业协同创新，技术体系庞杂，难度大。

为了应对上述挑战，中国移动研究院联合产业界原创提出全调度以太网技术，于2023年5月联合十多家合作伙伴发布《全调度以太网技术架构白皮书》，明确了全调度以太网的总体架构、关键技术和演进路径，并在CCSA（中国通信标准化协会）成功立项相关行业标准。

全调度以太网是具备无阻塞、高吞吐、低时延的新型以太网架构，可更好地服务于高性能计算，满足AI大模型部署及训推需求。全调度以太网架构自上而下分为三层，如图4-35所示，分别为控制层、网络层和计算层，其中关键点在于创新地引入一种全新的动态全局队列调度机制。动态全局调度队列（DGSQ）不同于传统的VOQ，其不是预先基于端口静态分配，而是按需、动态基于数据流目标设备端口创建，为了节省队列资源数量，甚至可以基于目标或途径设备的拥塞反馈按需创建。基于DGSQ调度以实现在整个网络层面的高吞吐、低时延、均衡调度。

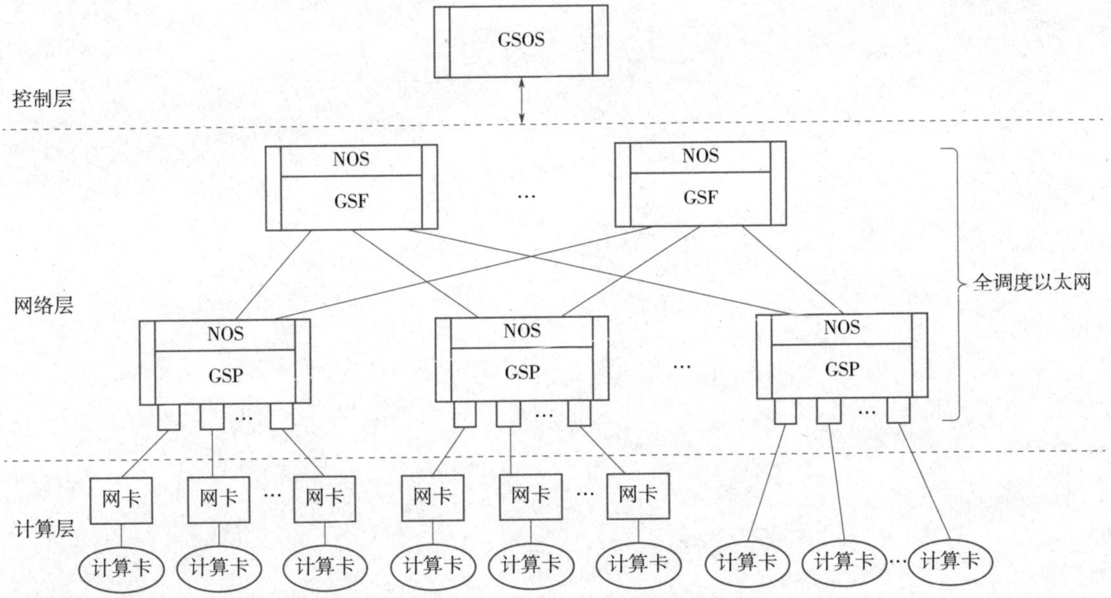

图4-35　GSE技术分层架构

以太网标准是当前普适性最好的通信标准之一，中国移动以通用开放的宗旨联合产业链共同打造GSE，最大程度兼容现有以太网标准，例如，遵循现有以太网PHY、MAC层协议；采用完整的以太网业务报文传输；最大程度上沿用现有管控及运维系统，做到架构不变、运维习惯不变，保证现有以太网的管理手段和运维手段的兼容继承等。

思考与练习

一、填空题

1. 在 IEEE 802 参考模型中，数据链路层进一步划分为两个子层，即________和________。

2. 在经典以太网 10 Base-T 的命名方法中，10 表示________，Base 表示________，T 表示________。

3. CSMA/CD 协议在检测到冲突后有三种处理策略，分别是________、________、________。

4. 以太网交换机的主要功能有________、________和________，按照以太网交换机的实现功能可分为________和________两种。

5. 交换机的数据转发方式有________、________、________三种。

6. VLAN 技术最主要的功能是________________。

7. 在交换机的接口管理中，一般分为访问链接（access link）和________。

二、简答题

1. 简述 CSMA/CD 的工作过程。

2. 简述交换机 MAC 地址表的学习过程。

项目五
了解局域网寻址

项目导读

在网络运维工作中，小飞总是遇到一些莫名其妙的网络数据不通的问题，解决问题时不知该如何下手，在复盘分析总结时 MAC 地址、IP 地址、端口地址等关键词频繁出现。小飞在与同学的探讨中，逐渐理清了思路，如同人们生活中的通信过程一样，网络中的一台计算机的某个应用程序与另一台计算机的某个应用程序进行通信也存在寻址问题，不同层的通信使用不同的地址标识，深入了解局域网内部通信的基本过程和实现方式，有助于提升网络搭建与运维工作的效率和准确性。

知识导图

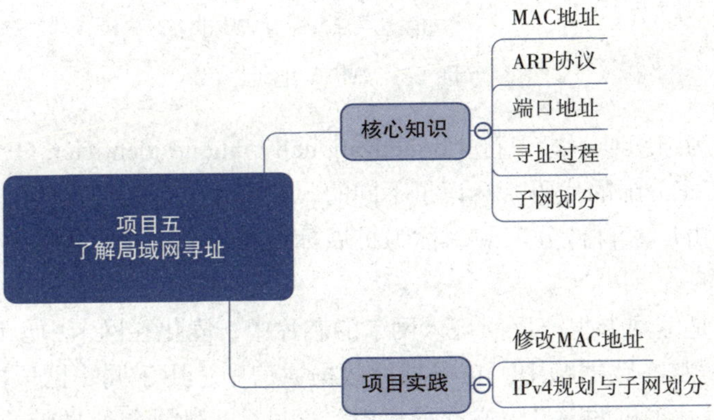

项目目标

知识目标

1. 理解 MAC 地址的作用及地址解析协议 ARP 的工作机制。
2. 了解局域网内数据包寻址的基本过程和实现方式。
3. 认识常用的端口地址，理解子网划分的意义和方法。

技能目标

1. 掌握在不同设备上修改 MAC 地址的方法。
2. 掌握子网规划的方法。

素养目标

1. 培养学生在项目中与团队成员协作解决问题的能力，提升沟通效率和信息共享意识。

2. 培养树立高尚的职业道德，精益求精的工作态度。

知识准备

如同人们生活中的通信过程一样，在网络中，应用程序之间的通信同样依赖于准确的寻址。结合 OSI 参考模型和 TCP/IP 协议族分析，网络寻址涉及三个关键层次：数据链路层的 MAC 地址、网络层的 IP 地址以及传输层的端口地址。在以交换机为中心的以太局域网通信中，MAC 地址是寻址过程的主角。但是要理解以太局域网中一台计算机的某个应用程序与另一台计算机的某个应用程序进行通信的寻址过程，仅仅考虑 MAC 地址是不够的。因为在有多个网段的局域网中，IP 地址在网络层解决了跨网段的通信问题，在多个应用进程存在的情况下，端口地址在传输层解决了端到端的进程识别问题。

5.1 MAC 地址

MAC（media access control，介质访问控制）地址又称物理地址或硬件地址。该地址通常固化在网卡中，默认情况下不可更改，用来全球唯一标识联网的网卡或者硬件设备。MAC 地址共 6 B（48 位），由 12 个十六进制数据表示，如图 5-1 所示。

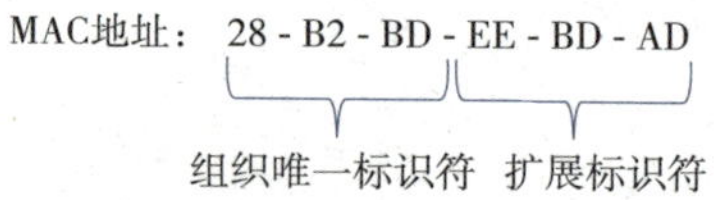

图 5-1　MAC 地址

（1）前 24 位称为组织唯一标识符（organizationally unique identifier, OUI），是由 IEEE 的注册管理机构给不同厂家分配的代码，标识了不同的厂家。

（2）后 24 位是由厂家自行分配的，称为扩展标识符。同一个厂家生产的网卡中，MAC 地址的后 24 位是不同的。

MAC 地址通常是由网卡生产厂商烧入网卡的芯片中，固化在网卡中。该地址工作在 OSI 模型的数据链路层，封装在数据帧中。在局域网数据通信中，用于同一网段内，标识发送数据和接收数据的主机，以及主机的寻址。在交换机中，通过检查数据包所携带的 MAC 地址来判断转发接口。在安装 Linux 操作系统的计算机中，可通过 ip 或 ifconfig 命令查看网卡的 MAC 地址（物理地址）。

一个局域网中往往存在多台计算机，这些计算机都有自己的 MAC 地址和 IP 地址。其中，IP 地址是可变的，而 MAC 地址一般是不可变的。为了方便网络管理，管理人员常常将 IP 地址与 MAC 地址进行绑定，这种情况下，如果网卡坏了，更换网卡时，必须向管理人员申请更改绑定的 MAC 地址，这时，也可直接在操作系统中更改 MAC 地址。

视　频

ARP 协议

5.2 ARP 协议

在互联网中，IP 地址是分配给主机的逻辑地址，这种逻辑地址在互联网中表示唯一的主机，它屏蔽了各个物理网络地址的差异，通过数据包中的 IP 地址，能找到对方主机，实现全球互联网所有主机通信。

由于互连的各个子网可能源于不同的组织，运行不同的协议（异构性），因而可能采用不同的编址方法。任何子网中的主机至少都有一个在子网内部唯一的地址，这种地址都是在计算机网络与通信基础子网建立时一次性指定的，一般是与网络硬件相关的。这个地址称为主机的物理地址或硬件地址，即 MAC 地址。

物理地址和逻辑地址的区别可以从两个角度看：从网络互连的角度看，逻辑地址在整个互联网中有效，而物理地址只在局域网内部有效；从网络协议分层的角度看，逻辑地址由网络层使用，物理地址由数据链路层的介质访问子层使用。

由于有两种主机地址，因而需要一种映射关系把这两种地址对应起来。在 Internet 中通过地址解析协议（address resolution protocol, ARP）来实现。该协议在局域网寻址中有着重要作用，其功能主要是根据 IP 地址获得配置该 IP 地址主机对应的 MAC 地址，其作用范围为一个网段。

通常 Internet 应用程序把要发送的报文交给 IP，IP 协议当然知道接收方的逻辑地址，但不一定知道接收方的物理地址。在把 IP 分组向下传给本地数据链路实体之前可以用两种方法得到目的物理地址：

（1）查本地主机内存的 ARP 地址映射表，如图 5-2 所示。表中的 IP 地址与 MAC 地址是一一对应的。

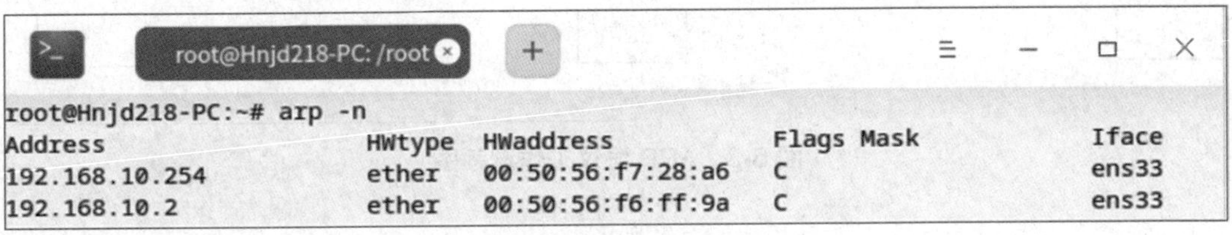

图 5-2　ARP 地址缓存

（2）如果本地主机 ARP 映射表查不到，就广播一个 ARP 请求分组，到达本网段所有联网的主机。它的含义是：“如果你的 IP 地址是这个分组的地址，请回答你的物理地址是什么。”收到该分组的主机一方面可以用分组中的源 IP 地址和源 MAC 地址更新自己的 ARP 地址映射表，另一方面用自己的 IP 地址与目标 IP 地址字段比较，若相符，则发回一个 ARP 响应分组，向发送方报告自己的硬件地址，若不相符则不予回答。

具体来说，数据帧在进行下一步操作时，不知道目的 MAC 地址，便需要 ARP 的帮助。ARP 的工作流程如图 5-3 所示。

ARP 首先判断目标 IP 地址是否和本机 IP 地址位于同一网段，即它们的子网号是否相同。如果相同，说明目标主机和本机在一个网段中，可以通过广播找到。但为了节省资源，ARP 首先会查看本机的 ARP 缓存空间，查询是否有目标 IP 所应用的表项。如果有，即可获得目标 MAC 地址；如果没有，则目标 IP 地址的 ARP 请求广播到网段上的所有主机，并接收返回消息，以此确定目标的 MAC 地址。ARP 在收到返回消息后将该 IP 地址和 MAC 地址存入本机 ARP 缓存中并保留一定时间，下次请求时直接查询 ARP 缓存。

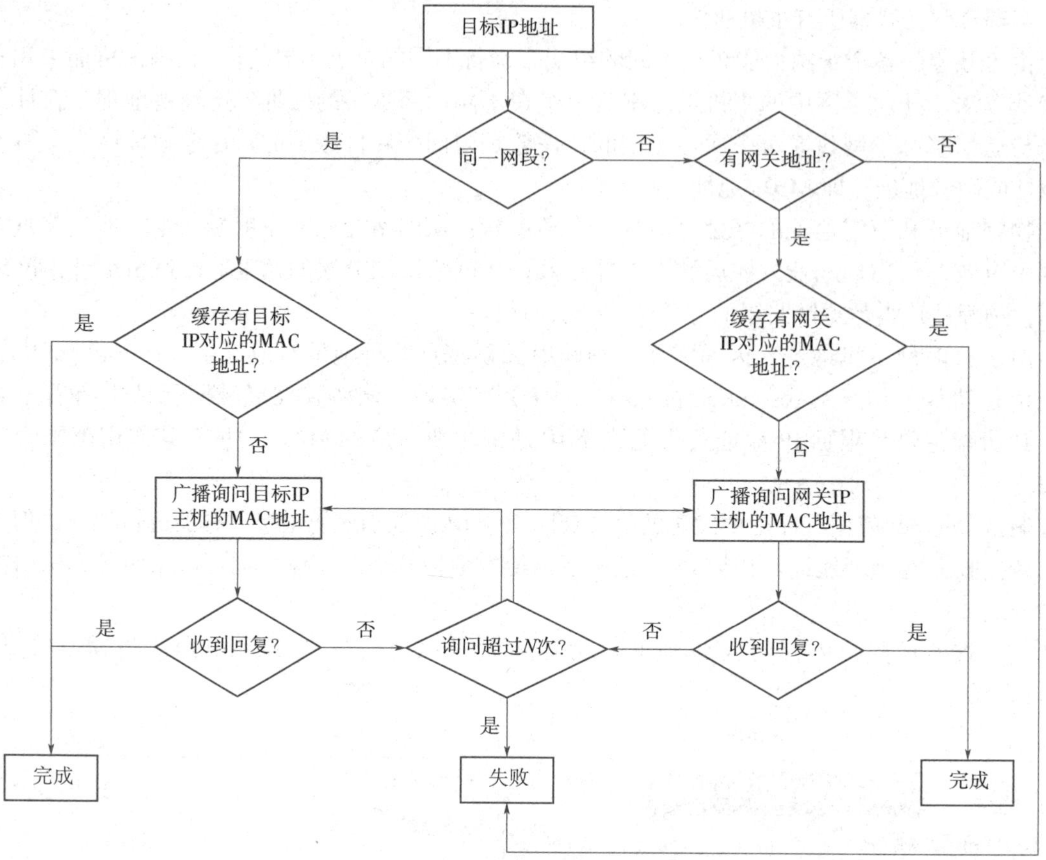

图 5-3　ARP 协议工作流程图

5.3　端口地址

在 OSI 参考模型中，传输层是第一个端到端的通信层，是网络体系结构中面向通信和面向应用的分界点，负责确保数据能准确地传递给目标主机的特定应用程序。当下层数据传送到这里时，很明显的一个问题就是：主机上可能同时存在多个应用进程，数据应该发送给哪个应用。因此传输层考虑了下层通信为多个应用进程服务的区分问题，使用端口地址来区分上层的不同应用。

在 TCP/IP 协议族中，TCP 和 UDP 协议采用 16 位的端口地址来识别应用服务，范围是 0 ~ 65535。端口号被分为三个范围：知名端口（well known ports）、注册端口（registered ports）和动态或私有端口（dynamic or private ports）。临时端口通常指的是动态端口范围，也就是私有端口范围。

知名端口：范围从 0 到 1023，这些端口号通常分配给系统或应用程序中的标准服务。例如，HTTP 服务使用 80 端口，HTTPS 服务使用 443 端口。

注册端口：范围从 1024 到 49151，这些端口号用于用户或应用程序进程。一些公司会为自己的应用程序注册一个端口号，以确保不与其他服务冲突。

动态或私有端口：范围从 49152 到 65535，这些端口没有固定用途，可以被网络应用程序用作临时端口。这个范围内的端口通常被用于客户端软件的短暂通信，如网络客户端和服务器之间的通信。所以，对于临时端口，也就是动态端口的分配，理论上可用的端口数量为 65 535−49 152+1=16 384 个端口。这些端口在客户端程序运行时被动态选择，用于与服务器的通信，之后通常会被释放以供将来的通信再次使用。

常见的应用服务一般都是通过知名端口地址来识别的。例如，FTP 服务的 TCP 端口地址都是 20 和 21，每个 Telnet 服务的 TCP 端口地址都是 23，每个简易文件传送协议（trivial file transfer protocol，TFTP）服务的 UDP 端口地址都是 69。TCP/IP 协议族所提供的服务使用 1 ~ 1023 的知名端口地址。ICANN（the internet corporation for assigned names and numbers，互联网名称与数字地址分配机构）负责管理和分配全球范围内的域名、IP 地址以及标准端口号等资源，确保网络通信的全球标准化。开发人员也可对常用端口号进行修改，如将 HTTP 的 80 端口地址修改为 8080，但由于不是默认的端口号，通常在访问网址时需要指明，常见的应用协议及端口号见表 5-1。

表 5-1　常用应用协议及端口

协议 / 服务	端　口　号	简　　介
ftp	TCP 20、TCP 21	file transfer protocol，文件传输协议，20 用于数据传输，21 用于控制连接
ssh	TCP 22	secure shell，安全外壳协议，专为远程登录会话和其他网络服务提供安全性的协议
http	TCP 80	hyper text transfer protocol，超文本传输协议，用于网页浏览
DNS	TCP 和 UDP 53	domain name system，域名系统，域名解析，TCP 53 通常用于区域传输和某些查询，UDP 53 用于普通查询
https	TCP 443	hypertext transfer protocol secure，超文本传输安全协议，用于安全浏览网页
Microsoft SQL Server	TCP 1433	Microsoft SQL Server 服务开放的端口
smtp	TCP 25	simple mail transfer protocol，简单邮件传输协议
telnet	TCP 23	简单的远程登录协议
pop3	TCP 110	post office protocol
SNMP	UDP 161	simple network management protocol，简单网络管理协议

对于其他应用服务，尤其是用户自行开发的应用服务，端口地址通常通过动态分配来管理。操作系统会自动选择一个可用的端口号，确保该端口在当前主机上唯一。

客户端的端口号是临时分配的，称为临时端口地址，这些端口仅在应用运行时存在，只需保证该端口地址在本机上是唯一的。而服务器则通常分配固定的端口号，一旦服务器启动，服务会始终监听该端口，确保随时可以响应客户端的请求。

大多数 TCP/IP 协议族可实现给临时端口分配 1024 ~ 5000 的端口地址。大于 5000 的端口号通常被保留给特定的服务器服务，或用于较为冷门的服务。虽然它们在 Internet 上不常用，但在专用网络中或定制服务中，仍然有可能使用。

5.4　寻址过程

在网络层和传输层中，计算机通过 IP 地址定位目标主机，对应的数据报文只包含目标主机的 IP 地址。而在网络访问层中，同一局域网中的一台主机要和另一台主机进行通信，需要通过 MAC 地址进行定位，然后才能进行数据包的发送。因此，在数据发送过程中，需要根据 IP 地址获取 MAC 地址，然后才能将数据包准确地发送到目标主机，而这个获取过程是通过 ARP 协议完成的。

如同写信要写上寄信人地址和收信人地址一样，在数据传输的封装过程中，传输层、网络层、数据链路层（TCP/IP 参考模型中网络接口层的数据链路部分）均需要在本层对头部进行字段填充，其中便包括源地址和目的地址。在发送端，应用进程首先将数据递交给传输层，传输层将源端口和目的端口封装到报文头部。接着，网络层添加源 IP 地址和目的 IP 地址（见图 5-4）。最后，数据链路层通过 MAC 地址封装（见图 5-5），将数据封装成帧进行传输。具体的传输层报文头部格式、网络层 IP 分组头部格式、数据链路层帧头部格式请自行查阅。这里重点描述寻址过程中地址的封装，OSI 参考模型描述的其他功能不再赘述。

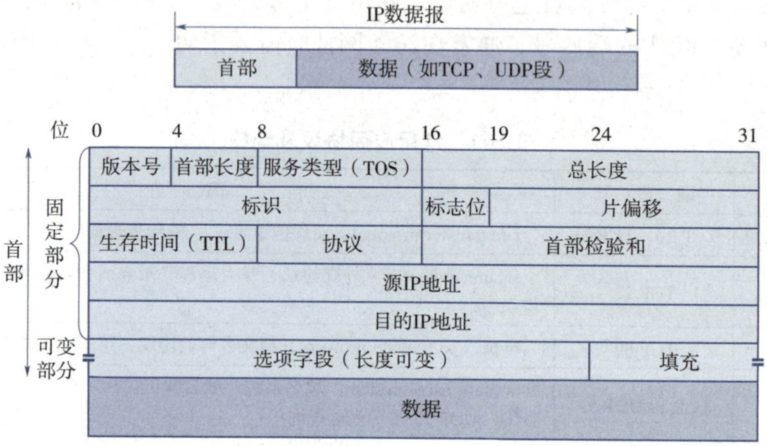

图 5-4 IP 数据报

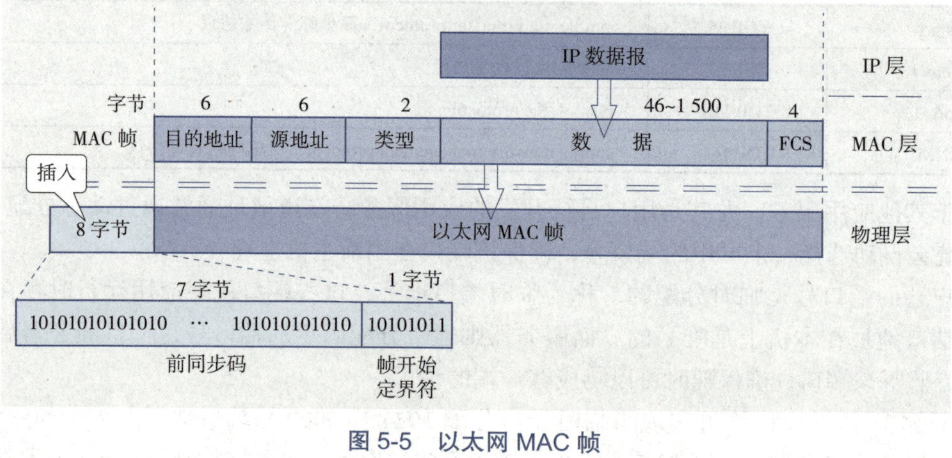

图 5-5 以太网 MAC 帧

在发送端，应用进程根据通信要求将数据递交给传输层，传输层根据应用进程分配适当的端口地址，包括源端口地址和目的端口地址，构建传输层协议头部。具体协议根据应用进程的协议使用情况而定，如图 5-6 所示，邮件服务应用的 SMTP、Web 网页应用的 HTTP 等使用 TCP 协议提供服务，即时通信软件 QQ 使用 UDP 提供服务。以 Web 网页应用为例，当用户访问网页时，HTTP 协议通过 TCP 协议传输数据。TCP 协议会自动为应用程序分配一个临时源端口，而默认的 80 端口则作为目的端口。临时端口用于标识本地应用，80 端口用于标识目标服务。

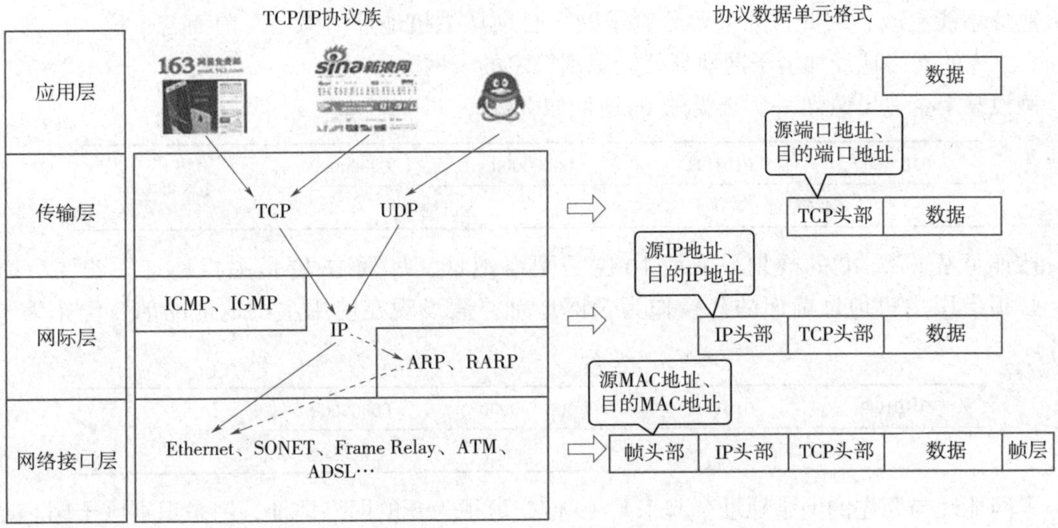

图 5-6　ARP 协议工作流程图

传输层将封装好的报文交给网络层，网络层根据需要对数据包进行分段操作，如果数据包过大，网络层会将其拆分为多个分段，确保每个分段都能通过链路传输，并在接收端重新组装。每个分段分组均加上 IP 头部，其中包括源 IP 地址和目的 IP 地址。源 IP 地址即本机 IP 地址。目的 IP 地址是所要访问的目标主机的 IP 地址。如果用户通过域名访问目标主机，首先需要通过域名服务系统（DNS）查询获取目标主机的 IP 地址，这一过程在本书的项目八 DNS 部分介绍。

网络层封装好分组后提交给数据链路层，数据链路层会增加帧头部和尾部。数据帧头部包括源 MAC 地址和目的 MAC 地址。源 MAC 地址即为本机网卡的 MAC 地址或物理地址。目的 MAC 地址的获得需要 ARP 协助，在同一网段内，数据链路层通过 ARP 协议获取目标主机的 IP 所对应的 MAC 地址，如果目标主机不在同一网段，数据链路层会使用本网段网关的 MAC 地址进行通信，网关负责将数据转发给目标网段。

5.5　子网划分

项目三中介绍的 IPv4 编址采用的两级层次结构，即每个 IP 地址都分为网络地址（网络号，net ID）与主机地址（主机号，host ID）两部分，然而，在实际网络应用中，这种两级结构存在以下不足：

- IP 地址空间利用率低，例如，某广播域有 10 台主机，要分配 IP 地址，但必须选择 C 类的 IP 地址，而一个 C 类 IP 地址段有 254 个可用 IP 地址，这意味着 244 个 IP 地址被浪费。
- 路由表过大，给每个物理网络分配一个网络标识，导致路由表冗长，影响网络性能。
- 灵活性差，两级 IP 地址结构不够灵活，难以满足不同的网络需求，限制了网络规划和管理。

视　频

子网划分

为了解决这些问题，在 IP 地址中引入了一个“子网地址字段”，将两级 IP 地址扩展为三级 IP 地址结构。这种做法称为子网划分，或子网寻址、子网路由选择。

也可以使用下面的等式表示三级 IP 地址：

IP 地址 ::={< 网络标识 >，< 子网标识 >，< 主机标识 >}

1. 子网划分的原理

子网划分的核心是为每个子网分配唯一的子网地址（subnet address），以此识别子网。由于网络地址不能更改，因此，如果要分割子网，必须从主机地址"借用"前面若干位，作为子网地址。原先的网络地址加上子网地址就能识别特定的子网。

假设某个企业申请到一个 B 类的 IP 地址如下：

10101000	01011111	00000000	00000000	168.95.0.0
网络地址		主机地址		

按照原先两级 IP 的规划，前面 16 位是网络地址，后面 16 位是主机地址。若要分割子网，必须借用主机地址前面的几位作为子网地址。假设现在使用主机地址的前 3 位作为子网地址。

10101000	01011111	000 00000	00000000	168.95.0.0
网络地址		子网地址	主机地址	

子网地址与原先的网络地址合起来共 19 位，可视为新的网络地址，用来识别该子网。原先 16 位的网络地址当然不可更动，但是子网地址却可以自行分配。若子网地址使用了 3 位，则产生了 2^3（即 8）个子网，如下所示：

10101000	01011111	000 00000	00000000
10101000	01011111	001 00000	00000000
10101000	01011111	011 00000	00000000
10101000	01011111	100 00000	00000000
10101000	01011111	101 00000	00000000
10101000	01011111	110 00000	00000000
10101000	01011111	111 00000	00000000
网络地址		子网地址	主机地址

换句话说，从主机地址借用了 3 位之后，便可以分割出 8 个子网。当然，主机地址的长度变短后，所拥有的 IP 地址数量也减少了。以上例而言，原先的 B 类网络可以有 2^{16}（即 65 536）个可用的主机地址；而新建立的子网，仅有 2^{13}（即 8 192）个可用的主机地址。

B 类网络可能分割子网的方式见表 5-2。

表 5-2　B 类网络可能分割子网的方式

子网地址位数	形成子网数	每个子网可用的主机地址
1	2	32 768
2	4	16 382
3	8	8 192
4	16	4 096
5	32	2 048
6	64	1 024
7	128	512
8	256	256
9	512	128

续上表

子网地址位数	形成子网数	每个子网可用的主机地址
10	1 024	64
11	2 048	32
12	4 096	16
13	8 192	8
14	16 384	4
15	32 768	2

C 类网络可能分割子网的方式见表 5-3。

表 5-3　C 类网络可能分割子网的方式

子网地址位数	形成子网数	每个子网可用的主机地址
1	2	128
2	4	64
3	8	32
4	16	16
5	32	8
6	64	4
7	128	2

由于子网地址必须取自于主机地址，每“借用”n 个主机地址的主机位，便会产生 2^n 个子网。因此，分割子网时，其数目必然是 2 的幂次方，也就是 2^2、2^3、2^4、2^5 等数。

说明：表 5-2 和表 5-3 只是表示使用多少个位作为子网地址时，可产生的子网与可分配的主机地址数。但在实际应用上，由于子网地址与主机地址不得全为 0 或 1，所以，表中有几个项目实际上是不可用的。

不能使主机地址只剩下一位，因为此时的每个子网只能有两个主机地址，同样全为 0 或全为 1 的主机地址无法使用，结果就没有可用的主机地址了。

2. 子网掩码

子网划分不是简单地将 IP 地址加以分割，其关键在于确保分割后的子网能够与其他网络正常连接，也就是在路由过程中仍然能识别这些子网，识别的关键就是知道子网的网络地址长度（包括子网位）和剩下的主机长度，这就要用到子网掩码。

通常在设置 IP 地址时，必须同时设置子网掩码，子网掩码不能单独存在，它必须结合 IP 地址一起使用。子网掩码的唯一作用就是将某个 IP 地址划分成网络地址和主机地址两部分。这对于采用 TCP/IP 协议的网络来说非常重要，只有通过子网掩码，才能表明一台主机所在的子网（广播域）与其他子网的关系，使网络正常工作。

子网掩码必须是由一串连续的 1，再跟上一串连续的 0 所组成，其中的 1 对应于 IP 地址代表网络地址位，0 对应于 IP 地址代表主机地址位。如下示例所示，IP 地址 168.95.192.1 与其子网掩码。

168	95	192	1
10101000	01011111	11000 000	00000001
11111111	11111111	11111 000	00000000
21个1对应网络地址		11个0对位主机地址	

此 IP 地址的前 21 位为网络地址，后 11 位为主机地址。在路由过程中，便是据此来判断 IP 地址中网络地址的长度，以便能将 IP 数据包正确地传输至目的网络。而这也是子网掩码最主要的目的。

上述 IP 地址与子网掩码的组合也可写成：

168.95.192.1/21

“/” 前面是正常的 IP 地址表示法，“/” 后面的数字 21 则代表子网掩码中 1 的数目。

原有等级式的网络地址仍然可继续使用。以 C 类的 IP 为例：

11001011 01001010 11001101 01101111

若不执行子网分割，则其子网掩码为：

11111111 11111111 11111111 00000000

这种没有划分子网情况下的子网掩码称为“默认子网掩码”。

换句话说，对于没有进行子网划分的原始 A、B、C 这三种类型的网络，现在也不用看前导码来判断网络和主机了，这被看作统一的子网掩码判断体系下的特殊情况，只不过这时它们的子网掩码是固定的默认子网掩码。Class A、Class B、Class C 对应的默认子网掩码如下：

A 类：11111111 00000000 00000000 00000000（255.0.0.0）

B 类：11111111 11111111 00000000 00000000（255.255.0.0）

C 类：11111111 11111111 11111111 00000000（255.255.255.0）

3. 子网分割步骤

在实际操作中，一个机构要进行子网划分需要以下步骤：

1）决定子网数

设计的第一步是确定这个机构需要的子网数。决定子网数的主要因素包括场所的物理位置（建筑物和楼层的数目）、部门数以及每个子网需要的主机数等。子网数必须为 2 的幂次方（如 0、2、4、8、16、32 等）。应当注意到，选择 0 表示不划分子网。

2）找出子网掩码

第二步就是要根据需要的子网数，确定子网掩码。下面的一些规则可帮助用户找出子网掩码。

（1）找出默认掩码中 1 的个数。

（2）找出定义子网中 1 的个数，即根据子网数决定借用多少位主机位。

（3）把步骤 1 和步骤 2 中 1 的个数相加。

（4）找出 0 的个数，它等于 32 减去步骤 3 得出的 1 的个数。

3）找出每一个子网的地址范围

在确定好子网掩码后，网络管理员就能找出每一个子网的地址范围，可以采用如下计算方法：

从第一个子网开始，第一个子网的第一个地址是这个地址段的第一个地址，然后加上每个子网的地址数就可得出最后一个地址。然后把该地址加 1，找出下一个子网的第一个地址。对所有子网重复以上过程。

下面看一个示例：某大学 5 号学生宿舍楼一楼有 30 个寝室，每个寝室有 5 位同学，管理员给这一层楼分配一个地址 192.168.102.0（C 类），每个寝室是一个独立单元，即每个寝室划分为一个子网，试给出子网划分。

分析过程如下：

（1）默认掩码中 1 的个数是 24（C 类）个。

（2）30 个寝室需要 30 个子网。数目 30 不是 2 的整数次方。大于 30 的最小 2 的整数次方是 32（即 2^5）。子网掩码中需要有 5 个 1。

（3）子网掩码中 1 的个数是 29（24+5）。

（4）子网掩码中 0 的个数是 3（32−29）。

（5）掩码是 11111111 11111111 11111111 11111000，即 255.255.255.248.0。

（6）子网数是 2^5（去掉全 0 和全 1 的组合，实际可用子网数是 30）。

（7）每个子网中的地址数是 2^3（3 是 0 的个数，即 8）。

（8）现在使用第一种方法找出地址的范围，从第一个子网开始。

➢ 这个子网的第一个地址是 192.168.102.8（最后一个字节二进制是 0000100），因为主机位全 0，所以这个地址代表的是子网自身地址，不分配给主机。

➢ 计算这个子网的最后一个地址时，可在该地址上加 7（每一个子网的地址数是 8，但只能加 7），即最后一个地址 192.168.102.15，也是子网的广播地址。

➢ 该子网内能够分配给主机的 IP 地址范围是 192.168.102.9~192.168.102.14，共 6 个。

（9）找出第二个子网的地址范围。

➢ 这个子网的第一个地址是 192.168.102.16（在第一个子网最后一个地址的后面）。因为主机位全 0，所以这个地址代表的是子网自身地址，不分配给主机。

➢ 计算这个子网最后一个地址时，可在第一个地址上加 7，得出 192.168.102.23，即为该子网段的最后一个地址，也是子网的广播地址。

➢ 该子网内能够分配给主机的 IP 地址范围是 192.168.102.25~192.168.102.30，共 6 个。

用类似方法可求出剩下的子网中地址的范围。

项目实施

任务一　修改 MAC 地址

任务目的： 熟悉 MAC 地址的结构，掌握查看、修改 MAC 地址的方法。

任务内容： 修改计算机系统的 MAC 地址。

任务环境： UOS。

任务步骤：

在 UOS 中修改 MAC 地址很简单，可使用 ifconfig 命令，在“终端”进行。

步骤 *1*： 在统信 UOS 系统“启动器”菜单中，找到“终端”命令，如图 5-7 所示，在打开的“终端”窗口中，可通过 ifconfig 命令修改 MAC 地址。

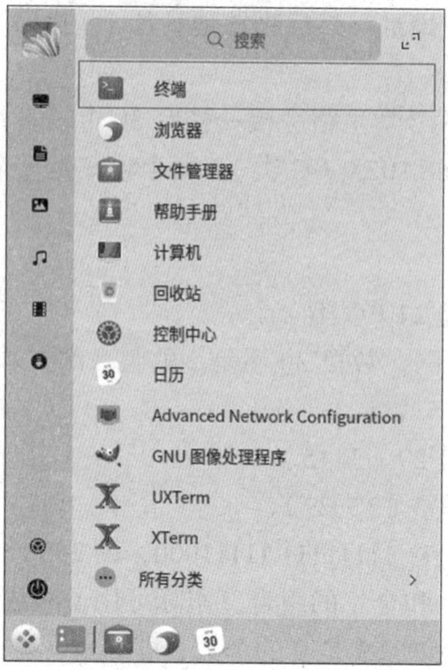

图 5-7　UOS 系统“启动器”菜单

步骤 2：查看当前的网络接口名称：输入 ifconfig -a 命令，然后按【Enter】键。将会看到一些网络接口的信息，找到需要修改 MAC 地址的网络接口名称。如图 5-8 所示，下面要修改 ens33 接口的 MAC 地址，当前 MAC 地址是 00:0c:29:aa:26:cd。

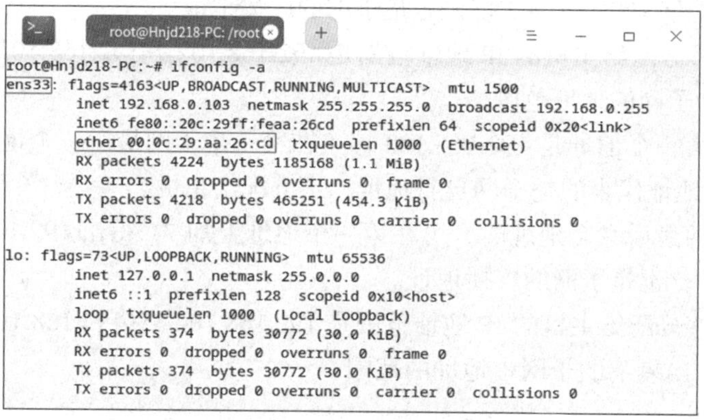

图 5-8　查看当前的网络接口名称

步骤 3：停止网络接口；输入“sudo ifconfig 网络接口名称 down”命令，将命令中的“网络接口名称”替换为需要修改的网络接口名称，即 sudo ifconfig ens33 down，然后按【Enter】键，即可停止该网络接口。

步骤 4：修改 MAC 地址；输入“sudo ifconfig 网络接口名称 hw ether 新的 MAC 地址”命令，将命令中的“网络接口名称”替换为需要修改的网络接口名称，将“新的 MAC 地址”替换为想要设置的新 MAC 地址，即 ifconfig ens33 hw ether 00:aa:bb:cc:dd:ee，然后按【Enter】键，即可修改 MAC 地址。

步骤 5：启动网络接口；输入“sudo ifconfig 网络接口名称 up”命令，将命令中的“网络接口名称”替换为刚修改过 MAC 地址的网络接口名称，即 sudo ifconfig ens33 up，然后按【Enter】键，即可启动该网络接口。

步骤 6：验证，在终端窗口中，再次输入 ifconfig -a 命令，如图 5-9 所示，可看到 MAC 地址已成功修改。

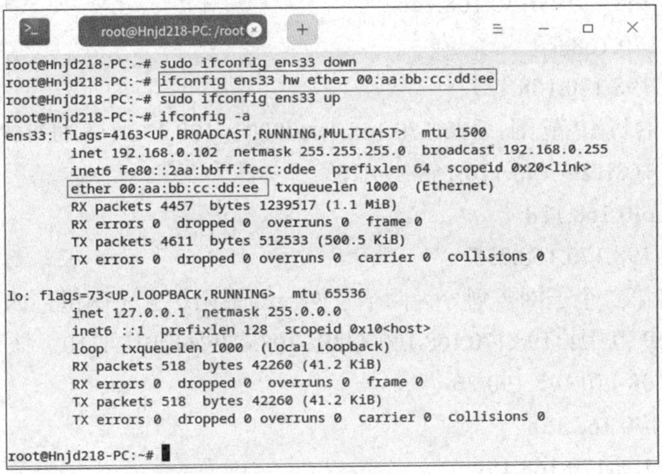

图 5-9　修改网络接口 MAC 地址

任务二　IPv4 规划与子网划分

任务目的：熟悉子网划分应用的场景，掌握子网划分的方法。

任务内容：根据网络应用场景，规划子网 IP 地址。

任务环境：Cisco Packet Tracer 8.1。

任务步骤：

某学校图书馆分配到一个 C 类地址 198.170.168.0，图书馆内的业务大致可分为电子阅览区（机房）、图书借阅区和办公区三块，其中电子阅览区有 100 台 PC，图书借阅区有自主借还设备 10 台，办公区有 25 台 PC，需要为这三个区域划分单独的网络。

步骤 1：确定子网数以及其容纳的 IP 地址范围。分析过程如下：

（1）考虑到需要至少三个子网，拟将 C 类 IP 地址主机位的前 2 位作为子网位，后面的 6 位作为主机位，如图 5-10 所示，但这样划分的话，所分的四个子网，每个子网最多容纳 62 台 PC，不能满足电子阅览区的需要，这种方案是不可行的。

198.170.168	0	0	0	0	0	0	0
网络部分	子网部分		主机部分				

图 5-10　电子阅览区子网划分一

（2）由于电子阅览区至少要 100 个 IP 地址，而 2^7=128 正好满足大于或等于 100 台主机的需求，因此，可考虑分两步来解决问题，先采用 1 个子网位，如图 5-11 所示，划分两个子网，然后再对第二个子网进一步划分，以满足办公区和图书借阅区的需求。

198.170.168	0	0	0	0	0	0	0	0
网络部分	子网部分	主机部分						

图 5-11　电子阅览区子网划分二

（3）第一步，先划分两个子网，如下：

电子阅览区。主机 IP 范围：198.170.168.00000001~198.170.168.01111110，掩码：255.255.255.128，即 198.170.168.1~198.170.168.126/25

网络地址：198.170.168.0

直接广播地址：198.170.168.127

第二个子网。主机 IP 范围：198.170.168.10000001~198.170.168.11111110，掩码：255.255.255.128，即 198.170.168.129~198.170.168.254/25

网络地址：198.170.168.128

直接广播地址：198.170.168.255

（4）第二步，将第二个子网再划分为两个子网，即采用 2 个子网位，如下：

办公区。主机 IP 范围：198.170.168.10000001~198.170.168.10111110，掩码：255.255.255.192，即 198.170.168.129~198.170.168.190/26

网络地址：198.170.168.128

直接广播地址：198.170.168.191

图书阅览区。主机 IP 范围：198.170.168.11000001~198.170.168.11111110，掩码：255.255.255.192，即 198.170.168.193~198.170.168.254/26

网络地址：198.170.168.192

直接广播地址：198.170.168.255

步骤 2： 利用 Packet Tracer 构建该子网划分的网络拓扑，如图 5-12 所示。实际业务场景中电子阅览区有 100 台 PC、图书借阅区 10 台自主借还设备，办公区有 25 台 PC，为简单起见，在一台交换机下构建三个子网（子网、子网 2 和子网 3），只画出子网 1 中的三台主机、子网 2 中的两台主机和子网 3 中的两台主机。

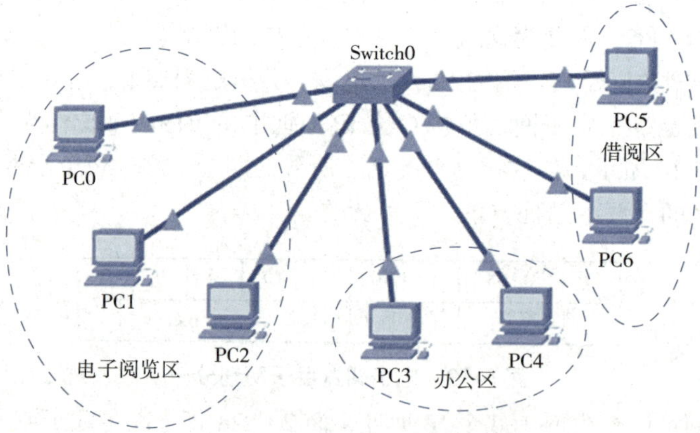

图 5-12 电子阅览区子网划分三

步骤 3： 根据前面的分析，为子网中的主机配置 IP 地址。

步骤 4： 验证，可利用 ping 命令测试主机间的连通性。各个子网在逻辑上是独立的，因此如果没有路由器的转发，子网之间的主机不能相互通信，但子网内是互通的。

素质拓展

IPv6 让万物互联成为可能

IPv6（internet protocol version 6，互联网协议第六版）是由国际标准组织 IETF（互联网工程任务组）设计的用于替换现行版本 IPv4 协议的下一代互联网协议，其最大优势是解决了 IPv4 协议网络地址资源不足的问题（IPv4 协议共有 43 亿个 IP 地址）。采用 IPv6 协议，理论上可以为地球上的每一粒沙子分配一个 IP 地址，使得“万物互联”成为可能。

我国是互联网大国，用户规模、网络规模居于世界首位，但由于历史原因，我国互联网地址资源非常短缺（人均只有 0.496 个），随着“互联网 +”、物联网和工业互联网等领域的深入发展，地址需求量呈现爆发式增长，地址短缺问题会严重影响我国互联网长期可持续发展。

IPv6 相比 IPv4 具有明显优势，两种地址格式对比见表 5-4。对于国家来说，IPv6 规模部署和应用是互联网演进升级的必然趋势，是网络技术创新的重要方向，是网络强国建设的关键支撑，能有效促进提升我国在下一代互联网领域的国际竞争力，提升我国在互联网领域的技术话语权。对于个人来说，IPv6 能给我们带来更快的数据传输速度、更安全的数据传输方式和更好的隐私保护。

表 5-4　IPv6 与 IPv4 地址比较

IPv6	地址样式	2031:0000:1F1F:0030:0200:0100:11A0:ADDF
	地址长度	128 位
	地址数量	2^{128} 个
	总　　计	340 282 366 920 938 463 374 607 432 768 211 456 个
IPv4	地址样式	192.168.23.127
	地址长度	32 位
	地址数量	2^{32}（约 4×10^9）个
	总　　计	4 294 967 296 个

截至 2024 年 4 月，我国 IPv6 活跃用户数为 7.878 亿，占我国全部网民数的 73.01%。我国 IPv6 活跃用户发展趋势如图 5-13 所示。

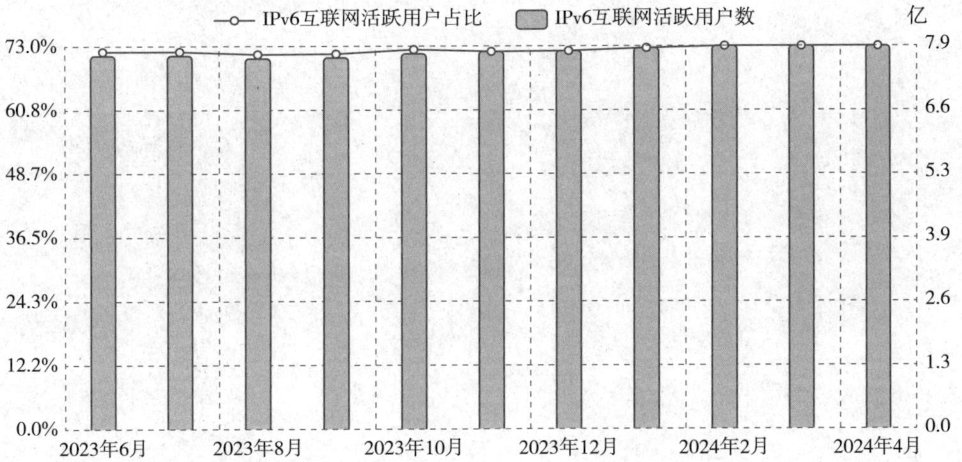

图 5-13　我国 IPv6 活跃用户发展趋势

目前，IPv6在我国无论从网络基础设施、应用基础设施、终端、基础资源、用户数及流量等各个方面都取得了良好的成效。IPv6规模部署和应用不仅提升了我国互联网承载能力和服务水平，而且已成为网络强国建设的重要基础设施，数字中国建设的有力支撑保障。

思考与练习

一、填空题

1. IPv4地址由________和________两部分组成，其中________部分可用来进一步划分为________和________。

2. IP地址为210.198.45.60，子网掩码为255.255.255.240，其子网号是________，网络地址是________，直接广播地址是________。

3. 以太网利用________协议获得目的主机IP地址与MAC地址的映射关系。

4. 端口地址位于OSI参考模型的________层，用来区分上层的不同应用。

5. 在常见的TCP端口地址中，80对应________协议，20和21对应________协议，23对应________协议。

二、简答题

写出下面两个地址所处的网段地址、广播地址，以及有效的主机地址范围。

172. 16. 10. 5/25　10. 10. 10. 5/30

项目六 探索网络间路由

项目导读

小飞运维的校园网项目所在学校又新建了一个校区，并且组建了新的校园网络。现在，两个校区的局域网需要通过互联网连接在一起，形成一个互通且统一管理的校园网络。为此，必须使用路由器并配置合适的路由。路由器是连接两个或多个网络的硬件设备。为了顺利完成两个校区局域网的互联互通工作，大牛提醒小飞需要深入理解网络间路由的概念。路由在网络中就像交通指示牌，指引数据包如何从一个网络传输到另一个网络。此外，小飞还需要掌握路由器的使用方法。

知识导图

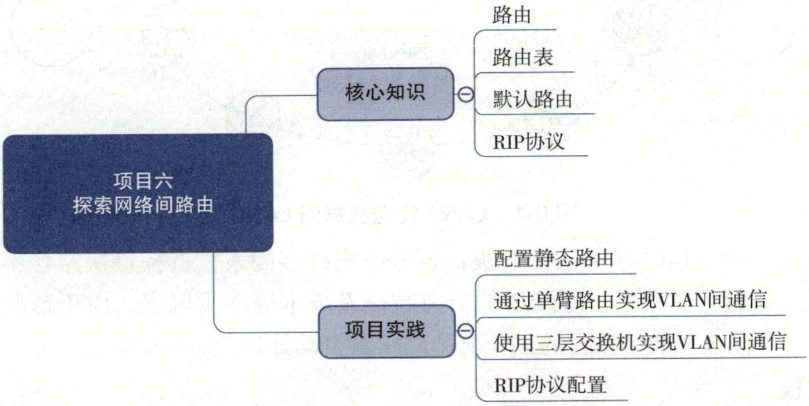

项目目标

知识目标

1. 了解路由的基本概念与作用，并理解路由器的基本工作原理。
2. 了解静态路由和动态路由的优缺点，并掌握基本的配置命令和方法。

技能目标

1. 能够灵活使用路由器的基本配置命令。
2. 能够根据实际业务需求配置静态路由和动态路由。

素养目标

1. 通过分析和配置路由表及路由协议，提升逻辑思维和系统分析能力。
2. 通过路由配置与优化过程的操作，培养学生耐心、细致的工作品格。

知识准备

在 TCP/IP 网络中，当子网中的一台主机向同一子网内的另一台主机发送 IP 数据包时，它将直接把 IP 数据包传输到网络上，对方就能收到。然而，当发送的数据包需要到达不同子网中的主机时，数据包必须先选择一个能够到达目的子网的路由器。然后，发送主机会将 IP 数据包发送到该路由器，由路由器负责将数据包传递到目的地。

6.1 路由

1. 路由的概念

视频

路由

路由是指将数据从一个地方传送到另一个地方的行为和过程。而路由器（router），正是执行这一任务的设备的机器，其主要作用是选择数据传输的最佳路径。路由器内部维护着一张路由表（routing table），记录从本路由器到不同网络去的路径，以及路径的成本代价。如图 6-1 所示，从 LAN1 传输数据到 LAN2 有两条路径。一条是通过 C-D（带宽为 256 kbit/s），另一条是通过 A-B（带宽为 64 kbit/s）。表面看，从 LAN1 到 LAN2 最快的路径，理所当然是 C-D（256 kbit/s 比 64 kbit/s 快），但是若考虑到路由器的处理操作次数，路径 A-B 可能更优（只经过两台路由器），那么到底在传送数据时，哪一条会比较快呢？

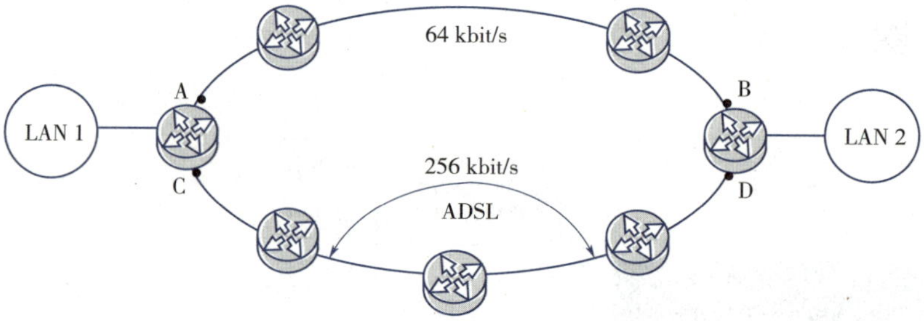

图 6-1　LAN1 传送数据到 LAN2

其实要判断传输数据时哪条路径最快，要考虑到许多因素，选择最快路径不仅需要考虑带宽，还涉及线路质量、使用率、所经过的节点数以及成本等多重因素。由于这些复杂计算不可能由人工完成，因此选择最佳路径的工作交由路由器自动处理。

2. 路由过程

将数据从一个网络转发至另一个网络通常涉及两个过程：路由和交换。其中“路由”是指在网络层（第三层）找到目的网络的路径，而“交换”是在数据链路层（第二层）传递数据帧。

首先，路由器收到一个合法的数据包后，会去掉数据帧的头部，得到一个 IP 数据包，并读取 IP 头部的目的 IP 地址字段，如图 6-2 所示。

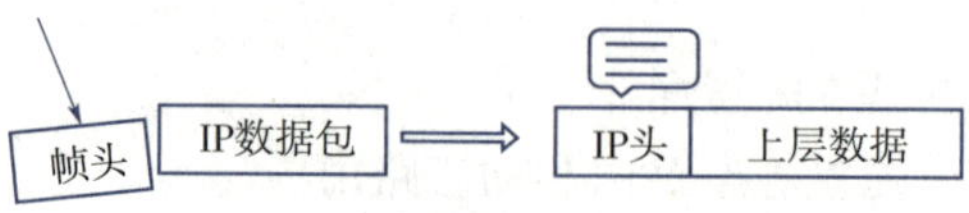

图 6-2　路由的过程

路由器随后会根据路由表查询信息，与之前得到的目的 IP 地址比较，得到对应的下一跳站点地址或端口，获取需要转发的下一站信息，如图 6-3 所示。然后将该 IP 数据包原封不动地进行二层封装，此时需要修改帧头部的 MAC 地址，封装完成后将其转发到下一个目的地，如图 6-4 所示。

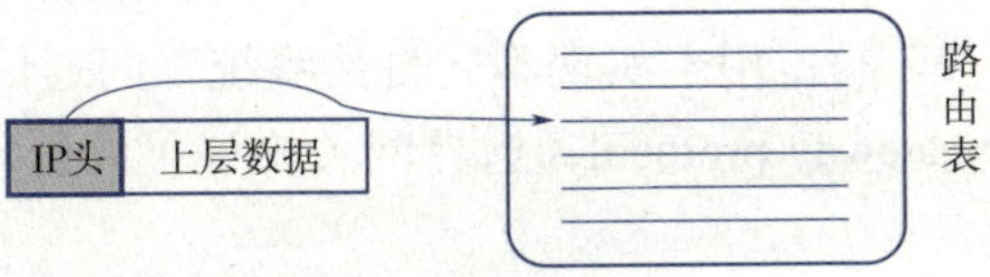

图 6-3　查询路由表

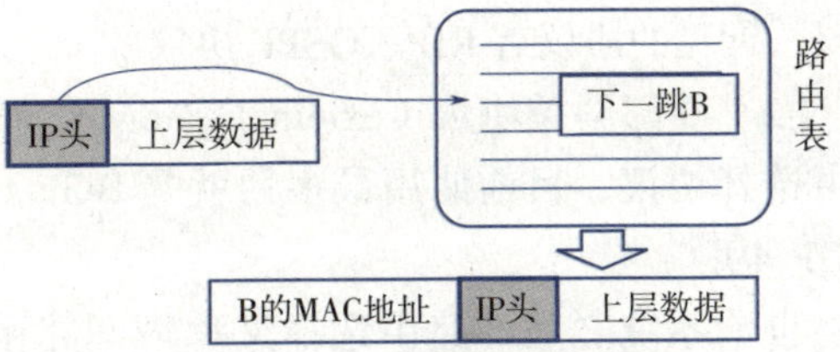

图 6-4　路由重打包的过程

3. 路由的分类

根据路由表生成方式，路由可分为静态路由和动态路由。

1）静态路由

由系统管理员手动配置的固定路由表称为静态（static）路由表，通常在网络安装时根据网络配置情况预先设定，它不会随着网络拓扑的变化而改变。优点是几乎不占用路由器资源。缺点是无法自动适应网络结构的变化，灵活性差。

2）动态路由

动态路由是网络中的路由器之间相互通信、传递路由信息、利用收到的路由信息来更新路由器表的过程。它能实时地适应网络结构的变化。如果路由更新报文中发生了网络变化，动态路由协议会重新计算路径，并发出新的路由更新报文。这些报文通过各个网络，引起各路由器重新启动其路由算法，并更新各自的路由表以动态地反映网络拓扑变化。动态路由适用于网络规模大、网络拓扑复杂的网络，能自动应对网络变化。当然，各种动态路由协议会不同程度地占用网络带宽和 CPU 资源，如果网络规划不当，一些低端路由器可能无法承受大量的动态路由信息更新。

常见的动态路由协议有路由信息协议（routing information protocol, RIP）、开放式最短路径优先（open shortest path first, OSPF）、边界网关协议（border gateway protocol, BGP）等。

动态（dynamic）路由表是路由器根据网络系统的运行情况而自动调整的路由表。路由器根据路由协议（routing protocol）提供的功能，自动学习和记忆网络运行情况，在需要时自动计算数据传输的最佳路径。

4. 内部网关协议和外部网关协议

由于互联网规模非常大，可以把互联网划分为许多较小的自治系统（autonomous system），记为 AS，如图 6-5 所示。每个自治系统通常由相同管理控制下的路由器组成，在一个 AS 中的路由器都运行相同的路由协议算法。各个 AS 之间彼此是互连的，因此一个 AS 中有一个或多个路由器用于不同 AS 之间的通信，即负责将本 AS 之外的目的地址转发分组，这些路由器称为网关路由器。

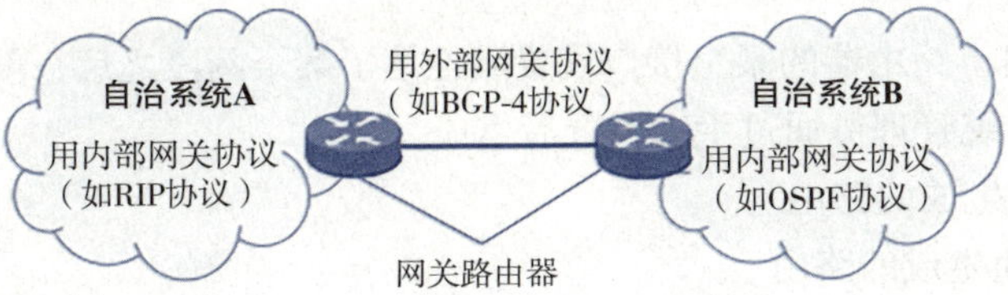

图 6-5　内部网关协议和外部网关协议

根据上面描述，可以将路由选择协议划分为两个大类：内部网关协议和外部网关协议。

（1）内部网关协议（interior gateway protocol，IGP）：即在一个自治系统内使用的路由选择协议，常见的协议有 RIP、OSPF 协议。

（2）外部网关协议（external gateway protocol，EGP）：用于实现不同自治系统之间通信的路由选择协议，目前使用最多的就是 BGP（border gateway protocol，边界网关协议）的版本 4（BGP-4）。

自治系统之间的路由选择又称域间路由选择，在自治系统之内的路由选择又称域内路由选择。

6.2 路由表

视 频

路由表

1. 路由表的组成

在路由的两个过程中，关键的是路由表查询过程，它为数据包的转发指明了方向，它是路由器赖以工作的前提。

路由器的主要工作就是为经过路由器的每个数据包寻找一条最佳传输路径，并将该数据有效地传送到目的站点。由此可见，实现这个功能的关键在于路由算法，即选择最佳路径的策略。为了完成这项工作，在路由器中保存着一张记录各种传输路径相关数据的路由表（routing table），供路由选择时使用。

路由表就像人们平时使用的地图一样，标识出各种路线。路由表中保存着子网的标志信息、网上路由器的个数和下一个路由器的地址等内容。路由表可以由系统管理员手动设置好（静态路由），也可以由路由器根据路由协议自动更新（动态路由），还可以当接口与网段相连时，自动生成（直连路由），以及可以由主机控制生成。

整个路由表（见图 6-6）分成 Codes 和路由表的实体两部分。

```
Codes: C - connected, S - static, I - IGRP, R - RIP, M - mobile, B - BGP
       D - EIGRP, EX - EIGRP external, O - OSPF, IA - OSPF inter area
       N1 - OSPF NSSA external type 1, N2 - OSPF NSSA external type 2
       E1 - OSPF external type 1, E2 - OSPF external type 2, E - EGP
       i - IS-IS, L1 - IS-IS level-1, L2 - IS-IS level-2, ia - IS-IS inter
area
       * - candidate default, U - per-user static route, o - ODR
       P - periodic downloaded static route

Gateway of last resort is 20.0.0.2 to network 0.0.0.0

C    20.0.0.0/8 is directly connected, FastEthernet0/0
S    30.0.0.0/8 [1/0] via 20.0.0.2
     172.18.0.0/24 is subnetted, 1 subnets
S       172.18.0.0 [1/0] via 20.0.0.2
C    192.168.0.0/24 is directly connected, FastEthernet0/1
S*   0.0.0.0/0 [1/0] via 20.0.0.2
```

图 6-6　路由表

1）Codes 部分

Codes 部分作为对路由表中条目类型的说明，描述了各种路由表条目类型的缩写，常见的缩写说明如下：

C：表示连接路由，路由器的某个接口设置或连接了某个网段之后，就会自动生成。

S：静态路由，系统管理员通过手动设置后生成。

R：RIP 协议协商生成的路由。

B：BGP 协议协商生成的路由

D：EIGRP 协议生成的路由，兼容 CISCO 的 EIGRP。

EX：EIGRP 的外部路由。

DHCP：当路由器的某个端口设置为由 DHCP 分配地址时，系统在收到“默认网关”属性之后自动生成的路由，实际上是一条默认路由。

对于 OSPF 协议生成的路由，又有如下的路由表项：

IA：OSPF 的区域之间的路由。

N1：OSPF NSSA 路由（类型 1）。

N2：OSPF NSSA 路由（类型 2）。

E1：OSPF 外部注入路由（类型 1）。

E2：OSPF 外部注入路由（类型 2）。

以上这些 Codes 信息对于路由表的实际工作没有直接影响，但为网络管理员提供了阅读和维护路由表的便利。

2）路由表的实体

路由表中的每一行记录，从左到右都有如下几个内容：路由的类型（Codes 表示）、目的网段（网络地址）、优先级［由管理距离（administrative distance，AD）、度量值（Metric）组成］、下一跳 IP 地址（next-hops）等。

➢ 目标网段：就是网络号，它描述了一类 IP 包（目的地址）的集合。

➢ 优先级描述：由 AD 和 Metric 组成，通常值越小，优先级越高，更可信。其中，AD 表明了路由学习方法的优先级；Metric 则表示不同的下一跳代表的路径的优先级。

➢ 下一跳网关：被匹配的数据包从哪个端口被转发，有本地端口名字和下一跳 IP 可选。

说明：端口的二层协议将决定数据包的二次封装类型。

路由器在查询时，就是通过比较数据包的目的 IP 地址与表中的目的网段。如果可以匹配则选择出一个下一跳作为出口，以便进行转发；如果有多个条目可以匹配，则根据优先级信息比较并选择最优的路径进行转发。

如图 6-6 所示，S 代表这是一条由管理员手动添加的静态路由；0.0.0.0/0 代表所有目的网络，表明去往所有网络的数据包都按照后面的方式发送给下一跳 20.0.0.2（FastEthernet0/0）。

例如，对于下列这条路由条目：

```
R  172.16.10.0  [120/1]  via  172.16.60.2  00:00:07  Serial0/0/0
```

可以做如下解读：

➢ R：路由来源，此条路由通过 RIP 学习到。

➢ 172.16.10.0：目的网络地址。

➢ [120/1]：120 是管理距离，RIP 管理距离是 120；1 是度量值，表示只经过一跳即可到达目的网络。

➢ Via 172.16.20.2：要到达目的网络 172.16.10.0，将数据发送给下一跳 172.16.20.2。

➢ 00:00:07：距离上一次收到此条路由更新已经过去 7 s。

➢ Serial0/0/0：要到达目的网络 172.16.10.0，从本路由器的 Serial0/0/0 接口将数据包发出去。

2. 查询匹配路由表

路由器在查询路由表时，不仅需要找到一个下一跳地址，还需要选择最优的下一跳。常见的选择策略如下：

1）掩码最长匹配

路由器收到一个数据包，在查询路由表时，首先查询目标网段，如果有多个条目同时匹配数据包的目标 IP 地址时，则掩码长者优先。如果路由器收到一个目的地址为 10.10.10.5 的数据包，它将被转发到哪个端口，如图 6-7 所示。

```
S 10.10.0.0/16[0]       is directly connected, VLAN2[0]
S 10.10.10.0/24[0]      is directly connected, VLAN1[0]
C 172.16.19.0/24[0]     is directly connected, VLAN2[0]
C 192.168.0.0/16[2]     is directly connected, VLAN1[0]
```

图 6-7　路由表中的掩码

两个路由项分别是 10.10.0.0/16 和 10.10.10.0/24；显然两条静态路由都可以匹配上述目的地址。但因为第一跳的掩码长度为 16，而第二跳的掩码长度为 24，后者更加优先。所以目的地址为 10.10.10.5 的数据包在转发时，下一跳地址为 VLAN1 接口，而不是 VLAN2 端口。可以看出，路由表优先级与其在表中的位置无关。

默认路由（其目的网段为 0.0.0.0/0）是一种特殊的静态路由，虽然 0.0.0.0 是一个可以匹配任何 IP 的网段（任何 IP 地址与其与运算之后还是 0.0.0.0），但掩码长度为 0，决定了它的优先级永远比别的路由要低。

以上路由表来自一台具备三层转发功能的交换机，转发端口以 VLAN1/2 来表示。但实际情况中，多数会使用下一跳路由的 IP 地址。

2）AD

管理距离（AD）是指一种路由协议的可信度，也可以说是协议优先级。数值在 1 ~ 255 之间，值越小，优先级及可信度越高。

每一种路由协议都有自己的默认 AD，据此，不同的路由协议可以按可靠性从高到低排出优先级。该值可以根据需要进行调整。

对于到达同一目的地的多条不同协议学习到的路由项，路由器会首先根据 AD 决定相信哪个协议。DCR 路由器中常见路由协议的默认 AD 值见表 6-1。

表 6-1　路由协议管理距离

路由协议	管理距离	路由协议	管理距离
C 直连路由	0	R 路由信息协议 RIP	120
S 静态路由	1	O 域内 OSPF	110

并不是所有厂家的默认值都是完全一致的，这些默认值都可以修改，使用时不要一概而论。

3）Metric

路由度量值（Metric）是表示路由项优先级、可信度的重要参数之一。

不同路由协议的 AD 值不同，而同种类型的路由项 AD 值相等。如果同种路由协议生成了多个路由表项，目的网段相同，且 AD 值也相同，还可以根据什么信息来判断它们之间的优先级别呢？度量值。

不同路由协议计算度量值的方法不同，如图 6-8 所示。

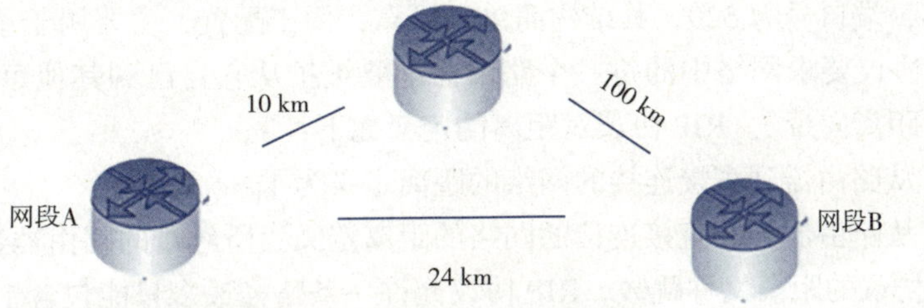

图 6-8　度量值与路径选择

RIP 协议以跳数为度量值，两个相邻的路由设备之间的链路为一跳。跳数越多优先级越低。很显然，如图 6-8 所示，从网段 A 到网段 B，根据距离矢量路由协议会选择度量值最小（跳数最少）的链路。

OSPF 的 Metric 值计算方法比较复杂，是把每一段网络的带宽倒数累加起来后乘以 100000000。简单地说，OSPF 的度量值与带宽相关。此时，OSPF 根据其度量值选择带宽较大的路径传输数据。

BGP 是一种 AS 之间的外部网关路由协议，它的 Metric 值通常是从内部网关协议中继承的。

说明：只有动态路由才会有 Metric 参数，静态路由是没有的。不同类型路由协议的 Metric 值没有可比性。

6.3　默认路由

当主机要发送数据包到一个不在本地子网中的目标地址时，就将 IP 数据包发送给一个称为默认网关（default gateway）的路由器上，该路由器具有转发数据包到其他网络的能力。主机"默认网关"是每台主机上的一个配置参数，它是接在同一个网络上的某个路由器端口的 IP 地址，作用是帮助主机转发无法直接传送到本地子网外的 IP 数据包。

值得注意的是，为路由器添加默认路由和为主机添加默认网关是不同的概念。通常在设备上添加默认路由（0.0.0.0/0，即 8 个 0），能够为到达设备的所有数据寻址发送，在这种情况下，没有在路由表中寻找到明确匹配项的数据将按照这 8 个 0 的路由发送出去。在某些设备中（如二层交换机）可以为设备添加默认网关，这种做法多见于没有开启 ip routing 的设备，如主机和二层交换机中。在路由器中如果开启 ip routing，则可以使用 8 个 0 来设置默认路由。

路由器转发 IP 数据包时，只根据目的 IP 地址的网络号部分选择合适的端口，把 IP 数据包发送出去。同主机一样，路由器也要判定端口所接的是否为目的子网。如果目的网络号匹配当前子网，就直接把数据通过端口送到网络上，如果不匹配，路由器则会选择下一跳路由器来传输数据。路由器也有默认路由 / 默认网关，当路由器无法匹配路由表中的任何路由项时，默认路由会将数据包转发给预先指定的下一跳路由器，传送不知道往哪儿送的 IP 数据包。这样，通过路由器把知道如何传送的 IP 数据包正确转发出去，把不知道的 IP 数据包传送给默认路由器，这样一级级地传送，直到 IP 数据包找到其目的网络，或者在无路由可走时丢弃。

6.4　RIP 协议

1. RIP 协议简介

RIP（routing information protocol，路由信息协议）是一种基于距离矢量（distance vector）算法的动态路由协议，以跳数（被传送数据所经过路由器的个数）为度量来衡量到达目标网络的距离，属于 IGP（内部网关协议）协议的一种，有 RIPv1 和 RIPv2 两个版本，使用 UDP 协议

视 频

RIP协议

进行通信，端口号为 520，其结构简单、可靠，便于配置，主要用于小型网络。

RIP 协议要求网络中的每一个路由器都要维护从它自己到其他每一个目的网络的距离记录（距离向量）。RIP 协议对距离的定义如下：

（1）从路由器到直接连接的网络的距离定义为 1。

（2）从路由器到非直接连接的网络的距离定义为所经过的路由器数加 1。

RIP 协议的距离又称跳数，RIP 协议允许一条路径最多只能包含 15 个路由器。因此，距离超过 15 个站点的目的地即相当于不可达。

图 6-9 所示为路由器 R2 的转发表，R2 与网络 Net2 和 Net3 直接相连，所以距离为 1，下一跳不需要经过任何路由器，所以是直接交付。R2 到达网络 Net1 需要经过一个路由器即 R1，所以距离为经过的路由器个数加 1，即 2。所以 R2 路由器维护的到各个网络的距离向量为（2，1，1，2）。

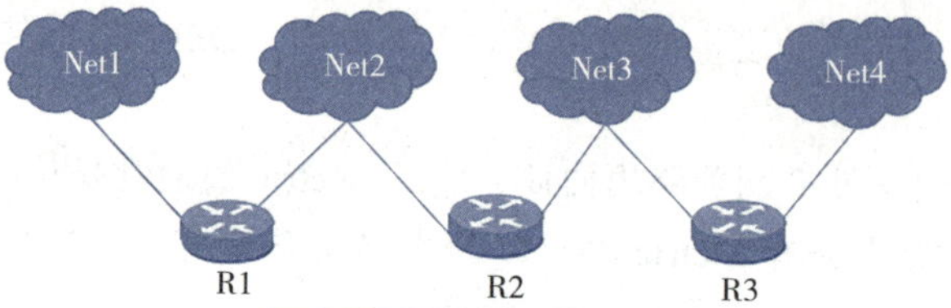

R2路由器转发表		
目的网络	距离	下一跳
Net2	1	直接交付
Net1	2	R1
Net4	2	R3

图 6-9　路由器 R2 的转发表

2. RIP 工作原理

RIP 协议是通过每个路由器周期性地和其他路由器交换路由信息，从而达到自治系统中所有节点都得到正确的路由信息。RIP 协议考虑了和哪些路由器交换信息、交换什么信息以及什么时候交换信息这三个问题，RIP 协议的特点如下：

（1）仅和相邻路由器交换信息。

（2）交换的信息是当前路由器所知道的全部信息，即自己现在的路由表。

（3）按固定的时间间隔交换信息，如每隔 30 s 或网络拓扑发生变化时。

路由器在刚开始工作时，其路由表是空的，然后路由器就得出到直接相连的几个网络的距离（这些距离为 1），接着每个路由器也只是和自己相邻的路由器交换并更新信息。经过若干次交换后，所有路由器都会知道到达本自治系统中任何一个网络的最短距离和下一跳地址。

在图 6-10 的自治系统中，假设三个路由器都是刚开始工作，刚开始 R1 有网络 1 和 2 的距离信息，R2 有网络 2 和 3 的距离信息，R3 有网络 3 和 4 的距离信息。

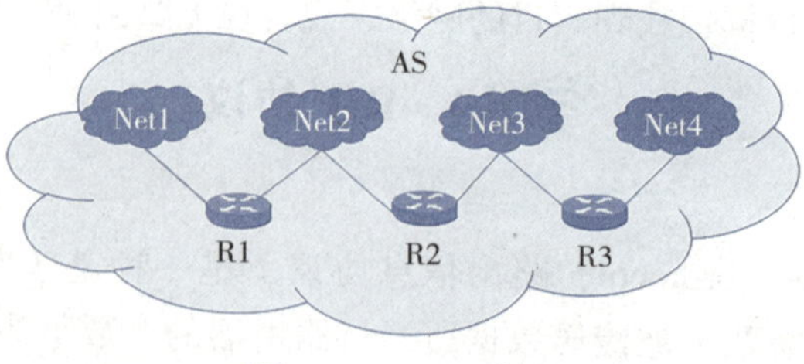

图 6-10　RIP 路由

第一轮交换：R1 和 R2 交换，R2 和 R3 交换，交换后 R2 从 R1 得到了到网络 1 的距离信息，从 R3 得到了到网络 4 的距离信息，即第一轮交换后 R2 得到了到本自治系统所有网络的距离信息。

第二轮交换：同样 R1 和 R2 交换，R2 和 R3 交换，由于 R2 已经包含了所有信息，所以经过此次交换后，R1 和 R3 也就得到了到本自治系统所有网络的到达信息。

说明： RIP 协议不能在两个网络之间同时使用多条路由，只能有一条最短距离的路由。

项目实施

任务一　配置静态路由

任务目的： 熟悉静态路由应用的场景，掌握配置静态路由的方法。

任务内容： 根据网络应用场景，规划静态路由，并进行配置。

任务环境： Cisco Packet Tracer 8.1。

任务步骤：

学校的两个校区都拥有相对独立的局域网。为了使校区之间能够正常通信，共享资源，在每个校区出口连接一台路由器，学校申请了公网一条 100 Mbit/s 的 DDN 专线，用于连接两台路由器实现两个校区的相互访问。在 Packet Tracer 中构建图 6-11 所示拓扑来模拟实际网络环境。

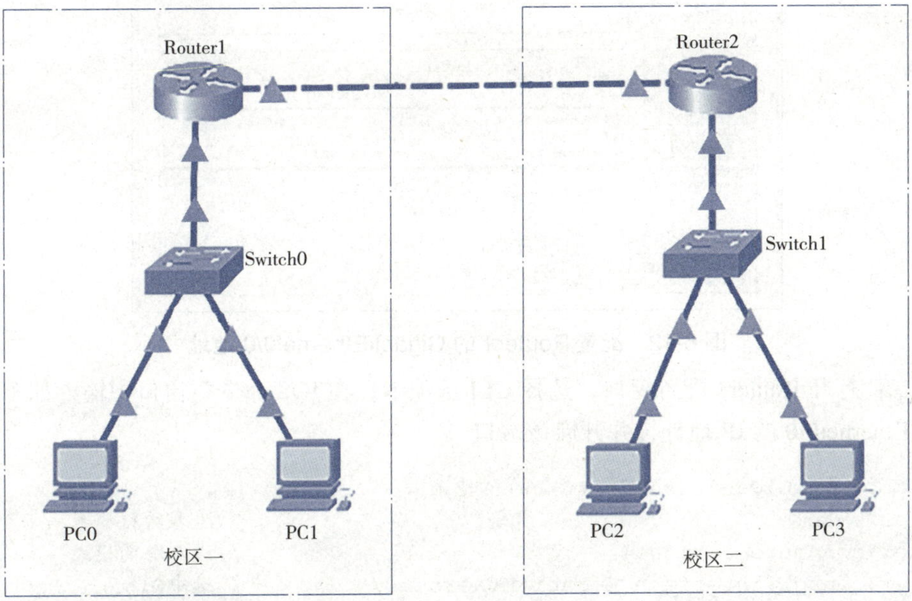

图 6-11　度量值与路径选择

步骤 1： 启动 Packet Tracer，根据图 6-11 所示拓扑，拖入两台 2911 路由器、两台 2960 交换机与四台 PC 到工作区，PC 到交换机、交换机到路由器用直通线连接，路由器之间使用交叉线连接，各设备连接端口及 IP 参数配置见表 6-2。

表 6-2 各设备连接端口号与 IP 地址参数表

设备名	端口号	IP	掩码	网关	备注
Router1	GigabitEthernet0/1	172.16.1.254	255.255.255.0	/	连接到 Switch0 端口 24
	GigabitEthernet0/0	10.10.10.1	255.255.255.252	/	连接到 Route1
Router2	GigabitEthernet0/1	192.168.1.254	255.255.255.0	/	连接到 Switch1 端口 24
	GigabitEthernet0/0	10.10.10.2	255.255.255.252	/	连接到 Route0
PC	PC0	172.16.1.1	255.255.255.0	172.16.1.254	连接到 Switch0 端口 1
	PC1	172.16.1.2	255.255.255.0	172.16.1.254	连接到 Switch0 端口 2
	PC2	192.168.1.1	255.255.255.0	192.168.1.254	连接到 Switch1 端口 1
	PC3	192.168.1.2	255.255.255.0	192.168.1.254	连接到 Switch1 端口 2

步骤 2：配置拓扑图中各设备（端口）IP 地址。

（1）配置路由器端口 IP 地址。

方法一：在 Packet Tracer 中，打开 Router1 配置窗口，选择 Config 选项卡，单击左侧窗格中的 GigabitEthernet0/0，为该端口配置 IP 地址（见图 6-12），并开启端口（port status）。

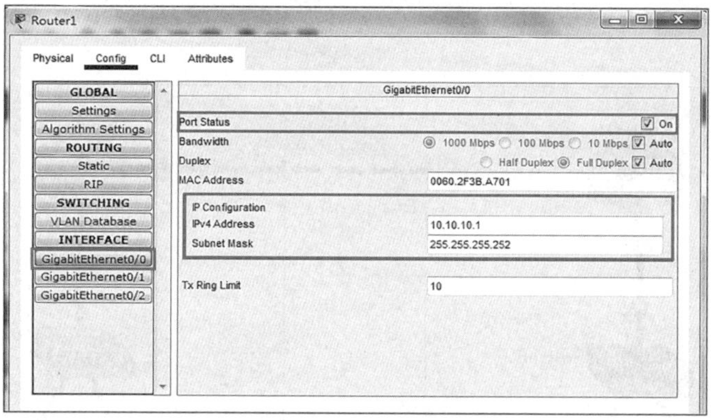

图 6-12 配置 Router1 的 GigabitEthernet0/0 地址

方法二：打开 Router1 配置窗口，选择 CLI 选项卡，在 IOS 命令行窗口中输入如下命令，配置 GigabitEthernet0/0 的 IP 地址，并开启该端口。

```
…//配置路由器GigabitEthernet0/0的IP地址
Router>enable                                        //进入特权模式
Router#configure terminal                            //进入全局模式
Router(config)#interface GigabitEthernet0/0          //选中GigabitEthernet0/0
Router(config-if)#ip address 10.10.10.1 255.255.255.252  //配置IP地址
Router(config-if)#no shutdown                        //开启端口
```

类似配置路由器其他端口。

（2）配置 PC0 的 IP 地址。

方法一：在 PC0 的配置窗口中，选择 Config 选项卡，单击 INTERFACE 下的 FastEthernet0，选中 Static 单选按钮，输入固定 IP 地址，如图 6-13 所示。

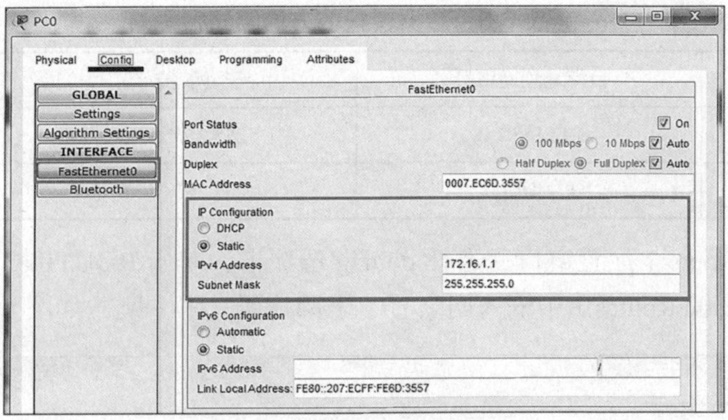

图 6-13　配置 PC0 的 IP 地址

在 Config 选项卡中单击 GLOBAL 下的 Settings，为 PC0 设置默认网关 Default Gateway，如图 6-14 所示。

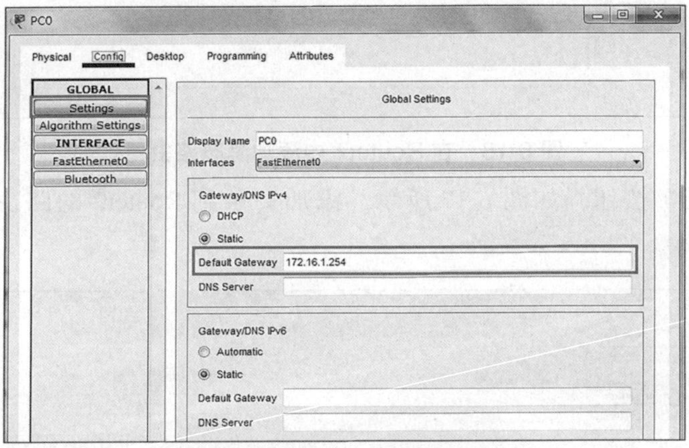

图 6-14　配置 PC0 的默认网关

方法二：在 PC0 的配置窗口中，选择 Desktop 选项卡，单击 IP Configuration，为 PC0 配置静态 IP 地址及默认网关，如图 6-15 所示。

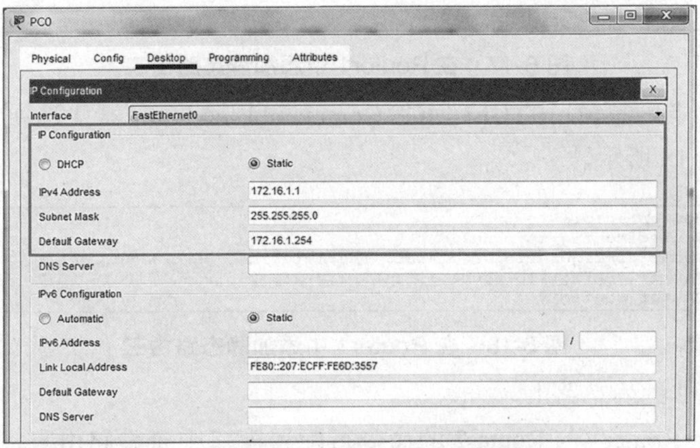

图 6-15　配置 PC0 的 IP 地址及默认网关

类似配置其他 PC 的 IP 地址及默认网关。

步骤 3：配置静态路由。分析该任务的网络结构，数据传输方向与路径见表 6-3。

表 6-3　数据传输的方向与路径

条 目 说 明	目标地址网络号	子 网 掩 码	下一跳 IP 地址
从校区一到校区二	192.168.1.0	255.255.255.0	10.10.10.2
从校区二到校区一	172.16.1.0	255.255.255.0	10.10.10.1

方法一：打开 Router1 配置窗口，选择 config 选项卡，单击 ROUTING 下的 Static，在右侧的静态路由表项（Static Routes）中输入网络号、子网掩码、下一跳，如图 6-16 所示。

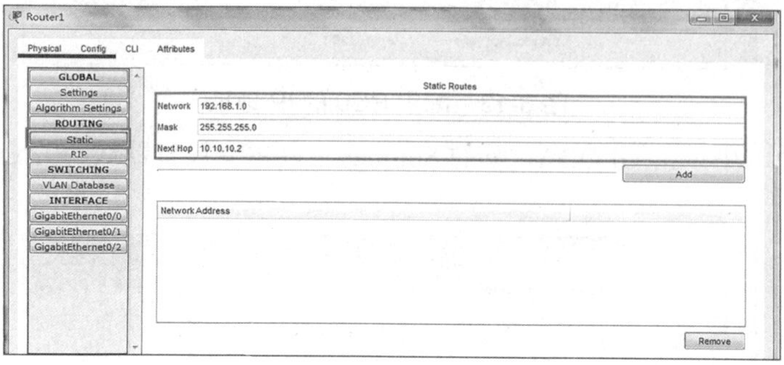

图 6-16　在 Router1 中添加静态路由一

单击添加（Add）按钮，如图 6-17 所示，添加一条到 Router2 的路由“192.168.1.0/24 via 10.10.10.2”。

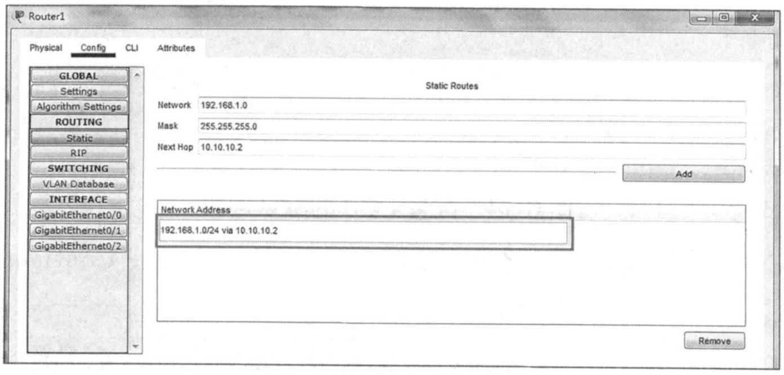

图 6-17　在 Router1 中添加静态路由二

方法二：在路由器配置窗口的 CLI（IOS Command Line Interface）选项卡中，使用 IOS 命令行进行操作，如图 6-18 所示。

```
Router>enable
Router#config terminal
Enter configuration commands, one per line.  End with CNTL/Z.
Router(config)#ip route 192.168.1.0 255.255.255.0 10.10.10.2
Router(config)#
```

图 6-18　在 Router1 中添加静态路由三

类似配置 Router2 的静态路由。

步骤 4：分别在 Router1 与 Router2 的命令行配置窗口中查看路由表，确认路由配置情况。图 6-19 所示为 Router1 中路由表信息；图 6-20 所示为 Router2 中路由表信息。

```
Router#show ip route
Codes: L - local, C - connected, S - static, R - RIP, M - mobile, B - BGP
       D - EIGRP, EX - EIGRP external, O - OSPF, IA - OSPF inter area
       N1 - OSPF NSSA external type 1, N2 - OSPF NSSA external type 2
       E1 - OSPF external type 1, E2 - OSPF external type 2, E - EGP
       i - IS-IS, L1 - IS-IS level-1, L2 - IS-IS level-2, ia - IS-IS inter
area
       * - candidate default, U - per-user static route, o - ODR
       P - periodic downloaded static route

Gateway of last resort is not set

     10.0.0.0/8 is variably subnetted, 2 subnets, 2 masks
C       10.10.10.0/30 is directly connected, GigabitEthernet0/0
L       10.10.10.1/32 is directly connected, GigabitEthernet0/0
     172.16.0.0/16 is variably subnetted, 2 subnets, 2 masks
C       172.16.1.0/24 is directly connected, GigabitEthernet0/1
L       172.16.1.254/32 is directly connected, GigabitEthernet0/1
S    192.168.1.0/24 [1/0] via 10.10.10.2
```

图 6-19　Router1 中路由表信息

```
Router#show ip route
Codes: L - local, C - connected, S - static, R - RIP, M - mobile,
B - BGP
       D - EIGRP, EX - EIGRP external, O - OSPF, IA - OSPF inter
area
       N1 - OSPF NSSA external type 1, N2 - OSPF NSSA external
type 2
       E1 - OSPF external type 1, E2 - OSPF external type 2, E -
EGP
       i - IS-IS, L1 - IS-IS level-1, L2 - IS-IS level-2, ia - IS-
IS inter area
       * - candidate default, U - per-user static route, o - ODR
       P - periodic downloaded static route

Gateway of last resort is not set

     10.0.0.0/8 is variably subnetted, 2 subnets, 2 masks
C       10.10.10.0/30 is directly connected, GigabitEthernet0/0
L       10.10.10.2/32 is directly connected, GigabitEthernet0/0
     172.16.0.0/24 is subnetted, 1 subnets
S       172.16.1.0/24 [1/0] via 10.10.10.1
     192.168.1.0/24 is variably subnetted, 2 subnets, 2 masks
C       192.168.1.0/24 is directly connected, GigabitEthernet0/1
L       192.168.1.254/32 is directly connected, GigabitEthernet0/1
```

图 6-20　Router2 中路由表信息

步骤 5：验证连通性。进入 PC0 的命令提示符界面，ping 校区二 PC3 的 IP 地址，如图 6-21 所示，表示两个校区的 PC 是连通的。

```
PC0
Physical  Config  Desktop  Programming  Attributes
Command Prompt

C:\>ping 192.168.1.1

Pinging 192.168.1.1 with 32 bytes of data:

Reply from 192.168.1.1: bytes=32 time<1ms TTL=126
Reply from 192.168.1.1: bytes=32 time<1ms TTL=126
Reply from 192.168.1.1: bytes=32 time<1ms TTL=126
Reply from 192.168.1.1: bytes=32 time<1ms TTL=126

Ping statistics for 192.168.1.1:
    Packets: Sent = 4, Received = 4, Lost = 0 (0% loss),
Approximate round trip times in milli-seconds:
    Minimum = 0ms, Maximum = 0ms, Average = 0ms
```

图 6-21　测试校区一到校区二的连通性

说明：如果发现从 PC0 到 PC3 不通，则可使用逐段 ping 的办法，比如，按照 ping 网关、本地路由器接口、对方路由器接口、对方网关的顺序，检测出现网络故障的节点，然后检查判断故障原因。

任务二　通过单臂路由实现 VLAN 间通信

任务目的：熟悉路由器子接口的应用，掌握路由器子接口的配置方法。

任务内容：通过路由器子接口的配置，实现局域网内 VLAN 间的互通。

任务环境：Cisco Packet Tracer 8.1。

任务步骤：

路由器包含的接口数量一般都比较少，有时为了拓展功能，会将某一个物理接口在逻辑上划分为多个子接口，可将这些子接口分别作为局域网内不同 VLAN 的网关，为其提供路由，从而实现 VLAN 间的互通，这样做的好处是可以节约设备，降低组网成本。需要说明的是，路由器的逻辑子接口不能被单独开启或关闭，当路由器接口开启或关闭时，其子接口也会随之被开启或关闭。基于项目四任务三中单一交换机 VLAN 划分，加入一台 2911 路由器设备，拓扑如图 6-22 所示。

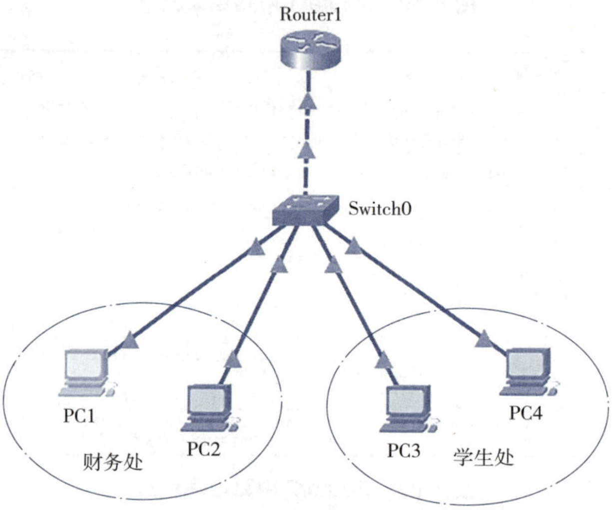

图 6-22　单臂路由实现 VLAN 间通信

步骤 1：启动 Packet Tracer，根据图 6-22 所示拓扑，拖入一台 2911 路由器、一台 2960 交换机与四台 PC 到工作区，PC 到交换机、交换机到路由器用直通线连接，各设备连接端口及 IP 参数配置见表 6-4。

表 6-4　各设备连接端口号与 IP 地址参数表

设备名	端口号		IP	掩码	网关	备注
Router1	GigabitEthernet0/0.10		192.168.10.254	255.255.255.0	/	Router1 的 GigabitEthernet0/0 连接到 Switch0 FastEthernet0/24
	GigabitEthernet0/0.20		192.168.20.254	255.255.255.0	/	
PC	VLAN10	PC1	192.168.10.1	255.255.255.0	192.168.10.254	连接到 Switch0 fa0/1
		PC2	192.168.10.2	255.255.255.0	192.168.10.254	连接到 Switch0 fa0/2
	VLAN20	PC3	192.168.20.1	255.255.255.0	192.168.20.254	连接到 Switch0 fa0/11
		PC4	192.168.20.2	255.255.255.0	192.168.20.254	连接到 Switch0 fa0/12

步骤 2：配置各 PC 的 IP 地址及默认网关。

在 PC1 的配置窗口中选择 Desktop 选项卡，单击 IP Configuration，为 PC0 配置静态 IP 地址及默认网关，如图 6-23 所示。

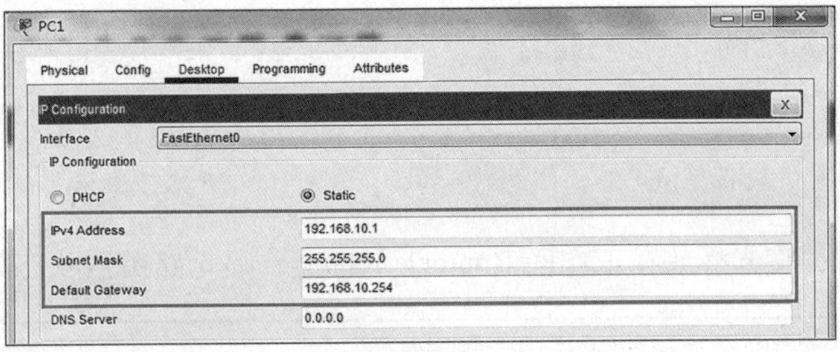

图 6-23　PC1 配置静态 IP 及默认网关

类似配置其他 PC 的 IP 地址及默认网关。

步骤 3：在交换机 Switch0 上配置 VLAN，并将上连路由器 Router1 的 FastEthernet0/24 端口配置为 Trunk 模式，且在 Trunk 链路上允许传输所有 VLAN 的数据包。

（1）创建 VALN10 与 VLAN20，参考命令示例如下：

```
Switch>enable                      //进入特权模式
Switch#conf  t                     //configure terminal的简写，进入全局模式
Switch(config)#vlan 10             //创建VLAN10
Switch(config-vlan)#exit
Switch(config)#vlan 20             //创建VLAN20
```

（2）将 fa0/1-10 加入 VLAN10，fa0/11-20 加入 VLAN20，在全局模式下输入以下命令：

```
Switch(config)#interface range fa0/1-10            //选择0/1至0/10端口
Switch(config-if-range)#switchport access vlan 10  //将选中的端口加入VLAN10中
Switch(config)#interface range fa0/11-20
Switch(config-if-range)#switchport  access vlan 20
```

（3）配置上连路由器 Router1 的 FastEthernet0/24 端口，参考命令如下：

```
Switch>enable                                  //进入特权模式
Switch#conf  t                          //configure terminal的简写，进入全局模式
Switch(config)#interface fastEthernet 0/24     //选择0/24端口
Switch(config-if)#switchport mode trunk        //将选中的端口设置为Trunk模式
Switch(config-if)#switchport trunk allowed vlan all  //允许该Trunk链路传输所有VLAN的数据包
```

步骤 4：在 Router1 上配置子端口 GigabitEthernet0/0.10、GigabitEthernet0/0.20，并将接口开启，参考命令示例如下：

```
…//配置路由器子接口
Router>enable
Router#configure terminal
Router(config)#interface g0/0.10                 //配置子接口GigabitEthernet0/0.10
Router(config-subif)#encapsulation dot1Q 10  //封装802.1q
Router(config-subif)#ip address 192.168.10.254 255.255.255.0   //配置IP地址
Router(config-subif)#exit
Router(config)#interface g0/0.20
Router(config-subif)#encapsulation dot1Q 20
```

```
Router(config-subif)#ip address 192.168.20.254 255.255.255.0
Router(config-subif)#exit
Router(config)#interface g0/0                          //选择0/0端口
Router(config-if)#no shutdown                          //开启（激活）端口
```

执行上述代码后，将光标放在工作区 Router1 图标上，显示路由器状态如图 6-24 所示。

```
Device Name: Router1
Device Model: 2911
Hostname: Router

Port                    Link  VLAN  IP Address         IPv6 Address                     MAC Address
GigabitEthernet0/0      Up    --    <not set>          <not set>                        0090.2B65.5D01
GigabitEthernet0/0.10   Up    --    192.168.10.254/24  <not set>                        0090.2B65.5D01
GigabitEthernet0/0.20   Up    --    192.168.20.254/24  <not set>                        0090.2B65.5D01
GigabitEthernet0/1      Down  --    <not set>          <not set>                        0090.2B65.5D02
GigabitEthernet0/2      Down  --    <not set>          <not set>                        0090.2B65.5D03
Vlan1                   Down  1     <not set>          <not set>                        0009.7C64.D530
```

图 6-24　PC0 配置静态 IP 及默认网关

步骤 5：单臂路由配置完成，查看 Router1 的路由表，如图 6-25 所示。

```
Router#show ip route
Codes: L - local, C - connected, S - static, R - RIP, M - mobile, B -
BGP
       D - EIGRP, EX - EIGRP external, O - OSPF, IA - OSPF inter area
       N1 - OSPF NSSA external type 1, N2 - OSPF NSSA external type 2
       E1 - OSPF external type 1, E2 - OSPF external type 2, E - EGP
       i - IS-IS, L1 - IS-IS level-1, L2 - IS-IS level-2, ia - IS-IS
inter area
       * - candidate default, U - per-user static route, o - ODR
       P - periodic downloaded static route

Gateway of last resort is not set

     192.168.10.0/24 is variably subnetted, 2 subnets, 2 masks
C       192.168.10.0/24 is directly connected, GigabitEthernet0/0.10
L       192.168.10.254/32 is directly connected, GigabitEthernet0/0.10
     192.168.20.0/24 is variably subnetted, 2 subnets, 2 masks
C       192.168.20.0/24 is directly connected, GigabitEthernet0/0.20
L       192.168.20.254/32 is directly connected, GigabitEthernet0/0.20
```

图 6-25　Router1 的路由表

步骤 6：验证连通性。用 PC1 ping PC3 PC4，可以看到通信正常，如图 6-26 所示，表示 VLAN10 与 VLAN20 是连通的。

```
PC1
Physical  Config  Desktop  Programming  Attributes
Command Prompt                                                X

C:\>ping 192.168.20.1

Pinging 192.168.20.1 with 32 bytes of data:

Reply from 192.168.20.1: bytes=32 time<1ms TTL=127
Reply from 192.168.20.1: bytes=32 time<1ms TTL=127
Reply from 192.168.20.1: bytes=32 time=1ms TTL=127
Reply from 192.168.20.1: bytes=32 time<1ms TTL=127

Ping statistics for 192.168.20.1:
    Packets: Sent = 4, Received = 4, Lost = 0 (0% loss),
Approximate round trip times in milli-seconds:
    Minimum = 0ms, Maximum = 1ms, Average = 0ms
```

图 6-26　PC1 ping PC3

同样，如果发现从 PC1 到 PC3 不通，也可使用逐段 ping 的办法，ping VALN 10 网关、路由器子接口 GigabitEthernet0/0.10、路由器子接口 GigabitEthernet0/0.20、VLAN20 网关的 IP 地址，检测出现网络故障的节点，然后检查判断故障原因。

任务三　使用三层交换机实现 VLAN 间通信

任务目的： 熟悉三层交换机的应用，掌握 VLAN 路由的配置方法。

任务内容： 通过三层交换机实现局域网内 VLAN 间的互通。

任务环境： Cisco Packet Tracer 8.1。

任务步骤：

三层交换机是在二层交换机的基础上增加了三层功能，支持 IP 协议栈的路由功能。它通常具有独立的转发芯片和控制芯片，主要通过硬件进行数据转发，这使其相比路由器能够更快地处理数据包。三层交换机可以通过路由处理不同 VLAN 间的流量，实现主机在不同 VLAN 之间的通信，从而实现虚拟局域网的互通。在网络工程中，内部网络核心交换机都是使用三层交换机，三层交换机主要用于 Intranet 内部的以太网分组转发，而路由器作为连接互联网和 Intranet 内网之间的网关来使用。

基于项目四任务四中跨交换机 VLAN 划分，加入一台 3560 交换机设备，实现两个 VLAN 互通，拓扑如图 6-27 所示。

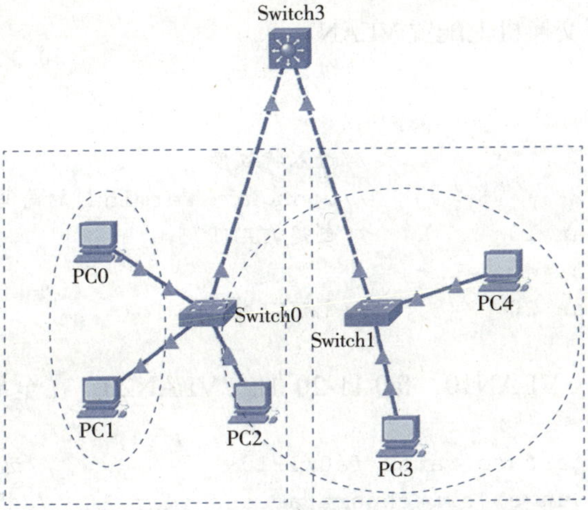

图 6-27　使用三层交换机实现 VLAN 间通信

步骤 1： 启动 Packet Tracer，根据图 6-27 所示拓扑，拖入一台 3560 交换机、两台 2960 交换机与五台 PC 到工作区，PC 到交换机用直通线连接，交换机到交换机使用交叉线连接，各设备连接端口及 IP 参数配置见表 6-5。

表 6-5　各设备连接端口号与 IP 地址参数表

设备名	端口号		IP	掩码	网关	备注
Switch3	VLAN10		192.168.10.254	255.255.255.0	/	F0/1 连接到 switch0
	VLAN20		192.168.20.254	255.255.255.0	/	F0/2 连接到 switch1
Switch0	Fa0/24		/	/	/	连接到 Switch3 Fa0/1
Switch1	Fa0/24		/	/	/	连接到 Switch3 Fa0/2
PC	VLAN10	PC0	192.168.10.1	255.255.255.0	192.168.10.254	连接到 Switch0 Fa0/1
		PC1	192.168.10.2	255.255.255.0	192.168.10.254	连接到 Switch0 Fa0/2
	VLAN20	PC2	192.168.20.1	255.255.255.0	192.168.20.254	连接到 Switch0 Fa0/11
		PC3	192.168.20.2	255.255.255.0	192.168.20.254	连接到 Switch1 Fa0/11
		PC4	192.168.20.3	255.255.255.0	192.168.20.254	连接到 Switch1Fa0/12

步骤 2：配置各 PC 的 IP 地址及默认网关。

在 PC0 的配置窗口中，选择 Desktop 选项卡，单击 IP Configuration，为 PC0 配置静态 IP 地址及默认网关，如图 6-28 所示。

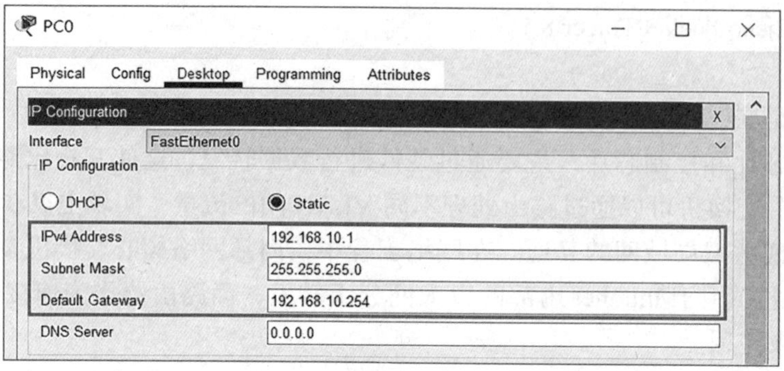

图 6-28　PC0 配置静态 IP 及默认网关

类似配置其他 PC 的 IP 地址及默认网关。

步骤 3：在两台二层交换机上配置 VLAN。

（1）创建 VLAN。

```
Switch>enable                          //进入特权模式
Switch#conf  t                         //configure terminal的简写，进入全局模式
Switch(config)#vlan 10                 //创建VLAN10
Switch(config-vlan)#exit
Switch(config)#vlan 20                 //创建VLAN20
```

（2）将 fa0/1-10 加入 VLAN10，fa0/11-20 加入 VLAN20，在全局模式下输入以下命令：

```
Switch(config)#interface range fa0/1-10              //选择0/1至0/10端口
Switch(config-if-range)#switchport access vlan 10   //将选中的端口加入VLAN10中
Switch(config)#interface range fa0/11-20
Switch(config-if-range)#switchport  access vlan 20
```

类似配置另一台二层交换机。

步骤 4：将二层交换机与三层交换机相连的端口都配置成 Trunk 模式。参考命令如下：

（1）配置二层交换机上连三层交换机的端口为 Trunk 模式。

```
…//配置交换机Switch0上Fa0/24为Trunk模式
Switch>
Switch>enable
Switch#configure terminal
Switch(config)#interface fa0/24
Switch(config-if)#switchport mode trunk
```

类似配置交换机 Switch1 上 Fa0/24 为 Trunk 模式。

（2）配置三层交换机 Switch3 连接二层交换机的端口为 Trunk 模式。

```
…//配置交换机Switch3上Fa0/1与Fa0/2为Trunk模式
Switch>enable
Switch#configure terminal
Switch(config)#interface fa0/1
Switch(config-if)#switchport mode trunk      //将选中的端口设置为Trunk模式
Switch(config-if)#switchport trunk allowed vlan all //允许该Trunk链路传输所有VLAN的数据包
Switch(config-if)#interface fa0/2
Switch(config-if)#switchport mode trunk
Switch(config-if)#switchport trunk allowed vlan all
```

步骤 5：在三层交换机上创建相应的 VALN，并配置 VLAN 虚接口的 IP 地址，并开启路由功能。参考命令如下：

```
… //在交换机Switch3上创建VLAN10与VLAN20
Switch>enable
Switch#configure terminal
Switch(config)#vlan 10
Switch(config-vlan)#exit
Switch(config)#vlan 20
//配置VLAN10与VLAN20的IP地址
Switch(config)#interface vlan 10
Switch(config-if)#ip address 192.168.10.254 255.255.255.0
Switch(config-if)#exit
Switch(config)#interface vlan 20
Switch(config-if)#ip address 192.168.20.254 255.255.255.0
Switch(config-if)#exit
Switch(config)#ip routing        //开启路由
```

步骤 6：查看三层交换机的路由表，并验证连通性。如图 6-29 所示，在 IOS 的特权模式下，输入 show ip route，看到两条直连路由。用 PC0 ping PC2 与 PC3，可以看到通信正常，表示两个 VLAN10 与 VLAN20 是互通的。

```
Switch#show ip route
Codes: C - connected, S - static, I - IGRP, R - RIP, M - mobile, B -
BGP
       D - EIGRP, EX - EIGRP external, O - OSPF, IA - OSPF inter area
       N1 - OSPF NSSA external type 1, N2 - OSPF NSSA external type 2
       E1 - OSPF external type 1, E2 - OSPF external type 2, E - EGP
       i - IS-IS, L1 - IS-IS level-1, L2 - IS-IS level-2, ia - IS-IS
inter area
       * - candidate default, U - per-user static route, o - ODR
       P - periodic downloaded static route

Gateway of last resort is not set

C    192.168.10.0/24 is directly connected, Vlan10
C    192.168.20.0/24 is directly connected, Vlan20
```

图 6-29　Switch3 的路由表

任务四　RIP 协议配置

任务目的：熟悉 RIP 协议，掌握 RIP 路由的配置方法。

任务内容：通过 RIP 路由实现三个校区网络的互通。

任务环境：Cisco Packet Tracer 8.1。

任务步骤：

学校有三个校区，每个校区是一个相对独立的局域网，通过专线将每个校区出口的路由器进行连接，为了简化网络的管理维护工作，采用 RIP 协议实现三校区路由互通，使得三个校区能够正常相互通信、共享资源。在 Packet Tracer 中构建图 6-29 所示拓扑模拟实际网络环境。

步骤 1：启动 Packet Tracer，根据图 6-30 所示拓扑，拖入三台 2911 路由器、三台 2960 交换机与三台 PC 到工作区，PC 到交换机、交换机到路由器用直通线连接，路由器之间使用交叉线连接，各设备连接端口及 IP 参数配置见表 6-6。

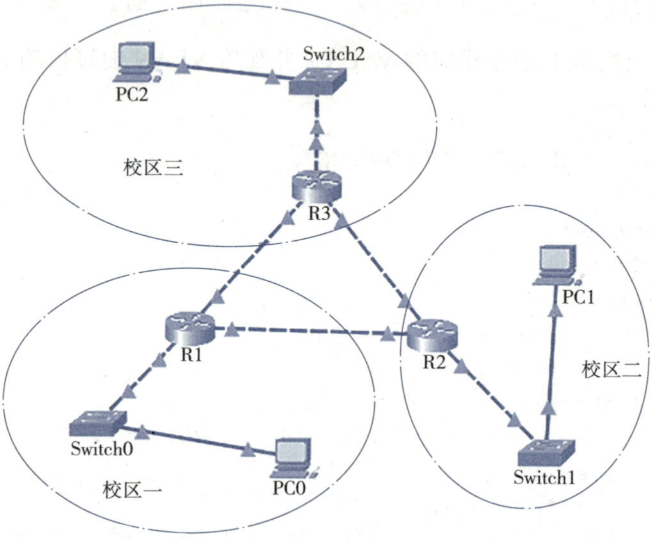

图 6-30　配置 RIP 路由

表 6-6　各设备连接端口号与 IP 地址参数表

设备名	端口号	IP	掩码	网关	备注
R1	G0/0	192.168.30.254	255.255.255.0	/	连接到 Switch0 G0/1
	G0/1	10.10.10.1	255.255.255.252	/	连接到 R3 端口 G0/1
	G0/2	10.10.10.6	255.255.255.252	/	连接到 R2 端口 G0/2
R2	G0/0	192.168.50.254	255.255.255.0	/	连接到 Switch1 G0/1
	G0/1	10.10.10.9	255.255.255.252	/	连接到 R3 端口 G0/2
	G0/2	10.10.10.5	255.255.255.252	/	连接到 R1 端口 G0/2
R3	G0/0	192.168.10.254	255.255.255.0	/	连接到 Switch2 G0/1
	G0/1	10.10.10.2	255.255.255.252	/	连接到 R1 端口 G0/1
	G0/2	10.10.10.10	255.255.255.252	/	连接到 R2 端口 G0/1
PC	PC0	192.168.30.1	255.255.255.0	192.168.30.254	连接到 Switch0 端口 1
	PC1	192.168.50.1	255.255.255.0	192.168.50.254	连接到 Switch1 端口 1
	PC2	192.168.10.1	255.255.255.0	192.168.10.254	连接到 Switch2 端口 1

步骤 2：配置各 PC 的 IP 地址及默认网关。

在 PC0 的配置窗口中，选择 Desktop 选项卡，单击 IP Configuration，为 PC0 配置静态 IP 地址及默认网关，如图 6-31 所示。

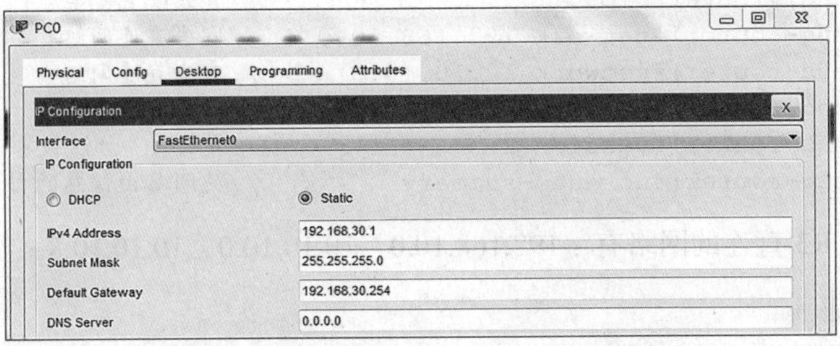

图 6-31　配置 PC0 的 IP 地址与默认网关

类似配置其他 PC 的 IP 地址及默认网关。

步骤 3：配置路由器 R1 连接端口的 IP 地址，并开启，参考命令如下：

```
Router>enable
Router#configure  terminal
Router(config)#interface GigabitEthernet 0/0
Router(config-if)#ip address 192.168.30.254 255.255.255.0
Router(config-if)#no shutdown
Router(config-if)#exit
Router(config)#interface GigabitEthernet 0/1
Router(config-if)#ip address 10.10.10.1 255.255.255.252
Router(config-if)#no shutdown
Router(config-if)#exit
Router(config)#interface GigabitEthernet 0/2
Router(config-if)#ip address 10.10.10.6 255.255.255.252
Router(config-if)#no shutdown
```

类似配置路由器 R2、R3 的 IP 地址及默认网关。

步骤 4：在三台路由器上配置 RIP 路由。

（1）路由器 R1 直连的网络有：192.168.30.0、10.10.10.0、10.10.10.4；参考命令如下：

```
Router>enable
Router#configure terminal
Router(config)#router rip                     //开始配置RIP
Router(config-router)#network 192.168.30.0    //宣告直连网络
Router(config-router)#network 10.10.10.0      //宣告直连网络
Router(config-router)#network 10.10.10.4      //宣告直连网络
Router(config-router)#version 2               //定义RIP协议版本为RIPv2版
Router(config-router)#no auto-summary         //关闭路由信息的自动汇总功能
```

（2）路由器 R2 直连的网络有：192.168.50.0、10.10.10.8、10.10.10.4；参考命令如下：

```
Router>enable
Router#configure terminal
Router(config)#router rip                          //开始配置RIP
Router(config-router)#network 192.168.50.0         //宣告直连网络
Router(config-router)#network 10.10.10.8           //宣告直连网络
Router(config-router)#network 10.10.10.4           //宣告直连网络
Router(config-router)#version 2                    //定义RIP协议版本为RIPv2版
Router(config-router)#no auto-summary              //关闭路由信息的自动汇总功能
```

（3）路由器 R3 直连的网络有：192.168.10.0、10.10.10.0、10.10.10.8；参考命令如下：

```
Router>enable
Router#configure terminal
Router(config)#router rip                          //开始配置RIP
Router(config-router)#network 192.168.10.0         //宣告直连网络
Router(config-router)#network 10.10.10.0           //宣告直连网络
Router(config-router)#network 10.10.10.8           //宣告直连网络
Router(config-router)#version 2                    //定义RIP协议版本为RIPv2版
Router(config-router)#no auto-summary              //关闭路由信息的自动汇总功能
```

步骤 5：经过以上配置，可看到图 6-29 模拟拓扑中各节点变成绿色，并且各节点能 ping 通。在路由器 IOS 的特权模式下输入 show ip route 命令，其中条目为 R 的路由，即是 RIP 协议协商生成的路由，图 6-32 所示为 R1 的路由表。

```
Router#show ip route
Codes: L - local, C - connected, S - static, R - RIP, M - mobile, B - BGP
       D - EIGRP, EX - EIGRP external, O - OSPF, IA - OSPF inter area
       N1 - OSPF NSSA external type 1, N2 - OSPF NSSA external type 2
       E1 - OSPF external type 1, E2 - OSPF external type 2, E - EGP
       i - IS-IS, L1 - IS-IS level-1, L2 - IS-IS level-2, ia - IS-IS inter
area
       * - candidate default, U - per-user static route, o - ODR
       P - periodic downloaded static route

Gateway of last resort is not set

     10.0.0.0/8 is variably subnetted, 5 subnets, 2 masks
C       10.10.10.0/30 is directly connected, GigabitEthernet0/1
L       10.10.10.1/32 is directly connected, GigabitEthernet0/1
C       10.10.10.4/30 is directly connected, GigabitEthernet0/2
L       10.10.10.6/32 is directly connected, GigabitEthernet0/2
R       10.10.10.8/30 [120/1] via 10.10.10.2, 00:00:20, GigabitEthernet0/1
                      [120/1] via 10.10.10.5, 00:00:20, GigabitEthernet0/2
R    192.168.10.0/24 [120/1] via 10.10.10.2, 00:00:20, GigabitEthernet0/1
     192.168.30.0/24 is variably subnetted, 2 subnets, 2 masks
C       192.168.30.0/24 is directly connected, GigabitEthernet0/0
L       192.168.30.254/32 is directly connected, GigabitEthernet0/0
R    192.168.50.0/24 [120/1] via 10.10.10.5, 00:00:20, GigabitEthernet0/2
```

图 6-32　R1 的路由表

素质拓展

构筑中国宽带网络心脏的路由器

自 20 世纪末，我国的宽带网络普及已经开始，但很长一段时间以来，电信级的核心路由器依赖进口，直到 2001 年“银河玉衡 9108”的出现。

“银河玉衡 9108”是国内第一台拥有自主知识产权的高端线速核心路由器，由中国工程院院士卢锡城担任总设计师和总指挥，苏金树担任副总设计师，带领一批青年科技人员研制完成。该路由器采用高速分布式路由体系结构和先进的高速交换阵列，具备超过 40 Gbit/s 的交换能力以及高达 25 Mpacket/s 报文转发能力，可以实现线速 IP 报文转发，它还支持 IP/SDH/DWDM 等技术，具备 2.5 Gbit/s POS 高速接口，提供 TCP/IP 网络协议、路由协议（RIPv2、OSPFv2、BGP4）、网络管理协议(SNMP)、并具备访问控制和过滤等安全机制。其控制和管理界面设计友好，便于操作。该设备的整体技术在国内处于领先水平，其主要技术指标实现了突破性的提升，达到了与当时国际主流高端网络产品相当的水平。而银河玉衡 9108 的价格，不到国外同类产品的一半。随着技术的进一步优化，银河玉衡系列设备的信息吞吐量提升至每秒达 722 亿比特位以上，相当于每秒能传输 45 亿个汉字。到 2006 年，已有 200 多套系统应用于国家和国防网络基础设施的安全建设中。

思考与练习

一、填空题

1. 路由器根据________表决定数据包的转发路径。

2. 当路由器收到一个数据包，无法在其路由表中找到与目的地 IP 地址匹配的条目时，它就会使用________将数据包发送到指定的下一跳地址或出口接口。

3. ________路由协议是一种动态路由协议，以跳数为度量来衡量到达目标网络的距离，能够根据网络的变化更新路由信息。

二、简答题

1. 什么是路由表？它包含哪些信息？

2. 简述 RIP 协议的工作原理及配置步骤。

项目七
使用无线局域网

项目导读

在校园网运维过程中，经常遇到办公室内增加的 PC 或其他设备接入校园网络而又缺少网线、接口的场景，如果重新布线，不仅施工难度大，而且会影响室内美观。小飞发现，这时候，较好的解决方法就是使用无线局域网，接入一台无线路由器，使得办公室内的设备都能通过无线网络上网。

知识导图

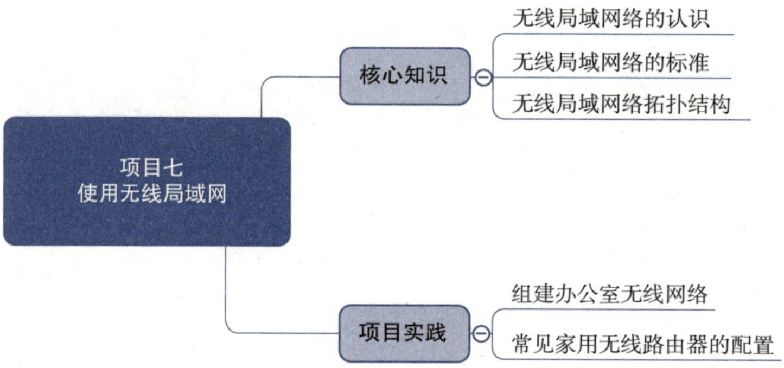

项目目标

知识目标

1. 了解无线局域网的基本概念及其特点。
2. 熟悉常用无线局域网的协议标准及其特点。
3. 熟悉基本的无线局域网络的拓扑结构。

技能目标

1. 熟练掌握常见无线路由器的配置与使用。
2. 能够根据实际业务需求规划组建无线网络。

素养目标

1. 通过对无线网络新技术、标准的学习，培养学生持续学习和创新意识。
2. 树立网络安全意识，了解无线网络基本的网络安全防护措施，确保无线网络的安全性。

知识准备

7.1 无线局域网络的认识

视 频

无线局域网络的认识

通信网络随着 Internet 的飞速发展，从传统的布线网络发展到无线网络，作为无线网络之一的无线局域网（wireless local area network, WLAN），满足了人们实现移动办公的梦想。无线局域网是指以无线信道作为传输媒介的计算机网络，它是无线通信技术与计算机网络技术相结合的产物，它以无线多址信道作为传输媒介，提供传统有线局域网（local area network, LAN）的功能，能够使用户真正实现随时、随地、随意的宽带网络接入。无线局域网抗干扰性强、网络保密性好。有线局域网中的诸多安全问题，在无线局域网中基本上可以避免。而且相对于有线网络，无线局域网组建、配置和维护较为容易，一般计算机工作人员都可以胜任网络的管理工作。由于 WLAN 具有多方面的优点，其发展十分迅速，在最近几年里，WLAN 已经在医院、商店、工厂和学校等不适合网络布线的场合得到了广泛应用。

1. 无线局域网络的构成

如图 7-1 所示，在 WLAN 网络中，工作站使用自带的 WLAN 网卡，通过电磁波连接到无线局域网接入 AP 形成类似于星形的拓扑结构。

（1）工作站。工作站（station, STA）是一个配备了无线网络设备的网络节点。具有无线网卡的 PC 称为无线客户端。无线客户端能够直接相互通信或通过无线接入点（access point, AP）进行通信。由于无线客户端采用了无线连接，因此具有可移动的功能。

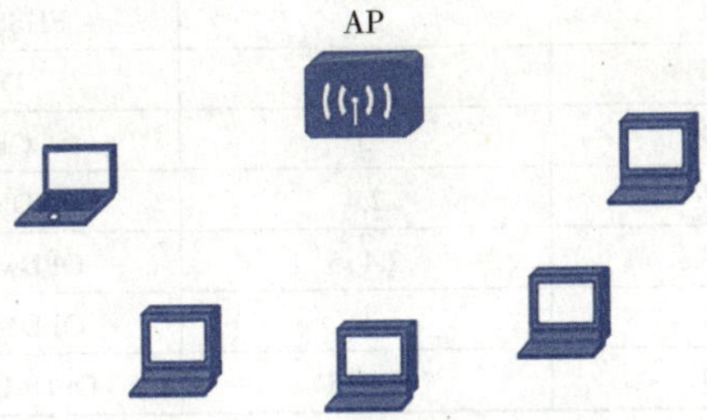

图 7-1 无线局域网

（2）无线 AP（无线接入点）。

在典型的 WLAN 环境中，主要有发送和接收数据的设备，称为接入点 / 热点 / 网络桥接器。无线 AP 是在工作站和有线网络之间充当桥梁的无线网络节点，它的作用相当于原来的交换机或者集线器，无线 AP 本身可以连接到其他无线 AP，但是最终还是要有一个无线设备接入有线网来实现互联网的接入。

无线 AP 类似于移动电话网络的基站。无线客户端通过无线 AP 同时与有线网络和其他无线客户端通信。无线 AP 是不可移动的，只用于充当扩展有线网络的外围桥梁。

2. 无线局域网的特点

WLAN 开始是作为有线局域网络的延伸而存在，各团体、企事业单位广泛地采用了 WLAN 技术来构建其办公网络，但随着应用的进一步发展，WLAN 正逐渐从传统意义上的局域网技术发展成为“公共无线局域网”，成为国际互联网宽带接入手段。

（1）灵活性和移动性。在有线网络中，网络设备的安放位置受网络位置的限制，而无线局域网在无线信号覆盖区域内的任何一个位置都可以接入网络。无线局域网另一个最大的优点在于其移动性，连接到无线局域网的用户可以移动且能同时与网络保持连接。

（2）安装便捷。无线局域网可以免去或最大限度地减少网络布线的工作量，一般只要安装一个或多个接入点设备，就可建立覆盖整个区域的局域网络。

（3）易于进行网络规划和调整。对于有线网络来说，办公地点或网络拓扑的改变通常意味着重新建网。重新布线是一个昂贵、费时、浪费和琐碎的过程，无线局域网可以避免或减少以上情况的发生。

（4）故障定位容易。有线网络一旦出现物理故障，尤其是由于线路连接不良而造成的网络中断，往往很难查明，而且检修线路需要付出很大的代价。无线网络则很容易定位故障，只需更换故障设备即可恢复网络连接。

（5）易于扩展。无线局域网有多种配置方式，可以很快从只有几个用户的小型局域网扩展到上千用户的大型网络，并且能够提供节点间"漫游"等有线网络无法实现的特性。

7.2 无线局域网络的标准

局域网协议标准的结构主要包括物理层和数据链路层，有线局域网和无线局域网的不同主要体现在这两层上，因此，WLAN 标准主要是针对物理层和媒质访问控制层（MAC），涉及所使用的无线频率范围、空中接口通信协议等技术规范与技术标准见表 7-1。

表 7-1 IEEE 802.11 标准

名　称	发布时间 / 年	工作频段 /GHz	物理层技术	传输速率
802.11	1997	2.4	FHSS/DSSS	2 Mbit/s
802.11b	1999	2.4	DSSS	11 Mbit/s
802.11a	1999	5	OFDM	54 Mbit/s
802.11g	2003	2.4	OFDM/DSSS	54 Mbit/s
802.11n	2007	2.4 /5	OFDM/MIMO	450 Mbit/s
802.11ac	2014	5	OFDM/MIMO	866.7 Mbit/s
802.11ax	2019	2.4 /5	OFDMA/MIMO	2.4 Gbit/s

1. IEEE 802.11X 标准

（1）IEEE 802.11。1990 年 IEEE 802 标准化委员会成立 IEEE 802.11 WLAN 标准工作组。IEEE 802.11（别名：wireless fidelity，Wi-Fi，无线保真）是在 1997 年 6 月由大量的局域网以及计算机专家审定通过的标准，该标准定义物理层和媒体访问控制（MAC）规范。物理层定义了数据传输的信号特征和调制，定义了两个 RF（radio frequency，射频）传输方法和一个红外线传输方法，RF 传输标准是跳频扩频和直接序列扩频，工作在 2.4 ~ 2.483 5 GHz 频段。而 WLAN 由于其传输介质及移动性的特点，采用了与有线局域网有所区别的 MAC 层协议。

IEEE 802.11 是 IEEE 最初制定的一个无线局域网标准，主要用于办公室局域网和校园网中用户与用户终端的无线接入，业务主要限于数据访问，速率最高只能达到 2 Mbit/s。由于它在速率和传输距离上都不能满足人们的需要，所以 IEEE 802.11 标准被 IEEE 802.11b 所取代。

（2）IEEE 802.11b。1999 年 9 月 IEEE 802.11b 被正式批准，该标准规定 WLAN 工作频段在 2.4 ~ 2.483 5 GHz，数据传输速率达到 11 Mbit/s，使用范围在室外为 300 m，在办公环境中最长为 100 m。该标准是对 IEEE 802.11 的一个补充，采用补码键控调制技术（complementary code keying, CCK），并且采用点对点模式（Ad-Hoc）和基本模式（infrastructure）两种运作模式，在数据传输速率方面可以根据实际情况在 11 Mbit/s、5.5 Mbit/s、2 Mbit/s、1 Mbit/s 的不同速率间自动切换，它改变了 WLAN 设计状况，扩大了 WLAN 的应用领域。

IEEE 802.11b 已被多数厂商所采用，所推出的产品广泛应用于办公室、家庭、宾馆、车站、机场等场合，但是由于许多 WLAN 新标准的出现，IEEE 802.11a/g/n/ac 更是备受业界关注。

（3）IEEE 802.11a。1999 年 IEEE 802.11a 标准制定完成，该标准规定 WLAN 工作频段在 5.15~5.825 GHz，数据传输速率达到 54 Mbit/s，传输距离控制在 10 ~ 100 m。该标准也是 IEEE 802.11 的一个补充，物理层采用正交频分复用（OFDM）的独特扩频技术，采用 QFSK 调制方式，可提供 25 Mbit/s 的无线 ATM 接口和 10 Mbit/s 的以太网无线帧结构接口，支持多种业务如话音、数据和图像等，可以接入多个用户，每个用户可带多个用户终端。

IEEE 802.11a 标准是 IEEE 802.11b 的后续标准，其设计初衷是取代 802.11b 标准。然而，工作于 2.4 GHz 频带是不需要执照的，该频段属于工业、教育、医疗等专用频段 ISM，是公开的。工作于 5.15 ~ 5.825 GHz 频段是需要执照的，因此一些公司更加看好最新混合标准 802.11g。

（4）IEEE 802.11g。2003 年 6 月，IEEE 推出 IEEE 802.11g 认证标准，该标准拥有 IEEE 802.11a 的传输速率，安全性较 IEEE 802.11b 好，采用两种调制方式，含 IEEE 802.11a 中采用的 OFDM 与 IEEE 802.11b 中采用的 CCK，做到与 802.11a 和 802.11b 兼容。

（5）IEEE 802.11n。2009 年 9 月通过的标准。通过对 802.11 物理层和 MAC 层的技术改进，无线通信在吞吐量和可靠性方面都获得显著提高，速率可达到 300 Mbit/s，其核心技术为 MIMO（多入多出）+OFDM（正交频分复用）技术，同时 802.11n 可以工作在双频模式，包含 2.4 GHz 和 5 GHz 两个工作频段，可以与 802.11a/b/g 标准兼容，采用此标准的设备正逐步被采用 802.11ac 标准的设备所取代。

（6）IEEE 802.11ac。此标准草案发布于 2011 年，2014 年 1 月发布正式版本。802.11ac 是一个 802.11 无线局域网（WLAN）通信标准，它通过 5 GHz 频带进行通信。它能够提供最少 1 Gbit/s 带宽进行多站式无线局域网通信。由于多数的 802.11n 设备是为 2.4 GHz 频段设计的，而 2.4 GHz 本身的可用信道较少，同时还有其他工作于 2.4 GHz 频段的设备（如蓝牙、微波炉、无线监视摄像机等）的干扰，即使其连接速率能达到 300 Mbit/s，但是实际网络环境中，由于相互的信道冲突等原因，其实际吞吐并不高，用户体验差。802.11ac 专门为 5 GHz 频段设计，其特有的新射频特点，能够将现有的无线局域网的性能吞吐提高到与有线吉比特级网络相媲美的程度。

（7）802.11ax。802.11ax 是在 802.11ac 优势的基础上构建的第六代 Wi-Fi，可提供更大的无线容量和可靠性，能满足高密度场景下用户速率和体验需求，于 2019 年推出。与 802.11ac 不同，802.11ax 是一种 2.4 GHz 和 5 GHz 的双频技术，可与 802.11a/g/n/ac 客户端高效共存。802.11ax 采用 OFDMA（orthogonal frequency division multiple access，正交频分多址），允许资源单元（RU）根据客户端的需求划分带宽，并以更快的速度为多位用户带来相同的体验，可支持 160 Hz 带宽，最高达 9.6 Git/s 速率。

2. 其他无线局域网标准

目前使用较广泛的无线通信技术有蓝牙（bluetooth）、红外数据传输（IrDA），同时还有一些具有发展潜力的近距无线技术标准，它们分别是 ZigBee、WiMAX、超宽频（ultra wideBand, UWB）、短距通信（NFC）、NB-IoT、WiMedia、GPRS、EDGE。它们都有其立足的特点，或基于传输速度、距离、耗电量的特殊要求；或着眼于功能的扩充性；或符合某些单一应用的特别要求；或建立竞争技术的差异化等，但是没有一种技术可以完美到足以满足所有的需求。

（1）蓝牙技术（bluetooth technology）。蓝牙技术是使用 2.4 GHz 频段传输的一种短距离、低成本的无线接入技术，主要应用于近距离的语言和数据传输业务。蓝牙设备的工作频段选用全世界范围内都可自由使用 2.4 GHz 的 ISM 频段，其数据传输速率为 1 Mbit/s，蓝牙系统具有足够高的抗干扰能力，设备简单、性能优越。根据其发射功率的不同，蓝牙设备之间的有效通信距离为 10 ～ 100 m。

随着近年来个人通信的发展，蓝牙技术得到广泛的推广应用，目前最新的蓝牙技术标准速率达到 24 Mbit/s，广泛应用于手机、耳机、便携式计算机、PDA 等个人电子消费品中。

（2）UWB。UWB 是一种新兴的高速短距离通信技术，在短距离（10 m 左右）有很大优势，最高传输速度可达 1 Gbit/s。UWB 技术覆盖的频谱范围很宽，发射功率非常低。一般要求 UWB 信号的传输范围为 10 m 以内，其传输速率可达 500 Mbit/s，是实现个人通信和无线局域网的一种理想调制技术，完全可以满足短距离家庭娱乐应用需求，直接传输宽带视频数码流。

（3）ZigBee（IEEE 802.15.4）。ZigBee 是一种新兴的短距离、低功率、低速率无线接入技术。工作的速率范围为 20 ～ 250 kbit/s，传输距离为 10 ～ 75 m，ZigBee 技术和蓝牙接近，但大多时候处于睡眠模式，适合于不需实时传输或连续更新的场合。ZigBee 采用基本的主从结构配合静态的星形网络，因此更适合于使用频率低、传输速率低的设备。由于激活时延短，仅 15 ms，低功耗等特点，ZigBee 将成为未来自动监控、遥控领域的新技术。

（4）WiMAX 技术。WiMAX（worldwide interoperability for microwave access，全球微波互联接入）另一个名字是 802.16。WiMAX 是一项新兴的宽带无线接入技术，能提供面向互联网的高速连接，数据传输距离最远可达 50 km。WiMAX 还具有 QoS 保障、传输速率高、业务丰富多样等优点。WiMAX 的技术起点较高，采用了代表未来通信技术发展方向的 OFDM/OFDMA、AAS、MIMO 等先进技术，WiMAX 是一种为企业和家庭用户提供“最后一公里”服务的宽带无线连接方案。

（5）IrDA（infrared data association）红外技术。红外通信一般采用红外波段内的近红外线、波长 0.75 ～ 25 μm。由于波长短，对障碍物的衍射能力差，所以其更适合应用在需要短距离无线点对点的场合。1996 年，IrDA 发布了 IrDA 1.1 标准，即 fast infrared，简称 FIR，速率可达 4 Mbit/s，继 FIR 之后，IrDA 又发布了通信速率高达 16 Mbit/s 的 VFIR 技术（very fast infrared）。目前其应用已相当成熟，其规范协议主要有物理层规范、连接建立协议和连接管理协议等。IrDA 以其低价和广泛的兼容性，得到广泛应用。

（6）HomeRF。HomeRF 工作组是由美国家用射频委员会领导于 1997 年成立的，其主要工作任务是为家庭用户建立具有互操作性的话音和数据通信网。作为无线技术方案，它代替了需要铺设昂贵传输线的有线家庭网络，为网络中的设备，如便携式计算机和 Internet 应用提供了漫游功能。但是，HomeRF 占据了与 802.11X 和 bluetooth 相同的 2.4 GHz 频率段，所以在应用范围上有很大的局限性，更多的是在家庭网络中使用。

（7）NB-IoT（narrow band internet of things）。基于蜂窝的窄带物联网，成为万物互联网络的一个重要分支，NB-IoT 聚焦于低功耗广覆盖（LPWA）物联网（IoT）市场，是一种可在全球范围内广泛应用的新兴技术。NB-IoT 自身具备的低功耗、广覆盖、低成本、大容量等优势，使其可以广泛应用于多种垂直行业，如远程抄表、资产跟踪、智能停车、智慧农业等。

3. 中国 WLAN 规范

中华人民共和国工业和信息化部制定了 WLAN 的行业配套标准，包括《公众无线局域网总体技术版计算机网络技术要求》和《公众无线局域网设备测试规范》。该标准涉及的技术体制包括 IEEE 802.11X 系列（IEEE 802.11、IEEE 802.11a、IEEE 802.11b、IEEE 802.11g、IEEE 802.11n、IEEE 802.11ac、IEEE 802.11ax）和 HIPERLAN2。工业和信息化部通信计量中心承担了相关标准的制定工作，并联合设备制造商和国内运营商进行了大量的试验工作，同时，信息产业部（2008 年，信息产业部的职责整合划入工业和信息化部）通信计量中心和一些相关公司联合建成了 WLAN 的试验平台，对 WLAN 系统设备的各项性能指标、兼容性和安全可靠性等方面进行了全方位的测评。

4. WLAN 的关键技术

无线局域网协议 802.11 的 MAC 和 802.3 协议的 MAC 非常相似，都是在一个共享媒体之上支持多个用户共享资源，由发送者在发送数据前先进行网络的可用性检测。在 802.3 协议中，是由 CSMA/CD 协议完成调节。这个协议解决了在 Ethernet 上的各个工作站如何在线缆上进行传输的问题，利用它检测和避免当两个或两个以上的网络设备需要进行数据传送时网络上的冲突。在 802.11 无线局域网协议中，冲突的检测存在一定的困难，这是由于要检测冲突，设备必须能够一边接收数据信号一边传送数据信号，而这在无线系统中是无法办到的。

鉴于这个差异，在 802.11 中对 CSMA/CD 进行了一些调整，采用了新的协议 CSMA/CA(carrier sense multiple access with collision avoidance，载波侦听多路访问 / 冲突避免)，发送包的同时不能检测到信道上有无冲突，只能尽量“避免”。CSMA/CA 利用 ACK 信号来避免冲突的发生，也就是说只有当客户端收到网络上返回的 ACK 信号后才确认送出的数据已经正确到达目的地。

CSMA/CA 协议的工作流程：一个工作站希望在无线网络中传送数据，如果没有探测到网络中正在传送数据，则附加等待一段时间，再随机选择一个时间片继续探测，如果无线网络中仍旧没有活动的话，就将数据发送出去。接收端的工作站如果收到发送端送出的完整数据则回发一个 ACK 数据报，如果该 ACK 数据报被发送端收到，则该数据发送过程完成，如果发送端没有收到 ACK 数据报，则或者发送的数据没有被完整地收到，或者 ACK 信号的发送失败，不管是哪种现象发生，数据报都在发送端等待一段时间后被重传。

CSMA/CA 通过这种方式来提供无线的共享访问，这种显式的 ACK 机制在处理无线问题时非常有效。然而对于 802.11 这种方式增加了额外的负担，所以 802.11 网络和类似的 Ethernet 比较总是在性能上稍逊一筹。

7.3　无线局域网络拓扑结构

BSS（basic service set，基本服务集）是一个无线网络中的术语，用于描述在一个 802.11 WLAN 中的一组相互通信的移动设备。一个 BSS 可以包含 AP（接入点），也可以不包含 AP。

基本服务集有两种类型：一种是独立模式的基本服务集，由若干移动台组成，称为点对点（Ad-Hoc）结构；另一种是基础设施模式的基本服务集，包含一个 AP 和若干移动台，称为 Infrastructure 结构。

1. 点对点结构

点对点（Ad-Hoc）对等结构相当于有线网络中的多机直接通过无线网卡互连，信号是直接在两个通信端点对点传输的，Ad-Hoc 允许无线终端在无线网络的覆盖区域内移动，并利用无线信道上的 CSMA/CA 机制自动建立点对点的对等连接，这种网络中节点自主对等工作，对于小型的无线网络来说，是一种便捷的连接方式。点对点（Ad-Hoc）结构如图 7-2 所示。

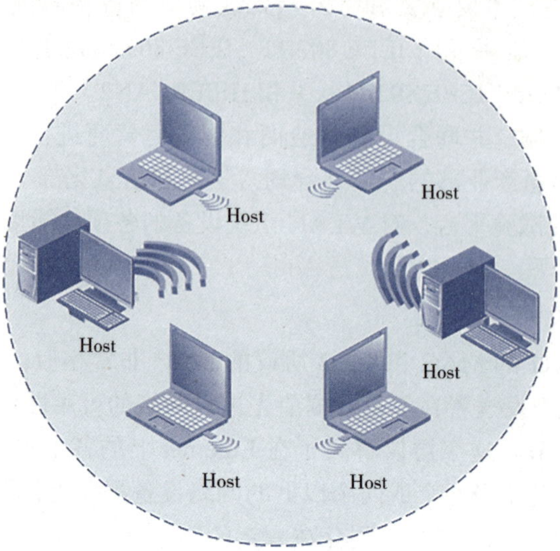

图 7-2　点对点（Ad-Hoc）结构图

2. 基于 AP 的 Infrastructure 结构

Infrastructure 结构与有线网络中的星形交换模式差不多，也属于集中式结构类型。Infrastructure 的组网方式是一种整合有线与无线局域网架构的应用模式，这是无线局域网最常用的方式。此时，需要无线接入点（AP）的支持，其中的无线 AP 相当于有线网络中的交换机，起着集中连接和数据交换的作用。AP 负责监管一个小区，并作为移动终端和主干网之间的桥接设备，当无线网络节点增多时，网络存取速度会随着范围扩大和节点的增加而变慢，此时添加 AP 可以有效控制和管理频宽与频段。

AP 和无线网卡还可针对具体的网络环境调整网络连接速率，以发挥相应网络环境下的最佳连接性能。Infrastructure 结构如图 7-3 所示。

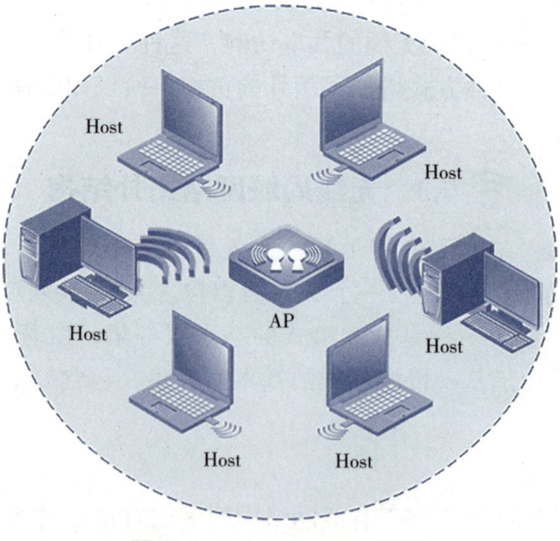

图 7-3　Infrastructure 结构

理论上一个 IEEE 802.11b 的 AP 最大可连接 72 个无线节点，实际应用中考虑到更高的连接需求，建议为 10 个节点以内。

项目实施

任务一 组建办公室无线网络

任务目的： 了解 WLAN 应用的场景，熟悉组建办公区域 WLAN 的基本方法和流程。

任务内容： WLAN 中各无线网络设备的选购、安装与基本设置方法。

任务环境： Cisco Packet Tracer 8.1。

任务步骤：

如果采用传统的有线方式组建办公区域的网络，会受到种种限制，例如，布线会影响房间的整体设计，而且不美观等。通过 WLAN 不仅可以解决线路布局问题，在实现有线网络所有功能的同时，也满足了现在移动办公，便捷办公，尤其是智能手机、平板电脑等的大量使用带来了无线上网需求。图 7-4 所示的网络拓扑是模拟学校学生服务大厅 WLAN 应用场景，在这里办公人员的笔记本计算机也可以通过无线路由器接入网络。

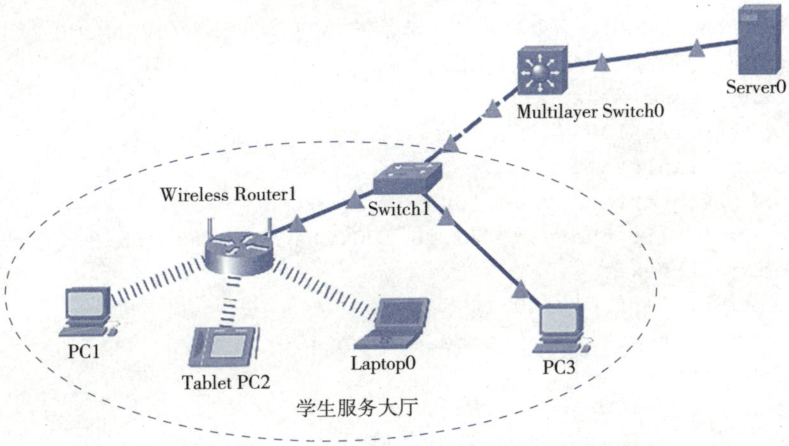

图 7-4 学生服务大厅 WLAN 拓扑

步骤 1： 启动 Packet Tracer，根据图 7-4 所示拓扑，拖入相关网络设备到工作区。其中，Server0 是一台服务器，上面运行 Web 服务，直连到三层交换机 Switch0，用于模拟 Internet 服务，如果终端设备无线接入正常的话，能通过浏览器访问该服务器；为便于接入配置与管理，各终端 PC 采用动态获取 IP 地址的方式，即需要在 Router0 与 Router1 上开启 DHCP 服务。各设备连接端口及 IP 参数配置见表 7-2。

表 7-2 交换机 VLAN 端口及 PC IP 地址参数表

设备名称	IP 地址	子网掩码	网关	备注
Server0	172.16.100.1	255.255.255.0	172.16.100.254	连接到 Switch0 的 Fa0/1
Router1	172.16.10.1	255.255.255.0	172.16.10.254	Internet 口连接到 Switch1 的 Fa0/1
PC3	172.16.10.2	255.255.255.0	172.16.10.254	连接到 Switch1 的 Fa0/2
Switch1	/	/	/	从 Switch1 的 g0/1 连接到 Switch0 的 g0/1
Switch0	/	/	/	

步骤 2：参考项目六中任务三，配置 Switch0 与 Switch1，使得 PC3 能正常访问 Web 服务器 Server0。

（1）配置 Switch1，参考命令如下：

```
…//创建VLAN10，将1-10端口添加到其中，并将端口g0/1设置为Trunk模式
Switch>enable
Switch#configure terminal
Switch(config)#vlan 10
Switch(config-vlan)#exit
Switch(config)#interface range fa0/1-10
Switch(config-if-range)#switchport access vlan 10
Switch(config-if-range)#exit
Switch(config)#interface g0/1
Switch(config-if)#switchport mode trunk
Switch(config-if)#switchport trunk allowed vlan all
```

（2）配置 Switch0，参考命令如下：

```
…//创建VLAN 100、VLAN10，并配置IP地址，将Fa0/1端口添加到VLAN100
Switch>enable
Switch#configure terminal
Switch(config)#vlan 100
Switch(config-vlan)#exit
Switch(config)#interface vlan 100
Switch(config-if)#ip address 172.16.100.254 255.255.255.0
Switch(config-if)#exit
Switch(config)#interface fa0/1
Switch(config-if)#switchport access vlan 100
Switch(config-if)#exit
Switch(config)#vlan 10
Switch(config-vlan)#exit
Switch(config)#interface vlan 10
Switch(config-if)#ip address 172.16.10.254 255.255.255.0
Switch(config-if)#exit
Switch(config)#interface g0/1
Switch(config-if)#switchport mode trunk
Switch(config-if)#switchport trunk allowed vlan all
Switch(config-if)#exit
Switch(config)#ip routing                                //开启路由
```

步骤 3：配置无线路由器 Wireless Router1，可单击 Wireless Router1 图标，在打开的属性窗口中，选择 GUI 选项卡，通过图形界面进行设置。

（1）如图 7-5 所示，Internet Connection type 选择固定 IP，然后设置 IP 地址、子网掩码、网关，单击“确定”按钮。

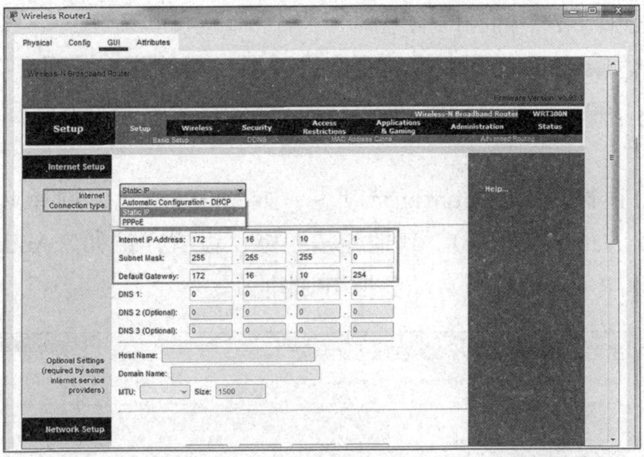

图 7-5　设置无线路由 IP 地址

（2）在图形界面中选择 Wireless，设置无线网络的网络名称 SSID 为 xsfwdt（密码按照默认为空），如图 7-6 所示，其他选项先按照默认配置，保存并退出。

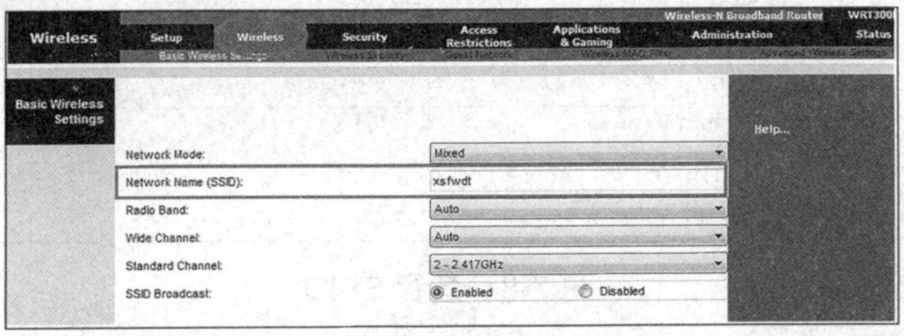

图 7-6　设置无线网络的网络名称 SSID

步骤 4：配置接入终端 PC1、Tablet PC2、Laptop0 的无线网卡，及其无线连接。

（1）以 Laptop0 为例，默认情况下，Packet Tracer 中该设备安装的是有线网卡，需将其更换为无线网卡。打开 Laptop0 属性页中的 Physical 选项卡，如图 7-7 所示，操作如下：

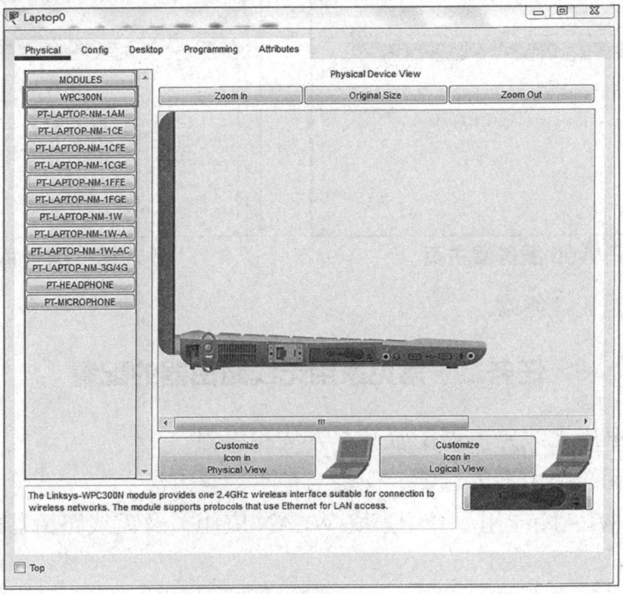

图 7-7　配置 Laptop0

①关闭电源，单击图 7-7 中椭圆内的电源开关。

②将 Laptop0 默认安装的有线网卡拖动到配件区域，即拆除有线网卡。

③将 Linksys-WPC300N 模块拖动到网卡区域，如图 7-7 中下边方框标记。

④重新开启电源。

（2）打开 Laptop0 属性页中的 Config 选项卡，如图 7-8 所示，选择 Wireless0 接口，输入步骤 1 中配置的 Network Name（SSID）。其他先按照默认设置，例如，Authentication 为 Disabled，IP Configuration 为 DHCP（即该设备自动获取 IP 地址）。

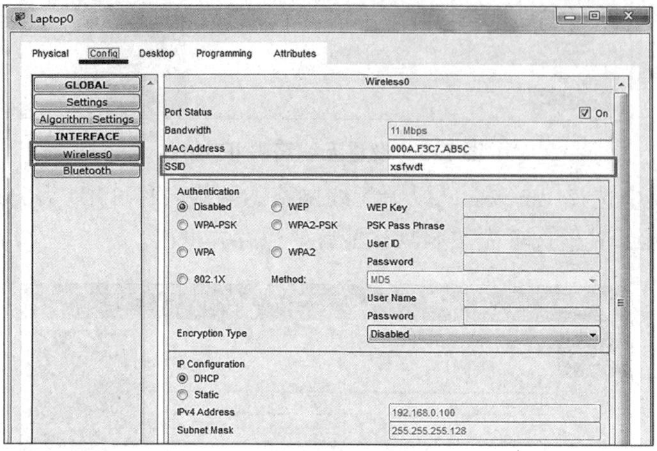

图 7-8　配置 SSID

类似，配置 PC1 与 Tablet PC2。配置完成后，这三个终端即通过无线接入网络。

步骤 5： 验证，测试无线终端到服务器的连通性。在 Laptop0 属性页中选择 Desktop 选项卡，选择浏览器（Web Browser），输入 URL 为"http://172.16.100.1"，能打开主页，如图 7-9 所示。也可选择 Command Prompt 窗口，ping 服务器 Server0 的 IP，如图 7-10 所示，表示是互通的。

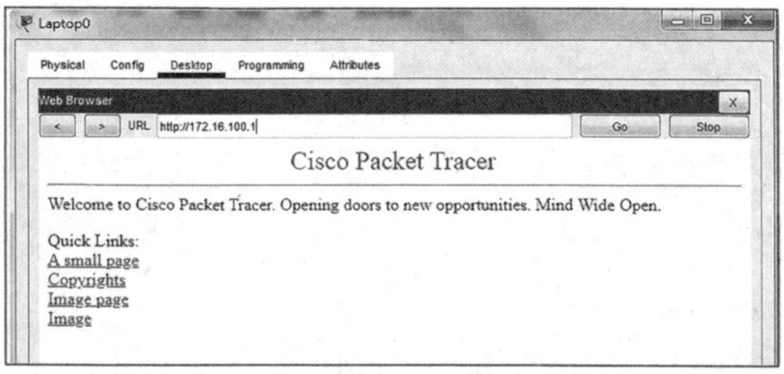

图 7-9　打开 Web 服务器主页

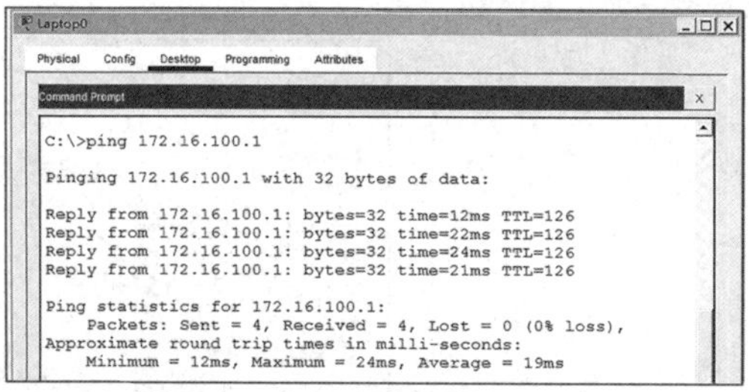

图 7-10　ping 服务器 Server0

类似，可测试其他无线终端。

任务二　常见家用无线路由器的配置

任务目的： 熟悉家用无线路由器配置基本方法和流程。

任务内容： 家用无线路由器的选购、安装与基本设置方法。

任务环境： 家庭 WLAN 应用。介绍家庭 WLAN 应用，及无线路由器的选购以及配置。

任务步骤：

随着互联网的普及和技术的发展，家庭网络已经成为人们生活中不可或缺的一部分。家庭联网最常见的接入方式是使用无线网络连接，通过无线信号连接多个设备，实现家庭内设备的互联互通（见图 7-11）。无线路由器作为家庭网络的核心，不仅提供了无线网络连接，还构建了智能家居生态系统，支持多设备连接，比如智能手机、平板电脑、电视、智能家居设备等。因此，要建立一个稳定、高速的家庭网络，选择一款适合的家用路由器，并合理配置是非常重要的。

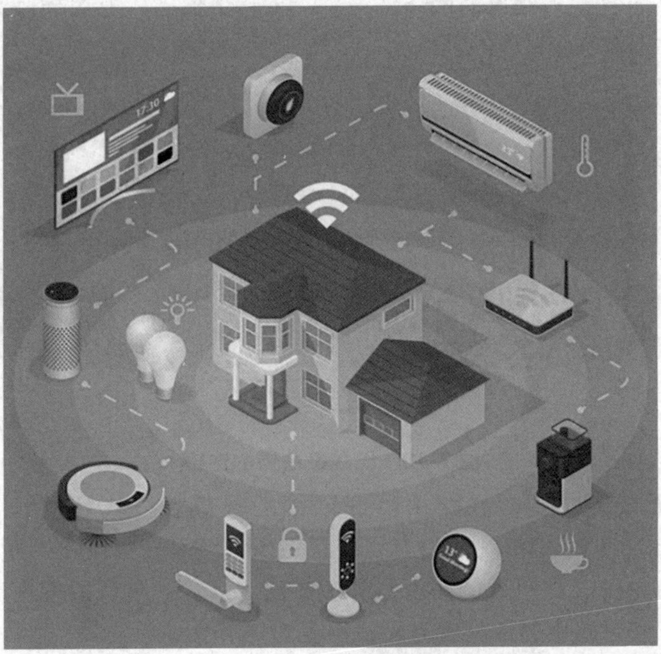

图 7-11　家庭无线网示意图

无线路由器（wireless router）集成了无线 AP 和宽带路由器的功能，它不仅具备 AP 的无线接入功能，通常还支持 DHCP、防火墙、WEP 加密等功能，而且还包括了网络地址转换（NAT）功能，可支持局域网用户的网络连接共享。在购买家用无线路由器时，一般要考虑以下因素：

（1）无线标准：路由器的无线标准决定了其传输速度和覆盖范围。目前，常用的无线标准有 802.11ax 和 802.11ac。如果家庭需要联网的设备支持 802.11ax 标准，那么选择支持该标准的路由器可以提供更快的无线速度和更好的性能。但是，如果联网设备主要使用较旧的无线标准（如 802.11ac），那么选择兼容该标准的路由器即可满足基本需求。

（2）速度和带宽：考虑当地互联网服务提供商（ISP）提供的最大带宽。选择路由器时，确保其能够支持 ISP 接入带宽需求。例如，如果 ISP 提供了高速光纤连接，那么选择支持千兆以太网端口的路由器可以提供更快的无线连接速度。

（3）覆盖范围：考虑家庭或办公室的大小和结构。如果需要覆盖更大的区域，比如，多层楼或大型建筑物，选择具有更强信号覆盖范围的路由器是关键。一些路由器具有高增益天线或可扩展的无线网络功能，可以提供更广泛的覆盖范围。

（4）安全性：网络安全是一个重要的考虑因素。选择具有强大安全功能的路由器可以保护无线网络免受潜在的威胁和入侵。例如，路由器要支持 WPA2 或更高级别的加密，并具有防火墙和网络攻击防护功能。

下面以 TL-WDR5620 为例，来说明无线路由器的安装与配置。

步骤 1： 连接无线路由器。将路由器的 WAN 口（广域网口）连接到互联网，如图 7-12 所示，一般是连接到网络运营商（ISP）提供的调制解调器或光猫上。无线路由器提供的 LAN 口（局域网口），用于通过有线（双绞线）方式将本地网络（家庭）中的 PC、交换机以及其他需联网的智能设备，直接连接到家庭网络。然后，将路由器插入电源插座，并确认电源指示灯点亮。

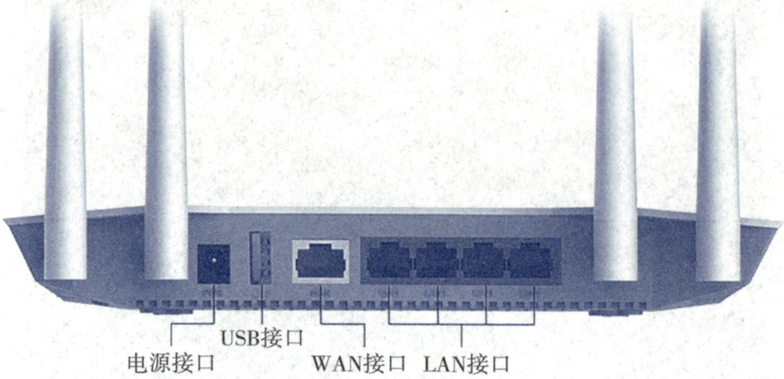

图 7-12　无线路由器的连接

步骤 2： 登录无线路由器。在路由器底部贴的标签上，找到其管理 IP 地址（一般是 192.168.1.1 或 192.168.0.1），然后在通过有线或者无线已经连接到该路由器的 PC 或手机上，打开浏览器，输入管理地址，在打开的路由器管理界面中，输入默认的管理员用户名和密码（一般是 admin/admin），登录路由器的配置界面，如图 7-13 所示。

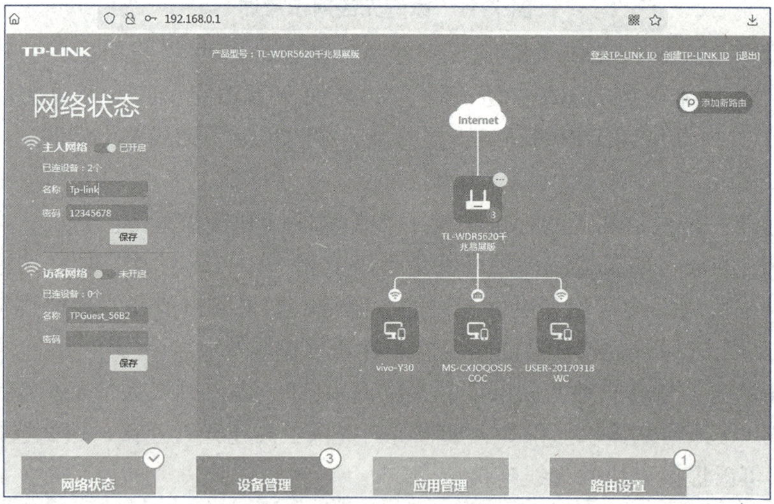

图 7-13　路由器的配置界面

步骤 3： 设置 WAN 口的 IP 地址、子网掩码、网关和 DNS 服务器地址等参数，这些参数一般由网络运营商或网络管理员提供。在步骤 2 配置界面中单击右下角的“路由设置”按钮，打开“路由设置”界面，选择“上网设置”选项，如图 7-14 所示，选择适当的 WAN 连接类型，进行设置。

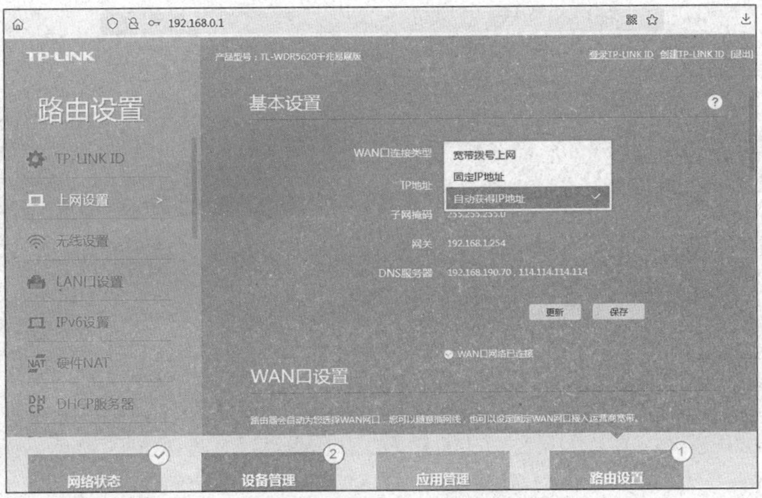

图 7-14　路由器的配置界面

步骤 4：设置无线网络的名称（SSID）、加密方式和密码等参数。如图 7-15 所示，单击左侧的“无线设置”选项，设置当前 2.4G 与 5G 无线网络使用相同的 SSID 和密码，无线网络名称为“Tp-link”，密码是“12345678”，并开启无线广播；其他选项，如无线信道、无线模式、频段带宽等高级设置，可保持默认配置。

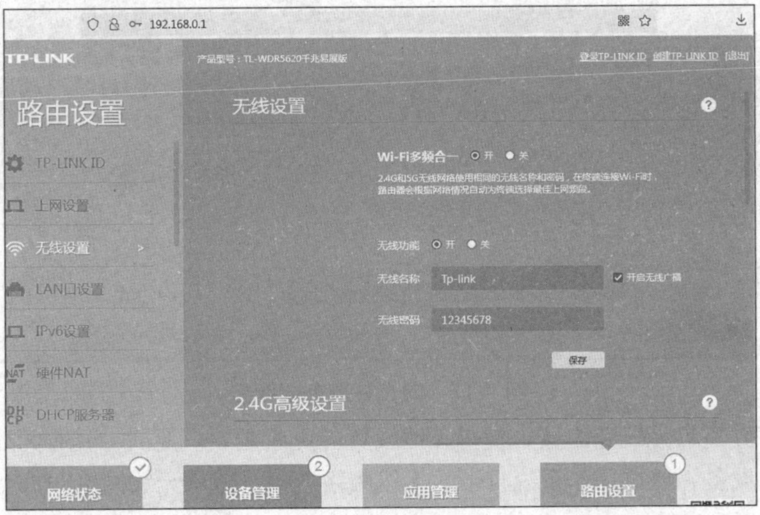

图 7-15　无线设置

步骤 5：设置 LAN 口的 IP 地址、子网掩码，如图 7-16 所示，单击左侧的“LAN 口设置”选项。LAN 口地址为内部局域网通过 Web 管理界面远程管理无线路由器的管理地址，也是内部局域网的网关，根据需要可以更改，建议选择“自动”选项。

步骤 6：配置 DHCP 服务器。如图 7-17 所示，单击左侧的“DHCP 服务器”选项，设置接入无线网络客户端主机的 IP 地址、网关、DNS 等。DHCP 服务器的地址池默认为 LAN 网段的地址池，地址池的大小、地址租期、网关、DNS 等参数可以更改，其中 DNS 服务器地址和网关为可选配置，如果不进行配置，客户端主机能够自动获得 DNS 服务器的地址和无线路由器默认的网关地址（LAN 口地址）。如果有特殊需要，可以手动配置网关和 DNS 服务器地址。

图 7-16 LAN 口设置

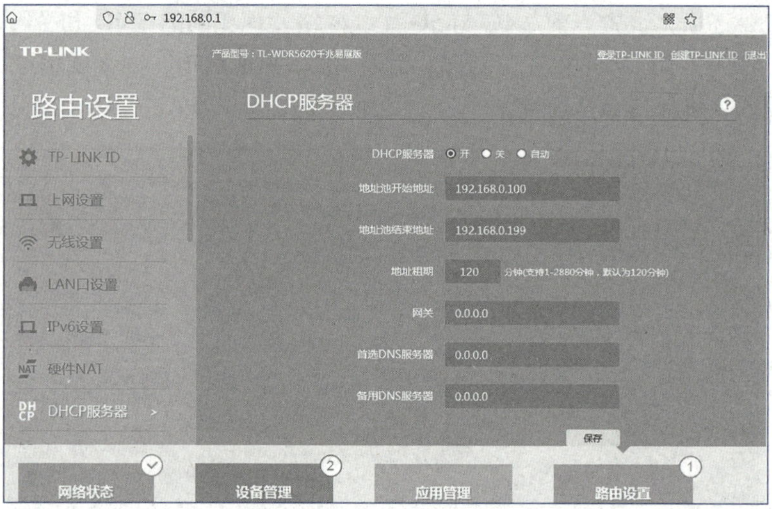

图 7-17 DHCP 服务器配置

至此，保存并重启无线路由器，使得无线设置的更改生效。此时，具有无线网卡的 PC、手机、平板等智能设备，通过操作系统自带的无线网络连接，搜索无线网络“Tp-link”，输入密码后，即可接入该 WLAN。

素质拓展

5G 技术

5G（5th generation mobile communication technology，第五代移动通信技术）是一种具有高速率、低时延和大连接特点的新一代宽带移动通信技术。它作为一种新型移动通信网络，不仅解决了人与人通信，为用户提供增强现实、虚拟现实、超高清（3D）视频等更加身临其境的极致业务体验，还解决了人与物、物与物通信问题，满足移动医疗、车联网、智能家居、工业控制、环境监测等物联网应用需求。

5G的标准由国际电信联盟（ITU）制定，由全球主要移动通信制造商和运营商参与的国际电信标准组织3GPP共同制定和实施，其研发涉及多个国家和多家公司，每个国家和每家公司都有自己的贡献和优势。5G的技术和标准是由多个专利和方案组成的，每个专利和方案都有自己的权利人和使用者，需要通过专利费、授权费、交叉授权等方式进行合理的分配和使用。目前在5G领域拥有最多专利的公司是华为，其次是爱立信、三星、高通等。虽然5G技术的专利权没有一个公司或国家可以独占，但是在5G技术的商业应用方面，中国公司在全球范围内的影响力正在逐渐增强。例如，华为作为全球最大的电信设备供应商之一，其在5G技术的研发和商业应用方面一直处于领先地位。

截至2023年9月底，我国5G标准必要专利声明量全球占比达42%，这也为全球5G的发展贡献了中国力量。

思考与练习

一、填空题

1. 无线局域网是指以________作为传输媒介的计算机网络。

2. ________是在工作站和有线网络之间充当桥梁的无线网络节点。

3. 在802.11无线局域网协议中，检测冲突采用的协议是________________。

二、简答题

1. 简述802.11标准系列，特别是常见的几种标准（如802.11b、802.11g、802.11n等）之间的区别和特点。

2. 简述家庭无线网络的组建过程。

项目八
搭建网络服务器

项目导读

原有的校园网应用服务器因长时间的运行，经常出现网络服务器不稳定的情况，导致学校内部的网络服务受到影响。为了解决这一问题，小飞提出了搭建新的网络应用服务器的解决方案。在大牛主持的项目小组会议上，大家一致同意在国产服务器操作系统上搭建这些网络应用服务，并选择统信操作系统服务器版 UOS V20 作为操作平台。

知识导图

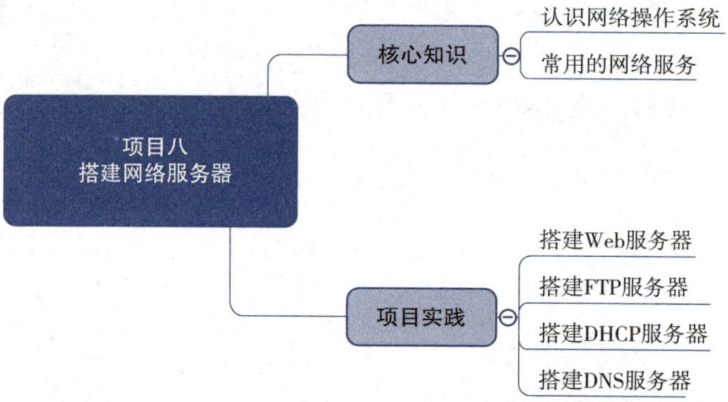

项目目标

知识目标

1. 了解常用的几种网络操作系统，熟悉常用网络服务软件的作用和配置方法。
2. 掌握在统信操作系统 UOS 环境下网络服务配置的基本知识。

技能目标

1. 能够在统信操作系统 UOS 下安装并配置常见的网络服务。
2. 能够维护管理统信操作系统 UOS 下的各种应用服务。

素养目标

1. 培养学生高度的责任感和细致认真的工作态度。
2. 通过搭建网络服务器，培养学生按操作规范进行操作的习惯。

知识准备

8.1　认识网络操作系统

网络操作系统（network operating system, NOS）是一种专门设计用来支持网络中计算机通信、资源共享和数据传输的操作系统。与传统的单机操作系统相比，网络操作系统在处理数据、应用程序和网络管理等方面提供了更多的功能，旨在增强多个计算机之间的资源共享能力。对网络用户而言，网络操作系统充当用户与计算机网络之间的接口，屏蔽了本地资源与网络资源的差异，提供各种基本的网络服务，并保证数据的安全性。

1. 网络操作系统主要功能

网络操作系统除了具有常规的处理器管理、存储器管理、设备管理、文件系统管理等功能，以及为了方便用户使用操作系统而向用户提供的用户接口外，通常还提供了一系列的功能和服务，以便更有效地管理网络资源和简化用户在网络环境中的操作。以下是一些网络操作系统共有的主要功能：

（1）文件和打印服务：允许网络上的不同计算机共享文件和打印机资源。用户可以像访问本地资源一样访问网络共享文件夹和打印机。

（2）用户和资源管理：提供工具和服务来管理网络上的用户账户、计算机和其他资源。这包括设置权限和访问控制，确保只有授权用户可以访问特定的资源。

（3）数据备份和恢复：提供数据保护机制，支持定期备份重要数据，并在数据丢失或损坏时进行恢复。

（4）网络安全：包括防火墙、入侵检测系统和加密服务，以保护网络免受未经授权的访问和其他安全威胁。

（5）远程访问服务：允许用户通过互联网或其他远程网络连接到网络，访问文件、应用程序和其他资源，就像它们物理上位于网络所在地一样。

（6）目录服务：提供一个集中的数据库，用于存储有关网络资源（如用户、计算机、打印机等）的信息。这有助于简化资源管理和访问控制。

（7）邮件服务：支持电子邮件的发送和接收，包括邮件传输、邮件列表管理和垃圾邮件过滤。

（8）Web 服务：允许在网络上托管一个或多个网站，支持 HTTP 和 HTTPS 协议，以及与 Web 应用程序和服务的集成。

2. 几种常见的网络操作系统

目前，市场上应用比较多的网络操作系统是 Windows Server 和 Linux；根据市场调研机构的数据显示，Windows Server 在服务器操作系统市场中的占有率通常为 40% ~ 50%，Linux（包括各种发行版，如 Red Hat Enterprise Linux、CentOS、Ubuntu Server 等）在服务器市场上的份额持续增长，尤其是在云计算和虚拟化环境中，Linux 系统的市场占有率为 30% ~ 40%，在某些特定领域（如云服务器）可能更高；目前，UNIX 系统的市场占有率已经相对较低，但在某些垂直行业和关键应用中仍然保持着一定的份额，其市场占有率在 10% 以下。

1）Windows Server 2019

Windows Server 2019 是微软公司开发的服务器操作系统，作为 Windows Server 2016 的后继

版本，于2018年10月正式发布。它旨在为企业提供一种高效、安全且具有创新性的平台，适用于物理服务器或虚拟化环境中的应用和工作负载。Windows Server 2019引入了多项新功能和改进，下面是其主要特点：

（1）混合云能力。

Azure集成：增强了与Azure的集成，如Azure Active Directory、Azure Backup和Azure File Sync，使得本地服务器与云服务之间的连接和同步更加便捷，支持企业向混合云架构过渡。

（2）安全性增强。

➢ Windows Defender Advanced Threat Protection（ATP）：提供更深入的防护，能够检测和响应高级网络攻击，有效保护服务器免受威胁。

➢ Shielded Virtual Machines for Linux：扩展了对加密虚拟机的支持，不局限于Windows，也包括Linux虚拟机，进一步提升了跨平台的安全性。

（3）应用平台。

➢ 容器支持：在Windows Server 2019中，微软进一步增强了对容器的支持，提供了更小的镜像，并集成了Kubernetes，以便更高效地部署和管理容器化应用程序，助力企业在云原生架构中的发展。

➢ Linux子系统：支持在Windows Server上直接运行Linux ELF64二进制文件，为开发人员提供了更大的灵活性，尤其是跨平台开发需求。

（4）超融合基础设施（HCI）。

Windows Server 2019强化了其软件定义的网络和存储能力，提供了更好的性能和灵活性，特别是在使用Hyper-V和Storage Spaces Direct构建超融合基础设施时，降低了基础设施的复杂度和成本。

（5）存储。

➢ 存储迁移服务：简化了存储设备和服务器之间数据的迁移过程，使得从旧系统向Windows Server 2019迁移变得更加容易。

➢ 存储空间直通：提供了更加灵活和高效的存储解决方案，包括对镜像加速奇偶校验卷的支持，以提高存储效率和性能，适应现代企业对数据存储的高要求。

Windows Server 2019凭借其强大的功能和灵活性，能够满足现代企业对于服务器操作系统的多样化需求，无论是在提高安全性、支持云集成还是促进应用创新方面都有显著的表现。

2）CentOS 8

CentOS（社区企业操作系统）是一个开源的Linux发行版，旨在为用户提供一个企业级的计算平台，且完全免费。CentOS 8是CentOS项目发布的服务器操作系统，它基于Red Hat Enterprise Linux（RHEL）8，于2019年9月24日正式发布。它为用户提供一个稳定、安全、一致的基础以跨越混合云部署，并支持传统和新兴工作负载所需的工具。CentOS 8的主要特点如下：

（1）基础平台：CentOS 8构建在Linux内核4.18版本之上，提供了改进的硬件支持和更好的性能表现。

（2）软件管理：引入了DNF包管理器作为YUM的后继者，DNF提供了更好的包管理功能，性能更高，依赖解析也更加准确，使系统包管理更加高效。

（3）AppStream：CentOS 8 通过 Application Stream（AppStream）引入模块化的软件管理方法，允许用户安装不同版本的应用程序和运行时环境，而不会影响系统的稳定性，灵活满足多样化的应用需求。

（4）安全性增强：提供更强的安全保护机制，包括 OpenSSH 8.0、OpenSSL 1.1.1（支持 TLS 1.3）等，还支持更强大的系统安全策略和自动安全更新，确保系统的安全性。

（5）网络和防火墙：使用 nftables 替代 iptables 作为默认的防火墙解决方案，提供了更灵活和简单的防火墙配置方法，提升了网络安全配置的效率和易用性。

（6）容器化和虚拟化：CentOS 8 提供了对 Podman 和 Buildah 的支持，这两个工具是 Docker 和 OCI（开放容器倡议）容器工具的替代品，用于管理容器和容器镜像，提供了更轻量和安全的容器管理方式。同时，它还支持虚拟化技术，如 KVM 和 oVirt，为企业构建虚拟化基础设施提供了灵活的解决方案。

（7）Web 服务器和数据库：提供了最新版本的 Web 服务器（如 Apache 和 Nginx 等）和数据库（如 MySQL 8、MariaDB 10.3、PostgreSQL 10 等），为用户提供稳定且高效的 Web 应用与数据库支持。

3）UOS V20（服务器版）

UOS（统信操作系统）是一款基于 Linux 内核的国产操作系统，由包括中国电子集团（CEC）、武汉深之度科技有限公司、南京诚迈科技、中兴新支点在内的多家国内操作系统核心企业自愿发起“UOS（unity operating system）统一操作系统筹备组”共同打造。UOS 的主要产品包括 UOS 桌面版、UOS 服务器版和 UOS 专用设备版，广泛应用于办公、社交、影音娱乐、开发工具、图像处理等领域。

统信服务器操作系统 V20，具有高可靠、高可用、高性能、强安全、易维护等特点，其具体优势如下：

（1）高可靠：使用稳定版 Linux 内核，支持根据客户业务功能需求和特性，对内核进行定制、系统服务裁剪与扩充、性能调优、应用迁移指南等。在升级最新系统补丁、修复内核缺陷和安全漏洞时，无须重启系统或中断业务应用，最大限度减少系统关机和业务中断时间，增加系统可靠性。LTP Stress 7 × 24 小时长时间高负荷条件下的压力测试无宕机，测试用例通过率超过 97%；长时高负荷运行，卸荷后 60 秒内实现系统及各应用流畅运行。

（2）高可用：统信服务器操作系统 V20 提供多种高可用集群解决方案和多种高可用机制，为资源转移、数据备份、失效节点恢复等服务予以有效支撑，最大限度减少业务系统服务中断时间，将因软件和硬件等故障造成的影响降至最低。同时提升了服务最大可用性和资源最大利用率，保障用户业务系统可对外不间断提供服务。

（3）高性能：统信服务器操作系统 V20 在充分保障安全性、稳定性的同时，极度重视系统性能的调校，通过引进国内外知名且成熟的技术与工具，从对系统在人工智能、大数据、云计算、Web 服务、容器等各应用场景中各项性能数据分析的基础上，基于“破除瓶颈桎梏、资源利用充分”原则，对系统性能给予最大化调优，实现系统性能的提升。

（4）强安全：统信服务器操作系统 V20 围绕身份鉴别、访问控制、安全审计、数据保护、网络安全保护等，在运行安全、资源利用、可信度量、安全策略等维度，全方位加强防御纵深，采用 TCM/TPM/TPCM 可信启动、统一 PAM（pluggable authentication modules，可插拔验证模块）认证模块、多因子认证，以及国密算法和 CVE 漏洞发现与修复等安全策略和安全机制，予以有机组合，使系统及数据的安全性得以持续增强并加固，有效抵御来自系统外部的入侵，将威胁降至最低。

（5）易维护：统信服务器操作系统 V20 从安装部署、初始化设置、异常自动化处理、运行负载监控、运行负载均衡调度、定时备份等方面出发，基于多款开源运维工具进行功能扩展，向服务器运维管理人员提供可视化运维支持，可实现便捷迁移，将 CentOS 等主流操作系统业务及数据，轻松、完整地迁移至统信服务器操作系统，节省管理员在各环节的维护时间，提升运维效率。

UOS 统信操作系统是一款功能全面、性能稳定、安全可靠的国产操作系统，适用于各种应用场景。它的推出和发展对于推动国产操作系统的普及和发展具有重要意义。

8.2 常用的网络服务

1. WWW 服务

1）WWW 简介

视频

WWW服务

WWW（world wide web，万维网，简称 Web）服务或 Web 服务采用浏览器 / 服务器（browser/server, B/S）工作模式，由浏览器、Web 服务器和超文本传输协议（HTTP）三部分组成。在 Internet 上有数以千万计的 Web 服务器，以 Web 页的形式保存了各种各样丰富的信息资源。用户通过客户端的浏览器程序（如 IE），向 Web 服务器提出请求，Web 服务器将请求的 Web 页面发送给浏览器，浏览器将接收到的 Web 页面以一定的格式显示给用户，浏览器和 Web 服务器之间使用 HTTP 协议进行通信。

2）WWW 服务器

WWW 服务器上存放着网络资源，这些信息通常以网页的方式进行组织，网页中还包括指向其他页面的超链接，即利用超链接可以将服务器上的页面与互联网上的其他服务器进行关联，把页面的链接整合在一个页面，方便用户查看相关的页面。

WWW 服务器不仅存储大量的网页信息，而且需要接收和处理浏览器（即 WWW 客户机的应用程序）的请求，实现相互的通信。当 WWW 服务器运行时，默认情况下，它会持续在 TCP 的 80 端口侦听来自浏览器的连接请求，当接收到浏览器的请求信息后，服务器根据请求内容从其存储中获取相应的 Web 页面，并返回给浏览器。

在 UOS Server V20 中，可使用 Apache2 或 Nginx 来配置 WWW 服务。Apache2 是一个免费、开源的 Web 服务器，是 Internet 最流行的 Web 服务器软件之一；而 Nginx 是一款轻量级的 Web 服务器 / 反向代理服务器及电子邮件（IMAP/POP3）代理服务器，具有较少的资源消耗和较高的并发连接支持能力，效率显著高于 Apache。

3）WWW 客户机

WWW 客户机程序称为浏览器，它是用来浏览服务器中 Web 页面的软件。浏览器负责接收用户的请求，并利用 HTTP 协议将用户的请求传送给 Web 服务器。在服务器请求页面返回浏览器后，浏览器再将页面进行解释并显示在用户的屏幕上。目前，常用的浏览器有 Microsoft Edge、Google Chrome、Firefox 等。

4）URL

Internet 上的信息资源分布在各个 Web 站点，要找到所需信息就必须有一种确定信息资源位置的方法，这种方法就是 URL（uniform resource locator，统一资源定位符）。

URL 一般的格式是：protocol://hostname[:port]。其中 protocol（协议）是指使用的传输协议，目前 WWW 中应用最广泛的协议是 HTTP；hostname 是指域名，指存放在域名服务器中的主机名或者 IP 地址；port（端口号）可选，省略时是指使用传输协议的默认端口，如 HTTP 协议的默认端口是 80，如果使用的是非默认端口，那么 URL 中不能省略端口号这一项。例如 http://172.16.10.111:8080/ 就是一个 URL，在浏览器中输入该 URL，可以打开对应的网页。

5）Web 的工作原理

Web 服务器的工作过程可分成如下四个步骤：建立连接、发送请求、发送响应以及关闭连接，如图 8-1 所示。

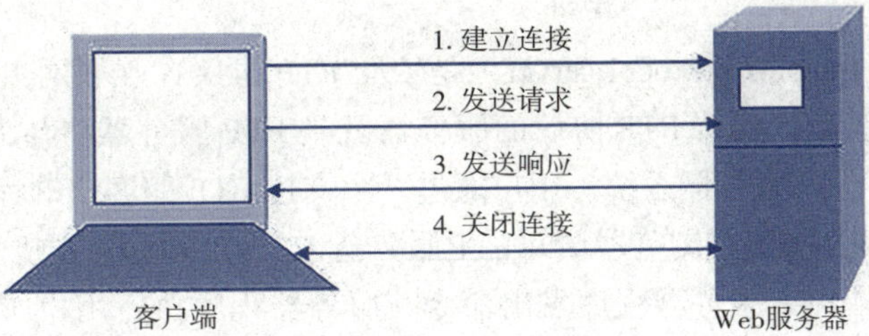

图 8-1　Web 服务器的工作过程

（1）建立连接：Web 浏览器和服务器之间首先通过 Socket 建立连接。如果想查看连接过程是否实现，用户可以找到和打开 socket 虚拟文件，该文件的建立意味着连接已经成功建立。

（2）发送请求：Web 浏览器通过 socket 文件向服务器提出各种请求。

（3）发送响应：Web 服务器使用 HTTP 协议接收请求并处理任务，将处理结果通过 HTTP 协议返回给 Web 浏览器，并在 Web 浏览器上展示请求页面。

（4）关闭连接：当上一个步骤——应答过程完成以后，Web 服务器和其浏览器之间断开连接。

在 UOS server V20 中，可使用 Apache2 或 Nginx 配置 WWW 服务。Apache2 是一个由 Apache 软件基金会开发的免费、开源的 Web 服务器，是 Internet 上最流行的 Web 服务器软件之一，它可以运行在多种操作系统上，如 Linux、UNIX、Mac OS 和 Windows。Nginx 是一款轻量级的、开源的、高性能的、稳定的、低消耗的、易于使用的 Web 服务器 / 反向代理服务器及电子邮件（IMAP/POP3）代理服务器，是由俄罗斯的程序设计师 Igor Sysoev 所开发；它具有占有内存少，并发能力强的特点，百度、京东、新浪等都使用 Nginx 提供 Web 服务。

2. FTP 服务

1）FTP 的基本概念

视　频

FTP服务

FTP（file transfer protocol，文件传输协议）是一种用于在网络上进行文件传输控制的协议，和 HTTP 协议类似，它也是一个面向连接的协议，它用两个端口 20 和 21 进行工作，其中，20 号端口用于传输数据文件，21 号端口用于控制信息的传输。FTP 可以根据服务器的权限设置（需要用户名和密码）让用户进行登录或者匿名登录。把遵守 FTP 协议且用于传输文件的应用程序称为 FTP 客户端软件，常用的 FTP 客户端软件主要有 CuteFTP 和 WS-FTP 等，在 FTP 的使用过程中，用户可以上传或者下载文件，下载文件就是从远程服务器复制文件到自己的本地计算机上，上传文件就是将文件从本地计算机中复制到远程 FTP 服务器上，如图 8-2 所示。

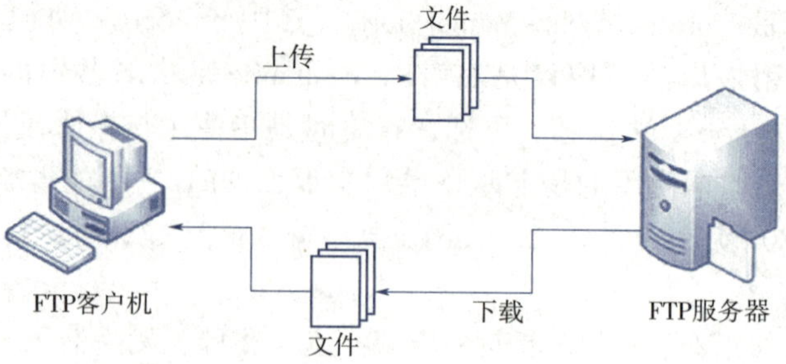

图 8-2　文件上传 / 下载的过程

2）FTP 服务器

FTP 服务器（file transfer protocol server）是依照 FTP 协议在互联网上提供文件存储和访问服务的计算机。简单地说，支持 FTP 协议的服务器就是 FTP 服务器。与大多数 Internet 服务一样，FTP 也是一个客户机 / 服务器系统。用户通过一个支持 FTP 的客户端程序（浏览器大都集成有 FTP 功能，因此可以直接使用浏览器访问 FTP 服务器），连接到远程主机上的 FTP 服务器程序。用户通过客户机程序向 FTP 服务器程序发出命令，服务器程序执行用户所发出的命令，并将执行的结果返回到客户机。例如，用户通过 FTP 客户端程序或者浏览器发出一条请求数据的命令，要求 FTP 服务器向用户传送某一个文件，服务器会响应该请求，将指定文件送至用户的机器上，客户机程序代表用户接收到该文件，将其存放在用户目录中。

3）FTP 的工作原理

FTP 有两种模式，一种称为“主动 FTP”，另一种称为“被动 FTP”。

（1）主动 FTP 模式：如图 8-3 所示，主动 FTP 实际上是通过两次 TCP 会话（每次各有三次握手）完成数据传输，数据在 20 号端口上进行传送。这两次 TCP 会话中的各三次握手，一次是由客户端主动发起到 FTP 服务器连接，FTP 客户端以大于或等于 1024 的源端口向 FTP 服务器的 21 号端口发起连接。第二次是 FTP 服务器主动发起到客户端的连接，服务器使用源端口号 20 主动向客户机发起连接。可以把服务器发起到客户端的连接看作一个服务器主动连接客户端的一个新 TCP 会话，会话的初始方是 FTP 服务器。

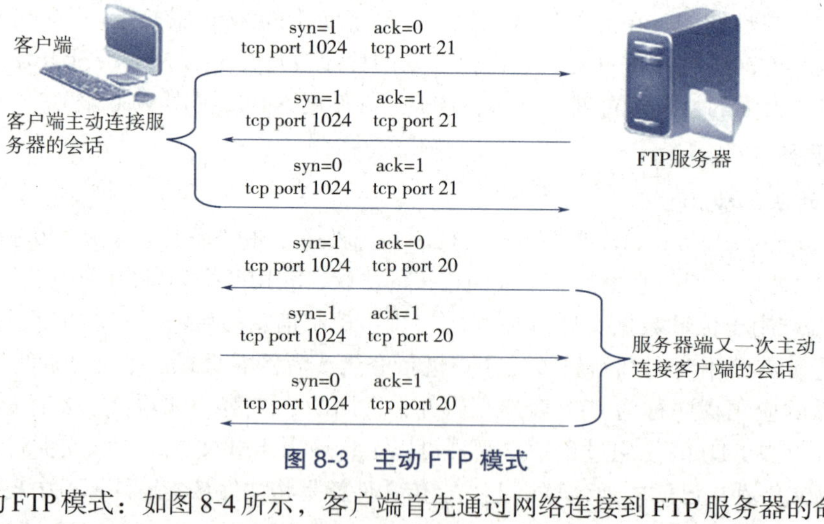

图 8-3　主动 FTP 模式

（2）被动 FTP 模式：如图 8-4 所示，客户端首先通过网络连接到 FTP 服务器的命令端口（通常是端口 21），然后客户端向服务器发送 PASV 命令，请求进入被动模式。收到 PASV 命令后，服务器会打开一个随机的数据端口，并通过命令端口告诉客户端这个数据端口的号码。客户端接收到数据端口号后，从一个本地端口发起到 FTP 服务器指定数据端口的连接。一旦数据连接建立，文件传输可以开始。数据传输完成后，连接将被关闭。在整个过程中，命令连接保持打开状态，以便客户端和服务器可以发送控制信息（如传输完成的确认、下一个文件的请求等）。它与主动 FTP 的区别在于，服务器不主动发起对客户端的 TCP 连接，FTP 的消息控制与数据传送使用了同一个端口（21 号端口）。

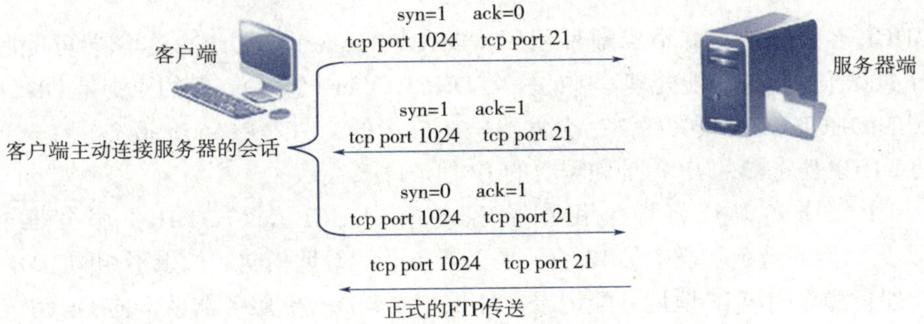

图 8-4　被动 FTP 模式

在 UOS server V20 中，可使用 vsftpd（very secure FTP daemon）配置 FTP 服务。vsftpd 可以运行在 Linux、BSD、Solaris、HP-UNIX 等系统上，是一个完全免费的、开放源代码的 FTP 服务器软件，并提供了很多其他 FTP 服务器所不支持的特征。

3. DHCP 服务

1）DHCP 的基本概念

DHCP（dynamic host configuration protocol，动态主机配置协议）是一种用于局域网的网络协议，主要作用是集中管理和分配 IP 地址，使网络中的主机能动态地获得 IP 地址、网关和 DNS 服务器地址等信息，减少管理地址配置的复杂性，从而提升效率。DHCP 分为服务器端和客户端，DHCP 服务器负责管理网络中的 IP 地址，处理客户端的 DHCP 请求，并从预先配置的 IP 地址池中自动给客户端分配 IP 地址。通过 DHCP，不仅能够解决 IP 地址冲突的问题，也能及时回收 IP 地址以提高 IP 地址的利用率；DHCP 客户端则会通过网络向 DHCP 服务器发出请求从而自动进行 TCP/IP 服务的配置，包括 IP 地址、子网掩码、网关，以及 DNS 服务器地址等。

2）DHCP 的工作原理

DHCP 的工作流程可以分为 4 步，如图 8-5 所示。

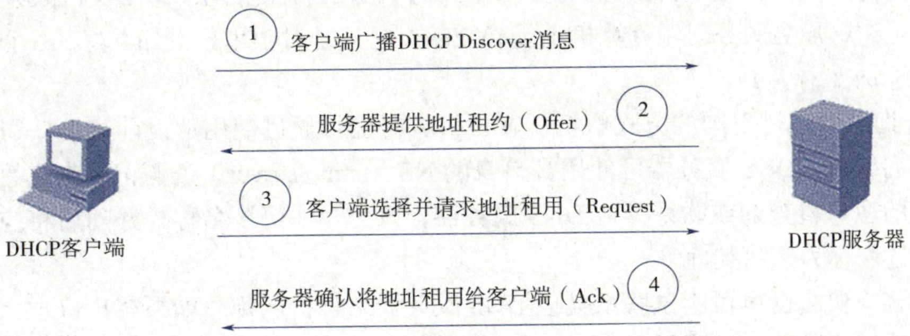

图 8-5　DHCP 的工作流程

（1）DHCP 客户端广播 DHCP Discover 消息。当 DHCP 客户端第一次登录网络时，会发现本机上没有设置 IP 地址等信息，会向网络广播一个 DHCP Discover 数据报，寻找 DHCP 服务器，进行 DHCP 服务的请求。

（2）DHCP 服务器提供地址租约（DHCP Offer）。广播域中所有 DHCP 服务器都能够接收到 DHCP 客户端发送的 DHCP Discover 报文，所有 DHCP 服务器都会从 IP 地址池中还没有租出去的地址范围内，选择最靠前的空闲 IP 地址，连同其他信息打包成 DHCP Offer 数据包发回给 DHCP 客户端。

（3）DHCP 客户端选择并请求地址租用（DHCP Request）。DHCP 客户端可能收到了很多 DHCP Offer 数据报，但它只能处理其中的一个 DHCP Offer 报文，一般的原则是 DHCP 客户端处理最先收到的 DHCP Offer 报文，然后会发出一个广播的 DHCP Request 报文，在选项字段中会加入选中的 DHCP 服务器的 IP 地址和需要的 IP 地址。

（4）DHCP 服务器确认将地址租用给客户端（DHCP Ack）。DHCP 服务器收到 DHCP Request 报文后，判断选项字段中的 IP 地址是否与自己的地址相同。如果不相同，DHCP 服务器不做任何处理只清除相应 IP 地址分配记录；如果相同，DHCP 服务器就会向 DHCP 客户端响应一个 DHCP Ack 报文，并在选项字段中增加 IP 地址的使用租期信息。

DHCP 客户端在成功获取 IP 地址后，随时可以通过发送 DHCP Release 报文释放自己的 IP 地址，DHCP 服务器收到 DHCP Release 报文后，会回收相应的 IP 地址并重新分配。在 UOS 系统中，可执行 dhclient 命令通过 DHCP 更新 IP 地址，dhclient 是一个用于从 DHCP 服务器获取 IP 地址的客户端程序。例如，“sudo dhclient-r 网络接口名”命令释放 IP 地址，“sudo dhclient 网络接口名”命令重新获取 IP 地址。

在 UOS server V20 中，可使用 isc-chcp-server 来配置 DHCP 服务。

4. DNS 服务

视 频

DNS 服务

1）DNS 的基本概念

在计算机网络中，要知道对方的 IP 地址才能进行通信。然而 IP 地址难以记忆，如 210.42.192.1，为了方便记忆，采用域名来代替 IP 地址标识站点地址，如 www.baidu.com 代表百度网站，www.hnjd.edu.cn 代表河南机电职业学院网站。

因此，域名是为了方便用户记忆而专门建立的一套地址转换系统，称为 DNS（domain name system，域名系统）。要访问一台 Internet 上的服务器，最终必须通过 IP 地址来实现，域名解析就是将域名重新转换为 IP 地址的过程。一个域名对应一个 IP 地址，但一个 IP 地址可以对应多个域名。域名解析需要由专门的域名解析服务器（即 DNS 服务器）来完成。从某种意义上讲，域名服务对于计算机不是必需的，它只是对于用户更加友好的一种特别服务。

2）DNS 的工作原理

DNS 查询可以通过不同的方式解析。客户机有时也可通过使用从以前查询获得的缓存信息直接应答查询请求。DNS 服务器可使用其自身的 NS（name server）资源记录来应答查询，也可代表所请求的客户机查询或联系其他 DNS 服务器，以完全解析该名称，并随后将应答返回至客户机，这个过程称为递归查询。

另外，客户机自己也可尝试联系其他 DNS 服务器来解析名称。如果客户机这么做，它会使用基于服务器应答的独立和附加的查询，该过程称为迭代，即 DNS 服务器之间的交互查询就是迭代查询。

例如，当用户在浏览器中输入 www.hnjd.edu.cn 时，DNS 解析大概要执行 12 个步骤，具体如图 8-6 所示。

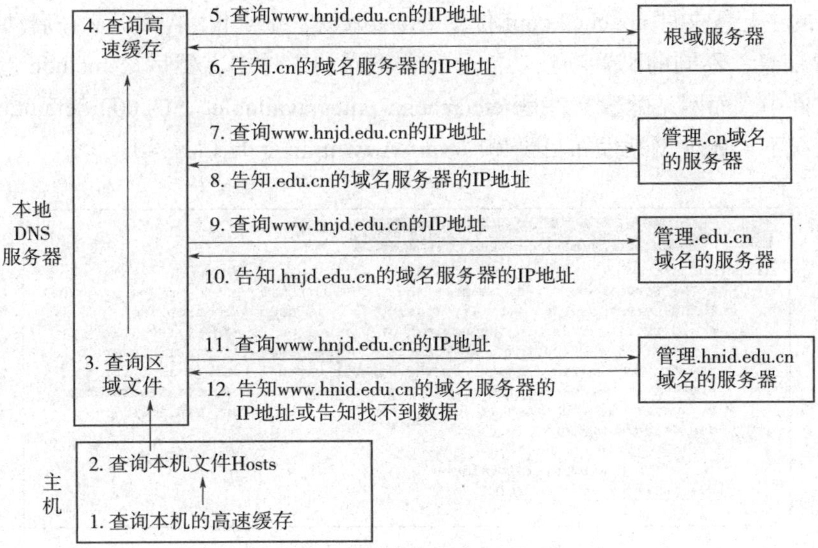

图 8-6　DNS 解析过程

在 UOS server V20 中，可使用 BIND9 配置 DNS 服务。Bind（berkeley internet name domain）是一款开源的 DNS 服务器软件，由加州大学 Berkeley 分校开发和维护，广泛应用于全球的 UNIX、Linux 平台和 Windows 平台；Bind9 于 2000 年发布，它采用了新的架构和设计理念，引入了多线程、DNS 动态更新、区域传输加密等特性，提供了更高的性能和更强的安全性。

项目实施

任务一　搭建 Web 服务器

任务目的：掌握 Web 服务器的安装与配置的过程，及创建 Web 站点的方法。

任务内容：安装 Apache2，并创建 Web 站点。

任务环境：UOS server V20。

任务步骤：

步骤 *1*：安装 Apache2。在 IP 地址为 192.168.0.102 的 UOS 的终端窗口中，输入“apt-get install apache2”命令，如图 8-7 所示。

图 8-7　UOS 的终端窗口安装 Apache2

步骤 2：创建 Web 站点主文件（index.html）。

参考命令如下："echo This is a UOS Web server > /var/www/html/index.html"。

Apache2 的主配置文件 apache2.conf 位于 /etc/apache2 目录下，Apache2 在启动时自动读取该文件中的配置信息，不同的配置项按功能分布在不同的文件中，然后被 Include 包含到 apache2.conf 主配置文件中，而网站配置文件是 /etc/apache2/sites-available/ 下的 000-default.conf，如图 8-8 所示。默认情况下，Web 网站发布目录为"/var/www/html"，端口是 80。

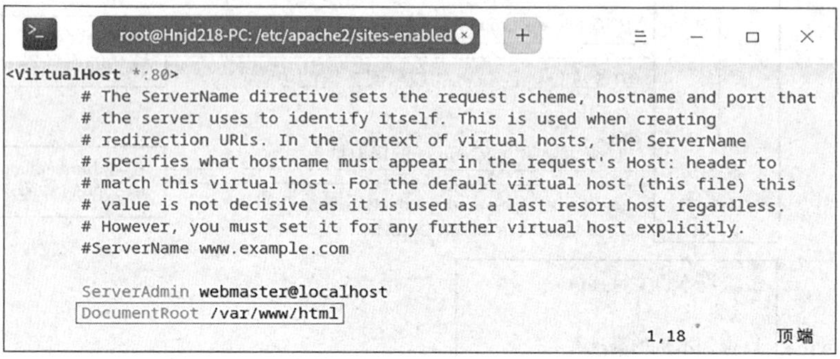

图 8-8　配置文件中默认 Web 站点目录

步骤 3：重新启动 Apache2。输入"systemctl restart apache2"命令，如果希望将 Web 服务设置为随系统启动时启动，可再输入"systemctl enable apache2"命令。

步骤 4：测试 Web 站点。可以在本机或局域网内的其他计算机的浏览器中输入地址 http://192.168.0.102，即可打开图 8-9 所示的页面，表示 Web 服务器及站点已能正常工作。

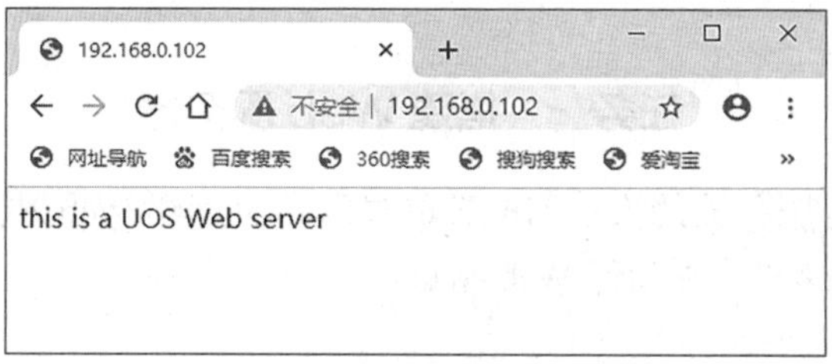

图 8-9　测试 Web 站点

任务二　搭建 FTP 服务器

任务目的：掌握 FTP 服务器的安装与配置过程，及创建 FTP 站点的方法。

任务内容：安装 vsftpd，并创建 FTP 站点。

任务环境：UOS server V20。

任务步骤：

步骤 1：安装 vsftpd。在 IP 地址为 192.168.0.102 的 UOS 的终端窗口中，输入"apt -get -y install vsftpd"命令，如图 8-10 所示。

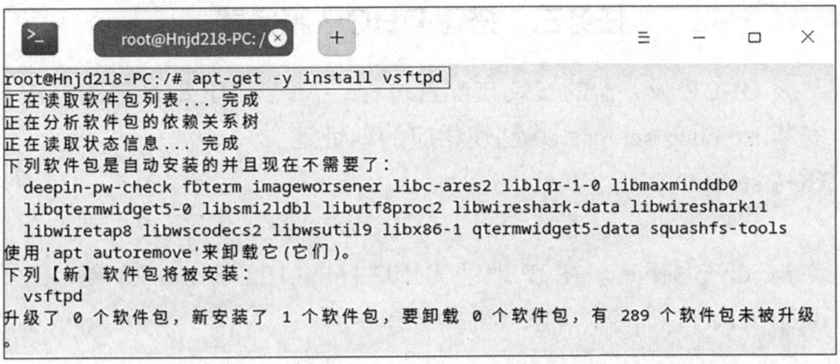

图 8-10　安装 vsftpd

步骤 2：配置 FTP 服务。在 UOS 中，默认情况下，FTP 服务的发布目录是 /srv/ftp，在该目录下创建一个目录与文件，用于测试，参考命令如下：

```
mkdir  /srv/ftp/temp
touch /srv/ftp/test.txt
```

为允许匿名用户登录 FTP 服务，需要编辑配置文件 vsftpd.conf，该文件位于 /etc/ 目录下，将其中的 anonymous_enable 值设置为 YES，如图 8-11 所示，保存并关闭配置文件。

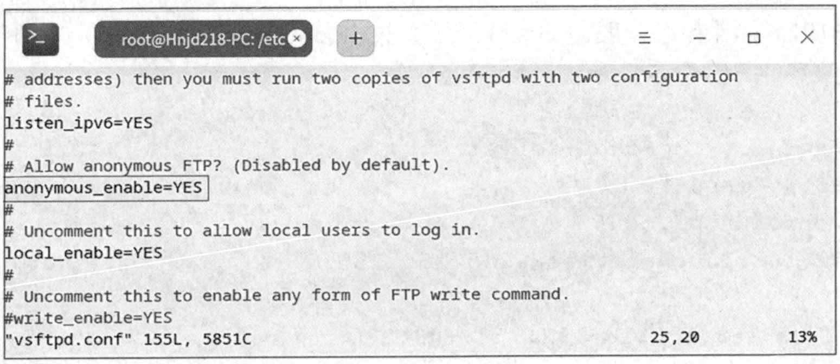

图 8-11　修改配置文件

步骤 3：重启 vsftpd 服务使应用更改。输入“sudo systemctl restart vsftpd”命令，如果希望将 FTP 服务设置为随系统启动时启动，可再输入“systemctl enable vsftpd”命令。

步骤 4：测试 FTP 站点。可以在本机或局域网内的其他计算机的浏览器中输入地址 ftp://192.168.0.102，即可打开如图 8-12 所示的页面，表示 FTP 服务器及站点已能正常工作。

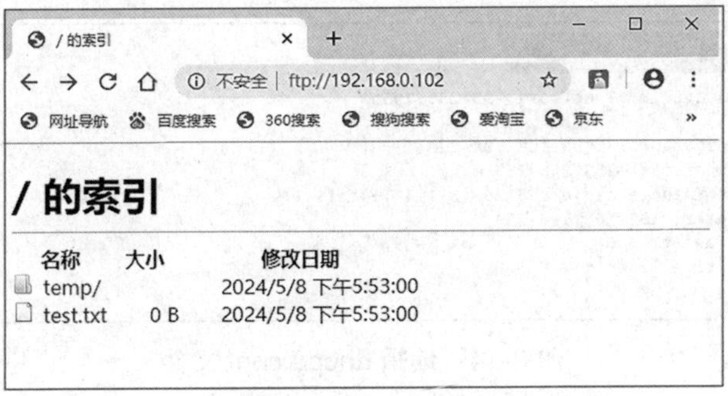

图 8-12　测试 FTP 站点

任务三　搭建 DHCP 服务器

任务目的：掌握 DHCP 服务器的安装与配置过程，及创建 IP 地址池的方法。

任务内容：安装 isc-chcp-server，并创建相应的地址池。

任务环境：UOS server V20。

任务步骤：

步骤 1：安装 isc-dhcp-server。在 IP 地址为 192.168.0.102 的 UOS 的终端窗口中，输入“apt -get -y install isc-dhcp-server”命令，如图 8-13 所示。

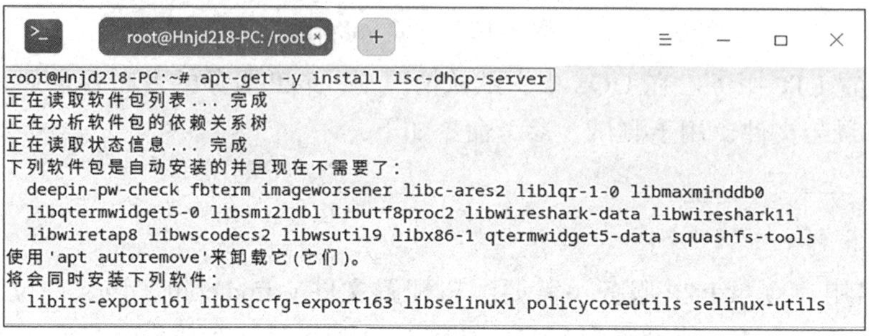


```
root@Hnjd218-PC:~# apt-get -y install isc-dhcp-server
正在读取软件包列表... 完成
正在分析软件包的依赖关系树
正在读取状态信息... 完成
下列软件包是自动安装的并且现在不需要了:
  deepin-pw-check fbterm imageworsener libc-ares2 liblqr-1-0 libmaxminddb0
  libqtermwidget5-0 libsmi2ldbl libutf8proc2 libwireshark-data libwireshark11
  libwiretap8 libwscodecs2 libwsutil9 libx86-1 qtermwidget5-data squashfs-tools
使用'apt autoremove'来卸载它(它们)。
将会同时安装下列软件:
  libirs-export161 libisccfg-export163 libselinux1 policycoreutils selinux-utils
```

图 8-13　安装 isc-dhcp-server

步骤 2：添加监听网卡（一般是 ens33，可通过 ifconfig -a 命令查看）并创建地址池。参考命令如下：

```
vim /etc/default/isc-dhcp-server
INTERFACESv4="ens33"
vim /etc/dhcp/dhcpd.conf
subnet 192.168.100.0 netmask 255.255.255.0
{
    range 192.168.100.10 192.168.100.220 ;
    option domain-name-servers 8.8.8.8, 114.114.114.114;
    option routers 192.168.100.254;
    default-lease-time 600;
    max-lease-time 7200;
}
```

如图 8-14 示，编辑 dhcpd.conf 文件后，保存并退出。

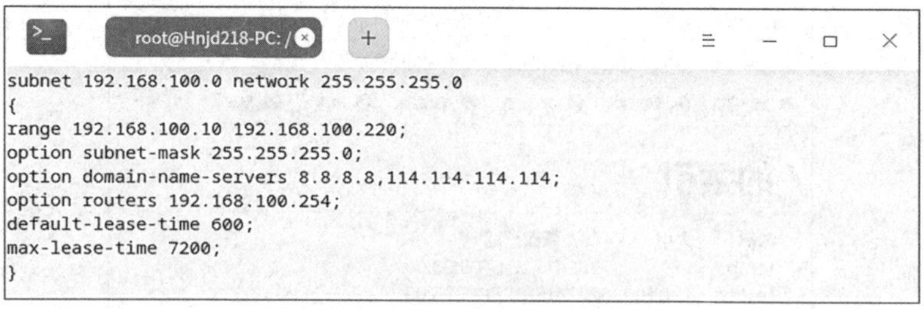


```
subnet 192.168.100.0 network 255.255.255.0
{
range 192.168.100.10 192.168.100.220;
option subnet-mask 255.255.255.0;
option domain-name-servers 8.8.8.8,114.114.114.114;
option routers 192.168.100.254;
default-lease-time 600;
max-lease-time 7200;
}
```

图 8-14　编辑 dhcpd.conf 文件

步骤 3：重新启动 isc-chcp-server。输入“systemctl restart isc-dhcp-server”命令，如果希望

将 DHCP 服务设置为随系统启动时启动，可再输入命令“systemctl enable isc-dhcp-server”命令。

步骤 4：测试 DHCP 服务。可以在局域网内的另一台设备上启用 DHCP，查看获取 IP 地址、网关和 DNS 服务器的情况。

任务四　搭建 DNS 服务器

任务目的：掌握 DNS 服务器的安装与配置过程，及创建 DNS 记录的方法。

任务内容：安装 Bind9，并创建相应的 DNS 记录。

任务环境：UOS server V20。

任务步骤：

步骤 1：安装 Bind9。参考命令为“apt -get -y install bind9”，如图 8-15 所示。

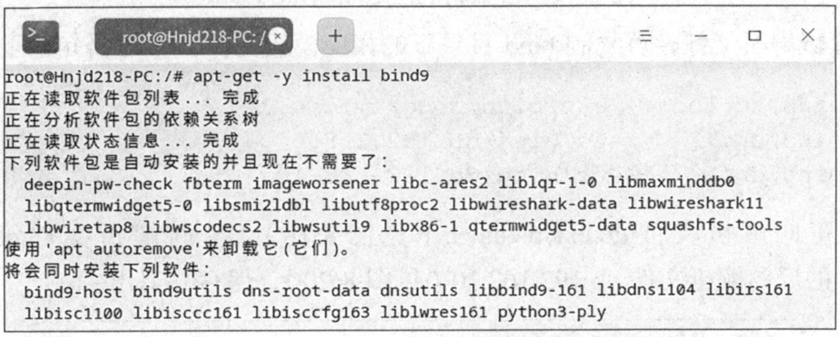

```
root@Hnjd218-PC:/# apt-get -y install bind9
正在读取软件包列表... 完成
正在分析软件包的依赖关系树
正在读取状态信息... 完成
下列软件包是自动安装的并且现在不需要了：
  deepin-pw-check fbterm imageworsener libc-ares2 liblqr-1-0 libmaxminddb0
  libqtermwidget5-0 libsmi2ldbl libutf8proc2 libwireshark-data libwireshark11
  libwiretap8 libwscodecs2 libwsutil9 libx86-1 qtermwidget5-data squashfs-tools
使用'apt autoremove'来卸载它(它们)。
将会同时安装下列软件：
  bind9-host bind9utils dns-root-data dnsutils libbind9-161 libdns1104 libirs161
  libisc1100 libisccc161 libisccfg163 liblwres161 python3-ply
```

图 8-15　安装 Bind9

步骤 2：配置 DNS，创建 www.exam.edu.cn 到 192.168.0.102 和 ftp.exam.edu.cn 到 192.168.0.106 的解析记录。UOS 中 Bind9 的主配置文件 named.conf 在 /etc/bind 目录下，该目录下配置文件及主配置文件 named.conf 的内容如图 8-16 所示。

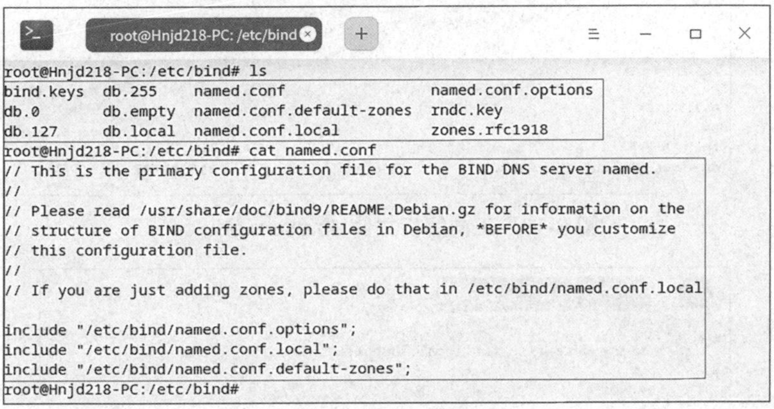

```
root@Hnjd218-PC:/etc/bind# ls
bind.keys  db.255    named.conf                 named.conf.options
db.0       db.empty  named.conf.default-zones   rndc.key
db.127     db.local  named.conf.local           zones.rfc1918
root@Hnjd218-PC:/etc/bind# cat named.conf
// This is the primary configuration file for the BIND DNS server named.
//
// Please read /usr/share/doc/bind9/README.Debian.gz for information on the
// structure of BIND configuration files in Debian, *BEFORE* you customize
// this configuration file.
//
// If you are just adding zones, please do that in /etc/bind/named.conf.local

include "/etc/bind/named.conf.options";
include "/etc/bind/named.conf.local";
include "/etc/bind/named.conf.default-zones";
root@Hnjd218-PC:/etc/bind#
```

图 8-16　Bind9 的配置文件

（1）在 /etc/bind/named.conf.local 文件末尾，添加新的区域 exam.edu.cn，如图 8-17 所示，保存并退出。

```
zone "exam.edu.cn" {
type master;
file "/etc/bind/db.exam.edu.cn";
};

zone "0.168.192.in-addr.arpa"{
type master;
file "/etc/bind/db.192.168.0";
};

zone "10.168.192.in-addr.arpa"{
type master;
file "/etc/bind/db.192.168.10";
};
                                                20,12         底端
```

图 8-17　添加新的区域 exam.edu.cn

（2）添加区域解析文件，可复制 bind 目录下的相应模板文件，参考语句如下：

```
cp /etc/bind/db.local /etc/bind/db.exam.edu.cn
cp /etc/bind/db.127  /etc/bind/db.192.168.0
cp /etc/bind/db.127  /etc/bind/db.192.168.10
```

然后修改正向解析文件 db.exam.edu.cn（见图 8-18）、反向解析文件 db.192.168.0（见图 8-19）、dns1 的反向解析文件 db.192.168.10（见图 8-20），保存并退出。

```
;
; BIND data file for local loopback interface
;
$TTL    604800
@       IN      SOA     dns1.exam.edu.cn. root.exam.edu.cn. (
                              2         ; Serial
                         604800         ; Refresh
                          86400         ; Retry
                        2419200         ; Expire
                         604800 )       ; Negative Cache TTL
;
@       IN      NS      dns1.exam.edu.cn.
dns1    IN      A       192.168.10.111
www     IN      A       192.168.0.102
ftp     IN      A       192.168.0.106
"db.exam.edu.cn" 15L, 326C                        15,22-37      全部
```

图 8-18　正向解析文件 db.exam.edu.cn

```
;
; BIND reverse data file for local loopback interface
;
$TTL    604800
@       IN      SOA     dns1.exam.edu.cn. root.exam.edu.cn. (
                              1         ; Serial
                         604800         ; Refresh
                          86400         ; Retry
                        2419200         ; Expire
                         604800 )       ; Negative Cache TTL
;
@       IN      NS      dns1.exam.edu.cn.
102     IN      PTR     www.exam.edu.cn.
106     IN      PTR     ftp.exam.edu.cn.
~
"db.192.168.0" 14L, 319C                          12,25-41      全部
```

图 8-19　反向解析文件 db.192.168.0

```
root@Hnjd218: /etc/bind
;
; BIND reverse data file for local loopback interface
;
$TTL    604800
@       IN      SOA     dns1.exam.edu.cn. root.exam.edu.cn. (
                              1         ; Serial
                         604800         ; Refresh
                          86400         ; Retry
                        2419200         ; Expire
                         604800 )       ; Negative Cache TTL
;
@       IN      NS      dns1.exam.edu.cn.
111     IN      PTR     dns1.exam.edu.cn.
~
~
"db.192.168.10" 13L, 292C                                  13,28-41      全部
```

图 8-20　dns1 的反向解析文件 db.192.168.10

步骤 3：重新启动 Bind9。输入“systemctl enable bind9”命令，如果希望将 Web 服务设置为随系统启动时启动，可再输入“systemctl enable bind9”命令。

步骤 4：测试 DNS 服务。可以使用 nslookup 或 dig 命令测试 DNS 服务器是否正常工作，如图 8-21 所示，通过 nslookup 命令测试域名 www.exam.edu.cn 的正向与反向解析，测试结果表示 DNS 服务是正常的，类似也可测试 ftp.exam.edu.cn，或者直接在浏览器的地址栏中输入域名，即可打开任务一中所配置的 Web 服务。

```
root@Hnjd218: /etc/bind
root@Hnjd218:/etc/bind# nslookup www.exam.edu.cn
Server:         192.168.10.111
Address:        192.168.10.111#53

Name:   www.exam.edu.cn
Address: 192.168.0.102

root@Hnjd218:/etc/bind# nslookup 192.168.0.102
102.0.168.192.in-addr.arpa      name = www.exam.edu.cn.
```

图 8-21　测试 www.exam.edu.cn

素质拓展

信创产业

“信创”即信息技术应用创新产业，由中国电子工业标准化技术协会信息技术应用创新工作委员会负责管理。其核心目标是在芯片、传感器、基础软件、应用软件等领域推动国产替代，建立自主可控的信息技术底层架构和标准，以确保国家的信息安全。它涉及的行业具体如下：

➢ IT 基础设施：包括 CPU 芯片、服务器、存储、交换机、路由器、各种云和相关服务内容。

➢ 基础软件：如数据库、操作系统、中间件等。

➢ 应用软件：如 OA（office automation system，办公自动化系统）、ERP（enterprise resource planning，企业资源计划）、办公软件、政务应用等。

➢ 信息安全：涉及边界安全产品、终端安全产品等。

其中，信创操作系统有中科方德、麒麟、UOS、deepin、HopeEdge、FydeOS 等。这些操作系统的研发和推广，不仅展示了中国在操作系统领域的自主研发能力，还为国内外的用户提供

了更多的选择和可能性。它们的应用有助于推动信息技术产业的创新和发展，同时对提升国家信息安全水平，具有重要的战略意义。

思考与练习

一、填空题

1. Web 服务采用________工作模式，浏览器和 Web 服务器之间使用________协议进行通信。

2. ________是在互联网上提供文件存储和访问服务的计算机，通常有________和________两种工作模式。

3. 在 Internet 上，通过________将主机域名转换为 IP 地址。

二、简答题

1. 简述 Web 服务器的工作原理。

2. 简述 DHCP 的工作原理。

项目九
接入 Internet

项目导读

随着学校网络在线用户量不断增加，以及基于校园网络的各种网络应用的开展，为保证校园网的稳定性和通畅性，需要增加出口带宽。为了完成好该工作任务，大牛要求小飞和项目组的其他人员，了解互联网的基本原理和组成结构，学习如何通过 ISP 接入 Internet、配置网络连接和实现网络通信，尽快拿出一个可行的解决方案。

知识导图

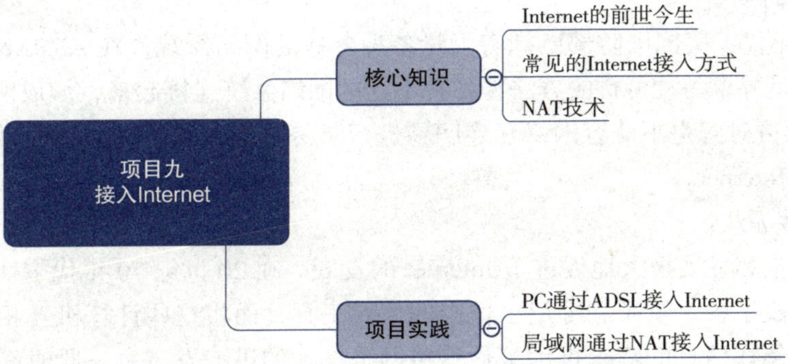

项目目标

知识目标

1. 了解 Internet 的发展历程。
2. 熟悉常见的几种 Internet 接入方式。

技能目标

1. 掌握 ADSL 接入的基本操作。
2. 掌握网络地址转换的基本配置。

素养目标

1. 通过介绍 Internet 的发展历程，培养激发学生对网络新技术的兴趣和学习热情。
2. 培养学生树立法治意识，遵守互联网法律法规，推动互联网在法治轨道上健康运行。

知识准备

9.1 Internet的前世今生

1. Internet的发展历程

Internet的前身是1969年美国国防部高级研究计划局（ARPA）的一个试验性的网络ARPANet。这个网络最初由4台分布在不同州的计算机连接而成，是美国国防部为完善其通信指挥系统而开发的一个军用网络。1972年后，全美相继有40多个不同的网络连接到ARPANet。1973年，英国和挪威加入了ARPANet。20世纪80年代，随着个人计算机的出现和计算机价格的大幅度下降，加上局域网的快速发展，各学术机构和大学纷纷把自己的计算机连接到ARPANet，从而推动了ARPANet的发展。可以说，20世纪70年代是Internet的孕育期，而80年代则是Internet的发展期。

1）广域网技术

20世纪六七十年代，科学工作者设计了多种在大的地理范围内将计算机互相连接起来组成计算机网络的广域网技术。这种技术虽然解决了计算机网络系统有关地理范围小的问题，但其存在的一个主要问题就是广域网与广域网之间互不兼容，即不能将两个不同的网络通过通信线路相互连接起来形成一个可用的大网络。

2）Internet的创建

20世纪60年代，美国国防部已拥有大量各种各样的网络系统，在ARPANet的研究中，其主要指导思想就是寻求一种可行的方法将各种不同的网络系统连接起来，形成网际网。

ARPANet项目对解决不兼容网络互连问题进行了深入细致的研究，其项目及研究人员建立的原型系统称为Internet。

3）局域网发展

局域网的产生和发展极大地促进了Internet的发展。在20世纪70年代末期，计算机价格大幅下跌，计算机成了各个组织和部门工作中的主要工具，而将这些计算机互相连接起来，并且在它们之间快速传递信息的需求推动了计算机网络技术的迅速发展。一段时间内，许多大的组织内部都使用了局域网，局域网的数量急剧增加。

各计算机研究生产部门的研究人员，研究和设计了多种局域网技术，它们互不兼容。某种特定的局域网技术只能在某些特定的计算机上使用。解决它们之间的互连，成了局域网发展的主要问题，也是Internet发展的关键问题。

4）TCP/IP诞生

为了保证采用各种不同局域网技术的网络之间、计算机之间能够互相连接，经过研究人员的不断努力，TCP/IP诞生了。在第一届国际计算机通信会议上，成立了一个Internet网络工作组，专门负责研究不同计算机网络之间通信的规则，负责制定网络通信协议。

1978年，美国军方将Internet的管理权转让给了大学和社会组织，并将计算机网络通信的核心技术TCP/IP公布于世，让任何组织或个人都可以无偿地使用该技术。这一举措极大地促进了Internet在全球范围内的推广和发展。经过短短几十年的发展，几乎所有的国家和地区均已连接到Internet，我国1994年正式接入Internet，成为第71个成员。

2. Internet 的发展现状

1）国际 Internet 发展状况

20 世纪 90 年代中期，Internet 的发展速度是非常惊人的，平均每隔半个小时就有一个新的网络与 Internet 连接，平均每月有 100 万人成为 Internet 的新“网民”。截至 1997 年底，全球上网用户数量超过 7 000 万，连接的网络数量达到 134 365 个，连接的主机数量约 1 600 万台。

1977 年，Internet 中的主机数量仅 111 台。1981 年，Internet 中的主机数量为 213 台。1984 年，Internet 中的主机数量为 1 000 台。1987 年，Internet 中的主机数量为 10 000 台。1989 年，Internet 中的主机数量为 100 000 台。1992 年，Internet 中的主机数量达到 1 000 000 台。1997 年，Internet 中的主机数量达到 16 000 000 台。2001 年，Internet 中的主机数量超过 150 000 000 台。2009 年，Internet 中的主机数量超过 1 743 000 000 台。2010 年，Internet 中的主机数量超过 1 999 000 000。2015 年，Internet 中的主机数量超过 3 002 000 000。2020 年，Internet 中的主机数量超过 4 648 000 000。2021 年，Internet 中的主机数量超过 5 169 000 000。Internet 中的主机数量增长曲线如图 9-1 所示。

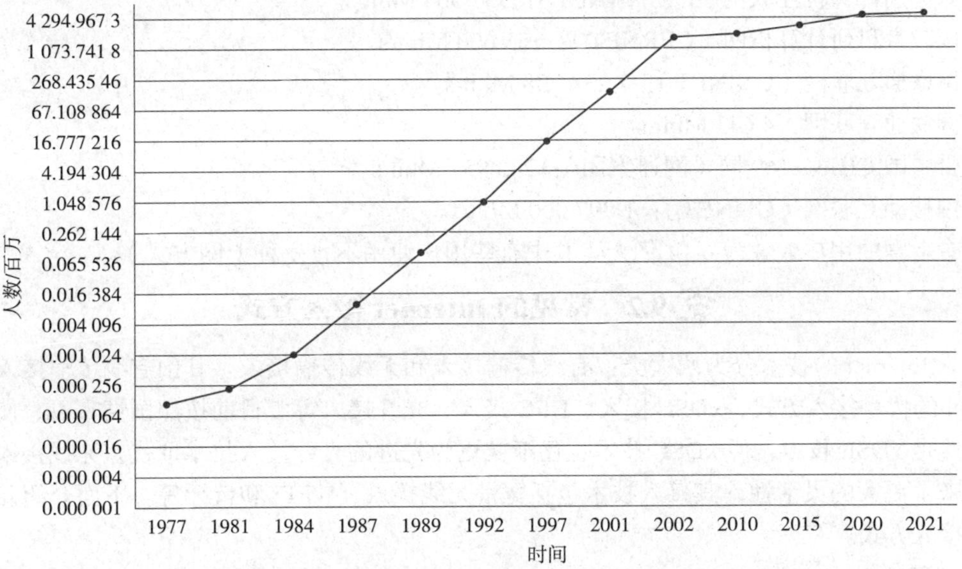

图 9-1　Internet 的主机数量增长曲线图

2）国内 Internet 发展状况

我国是第 71 个加入互联网的成员，1994 年 5 月，以“中国科学院 - 北大 - 清华”为核心的“中国国家计算机网络设施”（the national computing and network facility of China，NCFC，中关村网）与 Internet 连通。随后，我国陆续建造了基于 TCP/IP 技术的并可以和 Internet 互连的四个全国范围的公用计算机网络，它们分别是中国公用计算机互联网 CHINANET、中国金桥信息网 CHINAGBN、中国教育科研计算机网 CERNET、中国科技网 CSTNET，其中前两个是经营性网络，而后两个是公益性网络。最近两年又陆续建成了中国联通互联网、中国网通公用互联网、宽带中国、中国国际经济贸易互联网、中国移动互联网等。

CHINANET 始建于 1995 年，由中国电信负责运营，是上述网络中最大的一个，是我国最主要的互联网骨干网。它通过国际出口接入互联网，从而使 CHINANET 成为互联网的一部分。

CHINANET 具有灵活的接入方式和遍布全国的接入点，可以方便用户接入互联网，享用互联网上丰富的资源和各种服务。CHINANET 由核心层、接入层和网管中心三部分组成。核心层主要提供国内高速中继通道和连接“接入层”，同时负责与互联网的连接，核心层构成 CHINANET 骨干网。接入层主要负责提供用户端口以及各种资源服务器。

2023 年 8 月，中国互联网络信息中心（China network information center, CNNIC）公布：我国网民规模达 10.79 亿人，互联网普及率达 76.4%；域名总数为 3 024 万个，其中，“.com” 域名数量为 822 万个，占我国域名总数的 27.2%，“. 中国” 域名数量为 18 万个，占我国域名总数的 0.6%；我国网站（指域名注册者在中国境内的网站）数量为 383 万个，“.cn” 下网站数量为 225 万个。经营性骨干网有：中国联通、中国电信、中国移动、中国科学院、赛尔网络有限公司、中国国际电子商务中心、中国长城互联网络中心。

我国国际出口带宽的总容量为 18 469 972 Mbit/s，连接的国家有美国、加拿大、澳大利亚、英国、德国、法国、日本、韩国等，具体分布情况如下：

中国科技网（CSTNET）：114 688 Mbit/s。

中国公用计算机互联网（CHINANET）：337 564 Mbit/s。

中国教育科研计算机网（CERNET）：153 600 Mbit/s。

中国联通互联网（UNINET）：2 234 738 Mbit/s。

中国铁通互联网：4 643 Mbit/s

宽带中国 CHINA169 网（网通集团）：243 957 Mbit/s。

中国移动互联网（CMNET）：1 997 000 Mbit/s。

宽带上网的用户人数为 6.14 亿人（其中有些用户使用不止一种上网方式）。

9.2 常见的 Internet 接入方式

接入 Internet 的技术分为两大类：有线传输接入和无线传输接入。其中有线传输接入包括基于 PSTN 的拨号接入方式、xDSL 接入、HFC 接入、光纤接入等。目前按照国情来看，使用最广泛的依然是 xDSL 技术，但 xDSL 技术正逐渐被更为先进的光纤接入技术取代。无线接入为上网方式带来了更大的灵活性，其接入技术包括宽带无线接入、Wi-Fi 和蓝牙等。下面介绍几种常用的有线接入方式。

1. 拨号接入

由于接入费用低，拨号接入方式曾经是使用最普遍的一种接入方式，现在仍然在商场的 POS 系统和线路备份方面使用。作为用户来讲只要有一根电话线和一个 Modem 就可以拨号上网了。下面详细分析一下拨号接入的过程。

通过 PSTN 接入 Internet 的过程如图 9-2 所示，其中的 AAA 服务器（验证、授权和计费服务器）和 NAS（接入服务器）是关键。通过 PSTN 接入首先要通过 Modem 呼叫 169，呼叫通过 PSTN 被传送到所连接的电话交换机上。电话交换机从呼叫号码可以分析出是要打电话还是要上网，由于 169 是一个 ISP 的号码，所以电话交换机会将该呼叫转发到相应的 NAS。NAS 中有很多 Modem，收到呼叫后，NAS 会选择一个空闲的 Modem 与用户端的 Modem 协商传输的具体参数。参数协商完成后，NAS 会要求输入用户名和密码，这时计算机上就会出现相应界面，用户名和密码经过 CHAP 加密后，传递给 NAS，之后又交给 AAA 服务器。AAA 服务器保存了所有合法用户的用户名和密码。如果经过核对，结果正常，AAA 服务器会通知 NAS 接受连接请求，这时用户会得到一个未被使用的 IP 地址以及一条未被使用的通道，这样就建立了与 Internet 连接。当然通过 PSTN 连接 Internet 会受到 PSTN 固有的带宽限制，这种方式理论上的最高速率只有 56 kbit/s，实际上这个值是很难达到的。

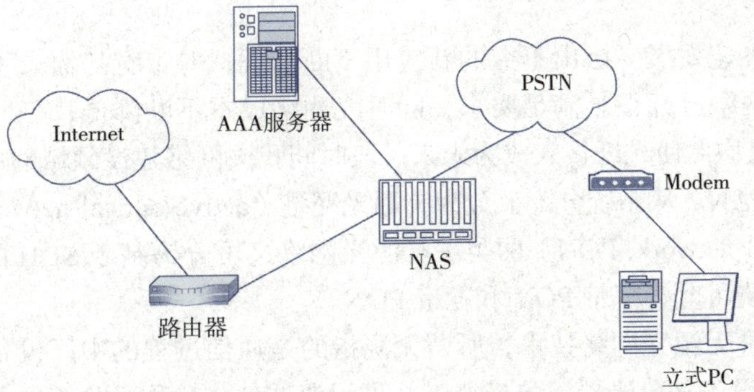

图 9-2　通过 PSTN 接入 Internet

2. ADSL 接入

ADSL（asymmetrical digital subscriber line，非对称数字用户线）是一种能够通过普通电话线提供宽带数据业务的技术，是目前使用较多的一种接入技术。ADSL 曾有“网络快车”的美誉，因其下行速率高、频带宽、性能优、安装方便等特点而深受广大用户喜爱，成为继 Modem、ISDN 之后的又一种全新的、更快捷、更高效的接入方式。

ADSL 接入的最大特点是不需要改造信号传输线路，完全可以利用普通铜质电话线作为传输介质，只要配上专用的 Modem 即可实现数据高速传输。ADSL 支持上行速率 640 kbit/s ~ 1 Mbit/s，下行速率 1 ~ 8 Mbit/s，其有效的传输距离在 3 ~ 5 km。每个用户都有单独的一条线路与 ADSL 局端相连，它的结构可以看作星形结构，数据传输带宽是由每一个用户独享的。它的具体工作流程是：经 ADSL Modem 编码后的信号通过电话线传到电话局，再通过一个信号识别 / 分离器，如果是语音信号就传到程控交换机上，如果是数字信号就接入 Internet。

ADSL 线路连接示意图如图 9-3 所示，将加载了 ADSL 信号的电话线接入话音分离器，从话音分离器中分离出两条不同接口的线路：电话接口线（RJ-11）和 Modem 接口线（RJ-45），从而实现 ADSL 和电话线分离。电话接口线与电话连接，电话可以独立使用，用 Modem 接口线与 ADSL Modem 连通，再用另一条网线把 ADSL Modem 与计算机的网卡连通，内置的 ADSL Modem 直接把 ADSL 电话线插到卡后面的插孔即可。

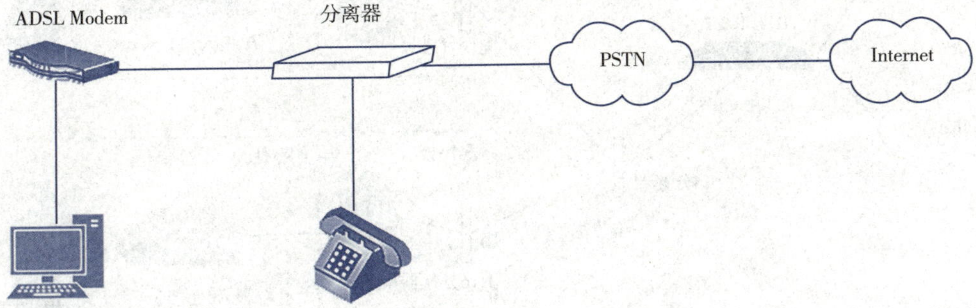

图 9-3　ADSL 线路连接示意图

其实，ADSL 有专线接入和拨号接入两种。拨号接入方式价格比较便宜，专线接入适合单位使用，价格稍高，而且有很强的地域限制。无论采用ADSL的哪种接入方式，联网计算机距离互联网服务提供商（internet service provider, ISP）的局端ADSL的接入设备的距离都不能大于5 km，否则不能选择该接入方式，并且距离局端设备越远，上网的效果就越差。

3. 光纤接入

随着互联网的飞速发展，层出不穷的新应用不断涌现，对带宽的需求不断增长，传统的铜缆介质和有线电视网络已经很难满足要求，同时光网络成本不断降低，三网融合及国家新经济构成的需要等新情况均促使光纤接入成为未来一段时间我国网络建设领域的主要内容。

光纤接入网（OAN）从系统分配上分为有源光网络（active optical network, AON）和无源光网络（passive optical network, PON）两类。有源光网络又可分为基于SDH的AON和基于PDH的AON，无源光网络可分为窄带PON和宽带PON。

PON技术是一种无源光网络技术，所谓无源指的是通信过程的中间设备不需要电源，实际上PON技术的中间设备是分光器，分光器是一种无源器件，又称光分路器，它们不需要外部能量，只要有输入光即可。分光器由入射和出射狭缝、反射镜和色散元件组成，其作用是将所需的共振吸收线分离出来。它的功能是分发下行数据，并集中上行数据。分光器带有一个上行光接口和若干下行光接口。从上行光接口过来的光信号被分配到所有下行光接口并传输出去，从下行光接口过来的光信号被分配到唯一的上行光接口并传输出去。只是光信号从上行光接口转到下行光接口的时候，光信号强度/光功率将下降，从下行光接口转到上行光接口的时候，同样如此。各个下行光接口出来的光信号强度可以相同，也可以不同。PON中间设备是无源的，因此PON技术组建的光网络的可维护性更好，成本更低，使用的范围更广泛。

由于以太网在局域网领域具有统治地位，PON技术自然而然就考虑借助以太网技术进行发展的路线，为此产生了基于以太网技术的EPON技术，并成为当前光纤入户的主要技术。

由于光纤接入网使用的传输媒介是光纤，因此根据光纤深入用户群的程度，光纤接入网可分为FTTC（光纤到路边）、FTTZ（光纤到小区）、FTTB（光纤到大楼）、FTTO（光纤到办公室）和FTTH（光纤到户），它们统称为FTTx。FTTx不是具体的接入技术，而是光纤在接入网中的推进程度或使用策略。目前我国已经开始大规模推广光纤入户，即FTTH，如图9-4所示，通过一根光纤入户实现电视与网络的接入。

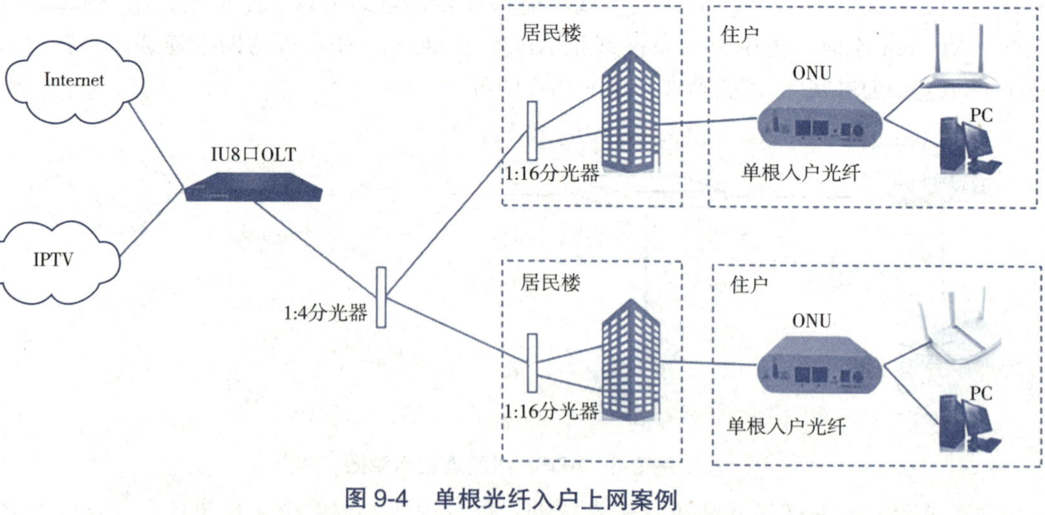

图9-4 单根光纤入户上网案例

总体来讲，光纤接入网是目前电信网中发展最为快速的接入网技术，除了重点解决电话等窄带业务的有效接入问题外，还可以同时解决数据业务、多媒体图像等宽带业务的接入问题，是固网发展的一个重要方向。

4. 无线宽带接入

无线宽带接入技术面向的是一个固网和移动通信网络相互融合的新市场，它可提供与宽带有线固定接入并行的无线宽带接入业务，支持漫游和移动应用。它与宽带固定接入使用共同的核心网、业务支持和 AAA 系统，其速率可达每秒几百千比特甚至每秒几十兆比特，终端主要是便携式计算机、PDA 和智能手机。

总体来讲，无线宽带接入技术主要有两个技术体系：一个是移动宽带接入技术，以 3G、HSDPA、HSUPA、LTE、AIE、4G 等为代表；另一个是宽带无线接入技术，以 MMDS、Wi-Fi、WiBro、WiMAX、MCWill 等技术为代表。下面简要介绍这两个体系。

1）移动宽带接入技术

移动数据业务基本是一个专网，是智能手机上网的重要方式，目前的主流技术有 4G 和 5G。4G 是集 3G 与 WLAN 于一体，能够快速且高质量传输数据、音频、视频和图像等数据的移动接入技术。4G 能够以 100 Mbit/s 以上的速度下载，而 5G 最高下载速率能达到 1 Gbit/s。5G 技术的优势在于数据传输速度极快、延迟极低、网络容量极大、支持更多的设备连接，但建设成本更高，信号覆盖范围较窄。5G 与 4G 相比，具有“更高网速、低延时高可靠、低功率海量连接”的特点。

在超高速率方面，5G 速率最高可以达到 4G 的 100 倍，实现 10 Gbit/s 的峰值速率，能够用手机很流畅地看 4K、8K 高清视频，极速畅玩 360 度全景 VR 游戏等。

在超低时延方面，5G 的空口时延可以低至 1 ms，仅相当于 4G 的十分之一，远高于人体的应激反应，可以广泛地应用于自动控制领域。

在超大连接方面，5G 每平方千米可以有 100 万的连接数，与 4G 相比用户容量可以大大增加，除了手机终端的连接之外，还可以广泛地应用于物联网。

2）宽带无线接入技术

宽带无线接入（broadband wireless access, BWA）技术目前还没有通用的定义，一般是指把高效率的无线技术应用于宽带接入网络，以无线方式向用户提供宽带接入技术。 IEEE 802 标准组负责制定无限宽带接入 BWA 的各种技术规范，根据覆盖范围将宽带无线接入划分为：无线个域网 WPAN（IEEE 802.15.3 定义的 UWB）、无线局域网 WLAN（IEEE 802.11 定义的 Wi-Fi）、无线城域网 WMAN（IEEE 802.16 定义的 WiMAX）、无线广域网 WWAN（IEEE 802.20）。其中比较有代表性的是 Wi-Fi 和 WiMAX 技术，Wi-Fi 已经有了大规模的应用。

9.3　NAT 技术

视　频

NAT技术

NAT(network address translation，网络地址转换）是一个 Internet 工程任务组（Internet engineering task force, IETF）标准，允许一个整体机构以一个公用 IP（Internet protocol）地址出现在 Internet 上。顾名思义，它是一种把内部私有网络地址（IP 地址）翻译成合法网络 IP 地址的技术。

1. NAT 工作过程

简单地说，NAT 就是在内部网络中使用私有地址，而当内部节点要与外部网络进行通信时，就在网关（可以理解为出口）处，将私有地址替换成公用地址，从而在 Internet 上正常使用。NAT 可以使多台计算机共享 Internet 连接，这一功能很好地解决了公共 IP 地址紧缺的问题。通过这种方法，用户可以只申请一个合法 IP 地址，就把整个局域网中的计算机接入 Internet。同时，NAT 屏蔽了内部网络，使所有内部网计算机对于公共网络来说是不可见的，而内部网计算机用户通常不会意识到 NAT 的存在，如图 9-5 所示。

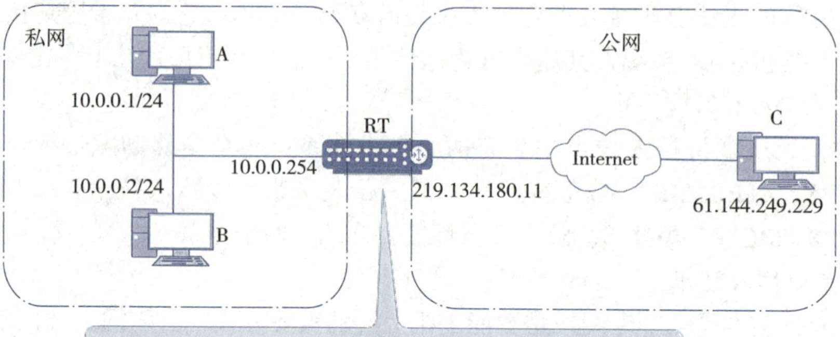

NAT表

内部地址	内部端口	外部地址	外部端口
10.0.0.1	8080	219.134.180.11	80

图 9-5　NAT 工作过程示意图

2. NAT 技术类型

NAT 有三种类型：静态 NAT（static NAT）、动态地址 NAT（pooled NAT）、网络地址端口转换 NAPT（port-level NAT）。

其中，静态 NAT 设置起来最为简单且最容易实现，内部网络中的每个主机都被永久映射成外部网络中的某个合法地址。而动态地址 NAT 是在外部网络中定义了一系列合法地址，采用动态分配的方法映射到内部网络。NAPT 则是把多个内部地址映射到外部网络的一个 IP 地址的不同端口上。根据不同的需要，三种 NAT 方案各有利弊。

动态地址 NAT 仅转换 IP 地址，它为每一个内部的 IP 地址分配一个临时的外部 IP 地址，主要应用于拨号，对于频繁的远程连接也可以采用动态 NAT。当远程用户连接上之后，动态地址 NAT 就会分配给用户一个 IP 地址，用户断开时，该 IP 地址就会被释放而留待以后使用。

网络地址端口转换（network address port translation, NAPT）是人们比较熟悉的一种转换方式。NAPT 普遍应用于接入设备，它可以将中小型的网络隐藏在一个合法的 IP 地址后面。NAPT 与动态地址 NAT 不同，它将内部连接映射到外部网络中一个单独的 IP 地址上，同时在该地址上加上一个由 NAT 设备选定的 TCP 端口号。

在 Internet 中使用 NAPT 时，所有不同的信息流看起来好像源于同一个 IP 地址。这个优点在小型办公室内（SOHO）非常实用，通过从 ISP 处申请的一个 IP 地址，将多个连接通过 NAPT 接入 Internet。实际上，许多 SOHO 远程访问设备支持基于 PPP 的动态 IP 地址。这样，ISP 甚至只需要支持 NAPT，就可以做到多个内部 IP 地址共用一个外部 IP 地址访问 Internet，虽然这样会导致信道的一定拥塞，但考虑到节省的 ISP 上网费用和易管理的特点，用 NAPT 还是很值得的。

项目实施

任务一　PC 通过 ADSL 接入 Internet

任务目的：熟悉 ADSL 接入方式，掌握 ADSL 的配置方法。

任务内容：通过 ADSL 技术实现 Internet 的接入。

任务环境：在 UOS 中接入 Internet。

任务步骤：

家庭用户在向当地 ISP 申请使用 ADSL 时，ISP 给用户的合同文本中，一般会包括用户账号、密码、ADSL 服务号等信息，有时还会直接向用户提供 IP 地址、子网掩码、网关和 DNS 服务器地址等关键信息，但绝大多数的 ISP 都采用 DHCP 模式管理 IP 地址。ISP 工作人员在上门安装好 ADSL Modem 后，使用双绞线将需要联网计算机的网卡连接到 Modem 的信号端口，在 PC 中，正确安装网卡驱动程序并配置 TCP/IP 协议后，即可通过 PPPoE 拨号联网。创建拨号连接的步骤如下：

步骤 1：启动 UOS 系统，单击右下角“启动器”菜单中的“控制中心”命令，打开“控制中心”窗口，如图 9-6 所示。

图 9-6　“控制中心”窗口

步骤 2：单击“网络”按钮，在打开的窗口中选择“DSL”选项，如图 9-7 所示。

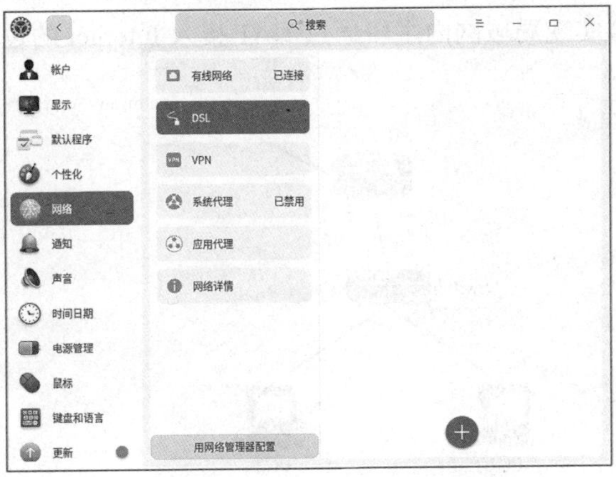

图 9-7　选择“DSL”选项

步骤 3：单击图 9-7 所示右下的“+”按钮，创建 PPPoE 连接，如图 9-8 所示。

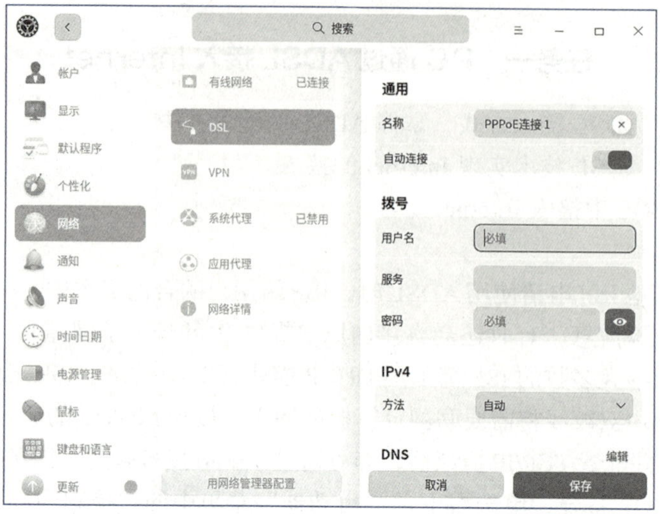

图 9-8　创建 PPPoE 连接

步骤 4：在图 9-8 右侧窗格中的“用户名”和“密码”文本框中输入 ASDL 服务商提供的账号、密码，其他保持默认设置，单击“保存”按钮，即可实现当前计算机到 Internet 的自动连接。

任务二　局域网通过 NAT 接入 Internet

任务目的：熟悉 NAT 技术的应用，掌握 NAT 的配置方法。

任务内容：通过 NAT 实现局域网接入 Internet。

任务环境：Cisco Packet Tracer 8.1。

任务步骤：

校园网通常有多个出口，也就是通过多条 ISP 专线接入互联网，比如项目一某大学校园网（见图 1-12）同时接入了电信、联通、中国教育网；ISP 为专线分配的公网 IP 地址往往不能满足局域网的需求，这时就需要用 NAT 技术实现局域网内主机接入 Internet，如图 9-9 所示，局域网内主机使用私有地址，通过在出口路由器上启用 NAT 策略接入 Internet。图 9-10 所示的拓扑，即在 Packet Tracer 中模拟实现局域网内主机通过 NAT 接入 Internet 的过程。

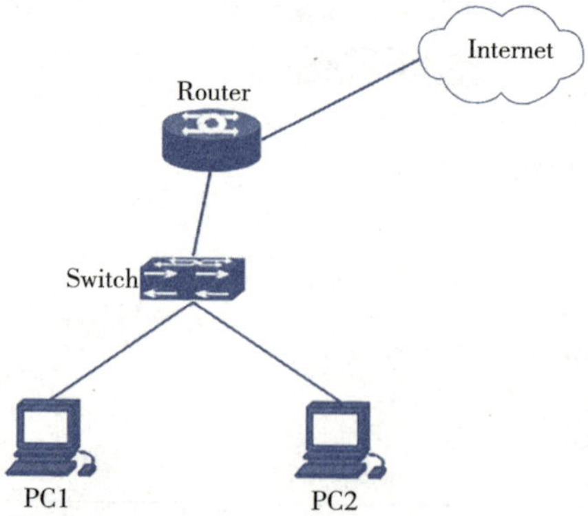

图 9-9　局域网内主机通过 NAT 接入 Internet

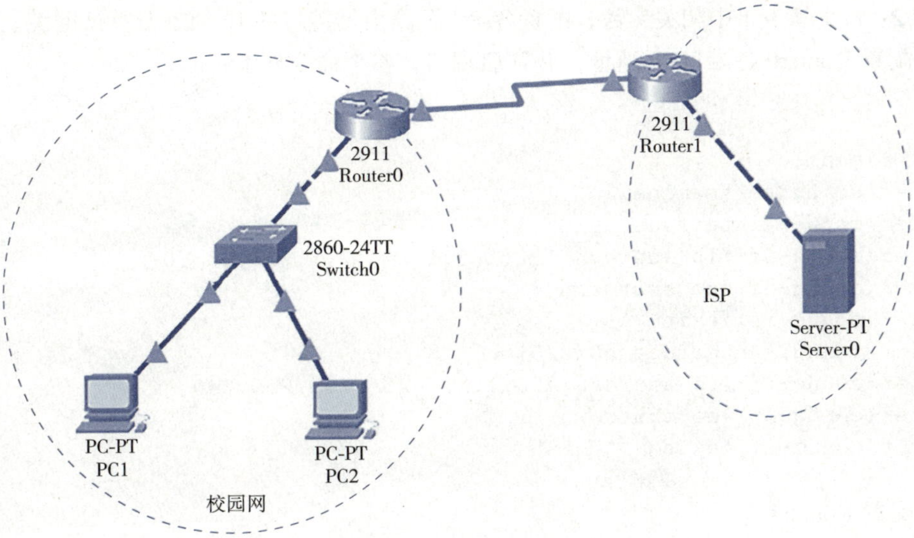

图 9-10　网络拓扑

步骤 1： 启动 Packet Tracer，根据图 9-9 所示拓扑，拖入两台 2911 路由器、一台 2960 交换机、一台 Server 和两台 PC 到工作区，并按照表 9-1 相关参数进行连接，出口路由器 Router0 为校园网出口路由器，与 ISP 的 Router1 之间采用 PPP 链路进行连接。

表 9-1　PC 接入交换机端口号与 IP 地址参数表

设 备 名	端 口 号	IP	掩　码	网　关	备　注
Router0	g0/0	192.168.1.254	255.255.255.0	/	连接到 Switch0 端口 24
	S0/0/0	200.1.1.1	255.255.255.240	/	连接到 Route1
Router1	g0/0	200.1.2.254	255.255.255.0	/	连接到 Server0
	S0/0/0	200.1.1.2	255.255.255.240	/	连接到 Route0
PC	PC1	192.168.1.2	255.255.255.0	192.168.1.254	连接到 Switch0 端口 1
	PC2	192.168.1.3	255.255.255.0	192.168.1.254	连接到 Switch0 端口 2
	Server0	200.1.2.2	255.255.255.0	200.1.2.254	

出口路由器 Router0 与公网的 Router1 采用 PPP 链路进行连接，则路由器 Router0 与 Router1 需添加 SFP 模块（HWIC-1GE-SFP），如图 9-11 所示，在将下方圈起的路由器电源关闭后，拖动左侧 HWIC-1GE-SFP 模块到右边方框内，再打开路由器电源。

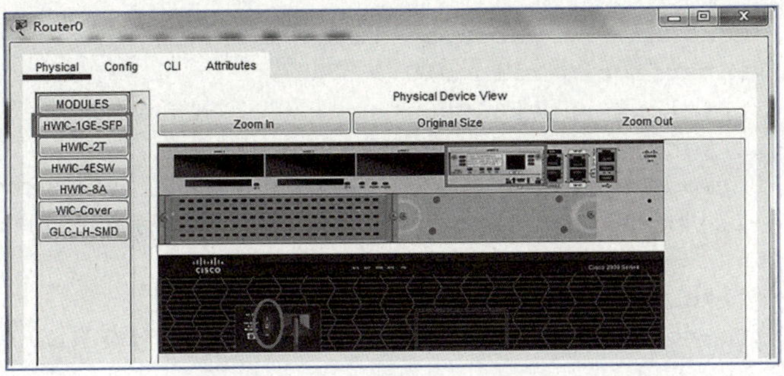

图 9-11　为路由器添加 SFP 模块

步骤 2：参照表 9-1 中相关参数，配置各 PC 及路由器接口的 IP 地址及默认网关。

（1）配置 Router0 各端口 IP 地址，并开启端口，参考命令如下：

```
Router>
Router>enable
Router#configure terminal
Router(config)#interface g0/0
Router(config-if)#ip address 192.168.1.254 255.255.255.0
Router(config-if)#no shutdown
Router(config-if)#exit
Router(config)#interface s0/0/0
Router(config-if)#ip address 200.1.1.1 255.255.255.240
Router(config-if)#no shutdown
Router(config-if)#exit
```

类似配置 Router1。

（2）配置各计算机 IP 地址。

在 PC1 的配置窗口中，选择 Desktop 选项卡，单击 IP Configuration，为 PC1 配置静态 IP 及默认网关，如图 9-12 所示。

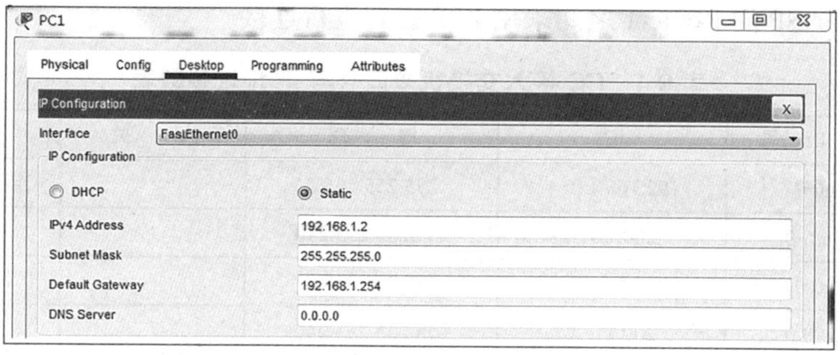

图 9-12　配置主机 IP 地址

类似配置其他计算机。

步骤 3：配置路由器 Router0 与 ISP 的 Router1 之间的 PPP 链路与静态路由，Router0 与 Router1 之间通过 V.35 电缆串口连接，DCE 端连接在 Router0 上，配置其时钟频率为 64 000 Hz。

（1）在 Router0 上配置 PPP 协议。

```
Router>enable
Router#configure terminal
Router(config)#username r1 password 123        //配置本地验证使用的用户名和密码
Router(config)#interface serial 0/0/0
Router(config-if)#clock rate 64000             //设置时钟速率
Router(config-if)#encapsulation ppp            //指定该端口采用的PPP协议封装
Router(config-if)#ppp authentication pap       //设置PPP验证方式为pap
Router(config-if)#ppp pap sent-username        //向对方发送用户名和密码
r2 password 456
Router(config-if)#exit
Router(config)#ip route 200.1.2.0              //配置静态路由
255.255.255.0 200.1.1.2
```

（2）在 Router1 上配置 PPP 协议。

```
Router>enable
Router#configure terminal
Router(config)#username r2 password 456         //配置本地验证使用的用户名和密码
Router(config)#interface serial 0/0/0
Router(config-if)#encapsulation ppp             //指定该端口采用的PPP协议封装
Router(config-if)#ppp authentication pap        //设置PPP验证方式为pap
Router(config-if)#ppp pap sent-username         //向对方发送用户名和密码
r1 password 123
Router(config-if)#exit
Router(config)#ip route 192.168.1.0             //配置静态路由
255.255.255.0 200.1.1.1
```

步骤 4：测试不使用 NAT，拓扑中校园网内主机是否能访问 Server0。如图 9-13 所示，在 PC1 中 ping 模拟公共网络的服务器 Server0，结果是互通的，想一想，为什么。

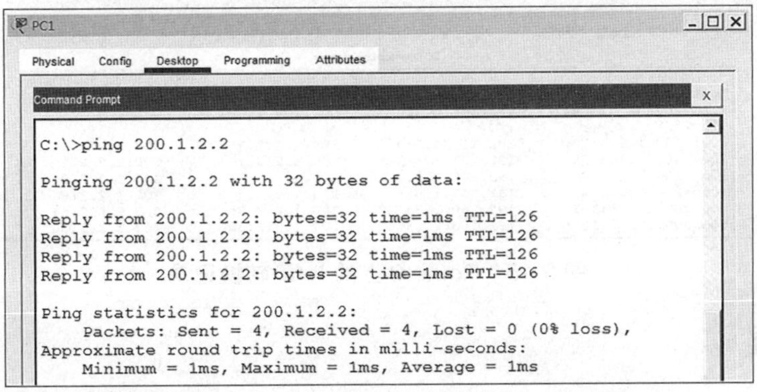

图 9-13　PC1 中 ping 模拟公共网络的服务器 Server0

步骤 5：配置网络地址端口转换，在局域网出口路由器 Router0 上配置 NAT。

```
Router(config)#interface g0/0
Router(config-if)#ip nat inside           //指明g0/0端口是对内的端口
Router(config-if)#interface s0/0/0
Router(config-if)#ip nat outside          //指明s0/0/0端口是对外的端口
Router(config-if)#exit
Router(config)#access-list 10 permit 192.168.1.0 0.0.0.255
//配置允许被NAT的条件，这里只允许192.168.1.0网段的IP地址被NAT
Router(config)#ip nat pool out-pool 200.1.1.5 200.1.1.5 netmask
255.255.255.240
//创建名字为out-pool的地址池，用于将内部私有地址连接映射到外部网络为公网地址，这里地址池中起始地址为200.1.1.5，结束地址也为200.1.1.5，子网掩码为255.255.255.240，表示该地址池中只有一个地址，在实际工程中，如果申请到多个公网IP地址，可以配置成一个范围
Router(config)#ip nat inside source list 10 pool out-pool overload
//该命令表示把允许被NAT的ACL 10各地址池out-pool关联起来，其中，当没有overload选项时，表示多对多，有overload选项表示多对一，这里的overload是超载的意思，尤其在内网上网主机多于地址池中合法IP地址时（多对一），一定要加上该关键字
```

步骤 6：测试通过 NAT 的访问，在 PC1 中打开“桌面”的“Web 浏览器”，在地址栏中输入 http://200.1.2.2，显示图 9-14 所示的界面。

图 9-14　在 PC1 中访问公共网络的服务器 Server0

在出口路由器 Router0 的特权模式下，使用 show ip nat translations 命令查看 NAT 转换记录，如图 9-15 所示。

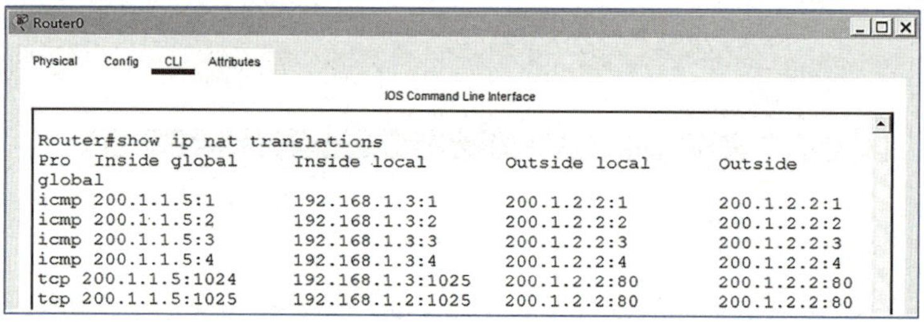

图 9-15　Router0 上的 NAT 转换记录

素质拓展

网络空间命运共同体

“网络空间命运共同体”理念是习近平总书记关于网络强国重要思想的组成部分，具有丰富的理论内涵和实践价值，对世界互联网技术的发展方向、互联网全球治理体系的变革、网络社会的建设进程等具有重大指导意义。

2022 年 11 月 7 日，国务院新闻办公室发布《携手构建网络空间命运共同体》白皮书，部分内容摘录如下：

摘录一：互联网是人类社会发展的重要成果，是人类文明向信息时代演进的关键标志。随着新一轮科技革命和产业变革加速推进，互联网让世界变成了“地球村”，国际社会越来越成为你中有我、我中有你的命运共同体。发展好、运用好、治理好互联网，让互联网更好造福人类，是国际社会的共同责任。

摘录二：中国的互联网，是开放合作的互联网、有秩序的互联网、正能量充沛的互联网，是造福人民的互联网。中国立足新发展阶段、贯彻新发展理念、构建新发展格局，建设网络强国、数字中国，在激发数字经济活力、推进数字生态建设、营造清朗网络空间、防范网络安全风险等方面不断取得新的成效，为高质量发展提供了有力服务、支撑和保障，为构建网络空间命运共同体提供了坚实基础。

摘录三：网络空间是亿万网民共同的精神家园。网络空间天朗气清、生态良好，符合人民利益。网络空间乌烟瘴气、生态恶化，不符合人民利益。中国汇聚向上向善能量，营造文明健康、风清气正的网络生态，持续推动网络空间日益清朗。

摘录四：维护网络安全是国际社会的共同责任。中国积极履行国际责任，深化网络安全应急响应国际合作，与国际社会携手提高数据安全和个人信息保护合作水平，共同打击网络犯罪和网络恐怖主义。

摘录五：互联网是人类的共同家园，让这个家园更繁荣、更干净、更安全，是国际社会的共同责任。中国将一如既往立足本国国情，坚持以人为本、开放合作、互利共赢，与各方一道携手推动构建网络空间命运共同体，让互联网的发展成果更好地造福全人类。

思考与练习

一、填空题

1. 接入 Internet 的技术分为两大类：________接入和________接入。
2. 在接入 Internet 时，计算机需要拥有一个________地址。
3. 网络地址转换（NAT）分为________、________和________三种类型。

二、简答题

1. 简述家庭 ADSL 接入 Internet 的操作步骤。
2. 简述静态 NAT、动态地址 NAT 的区别。

项目十
守护网络安全

项目导读

小飞在编写项目组工作总结时发现，运维团队很大一部分工作是在处理因恶意软件、病毒、网络攻击和入侵等引起的网络故障，网络安全问题不仅影响校园网用户的上网体验和正常工作，而且增加了网络运维团队的工作负担。在项目小组会议上，大家提出从两个方面解决这个问题，一是在今后运维过程中，多向校园网用户宣传网络安全知识，介绍网络安全防护的基本方法和技术，提高校园网用户保护网络系统资源和信息安全的意识和能力；另一方面，在校园网络的出口、服务器等关键位置增加安全防护策略，强化网络设备的安全防护，进一步保障校园网络安全，也降低运维团队的工作量。

知识导图

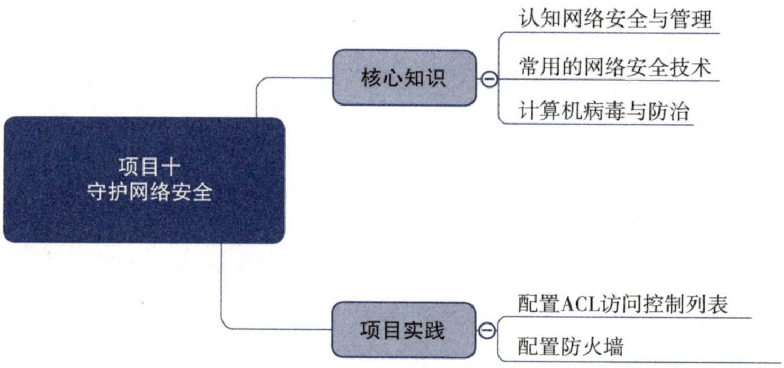

项目目标

知识目标

1. 了解网络安全与管理的基本内容与方法。
2. 熟悉常用的计算机网络安全技术。
3. 掌握计算机病毒的防治及查杀技术。

技能目标

1. 能够配置使用 ACL 列表控制网络访问。
2. 能够应用防火墙对局域网进行安全配置。

素养目标

1. 提升学生网络安全意识，理解并遵守网络安全法规和企业网络安全政策。

2. 培养学生网络安全管理和维护的工作能力，保护用户隐私和数据安全。

知识准备

随着网络技术的提升与网络设备的普及，网络在人类生活中发挥着越来越重要的作用。然而网络在为人类生活与社会发展带来便利的同时，也带来了新的挑战。如何保证信息在网络中的隐蔽性，实现网络安全，是网络用户关心的问题，也是网络工程师在组建网络时必须考虑的重要问题。

10.1　认知网络安全与管理

1. 网络安全

网络安全引申自信息安全，维护网络安全的目标也是维护网络中信息本身的安全。信息安全指对信息的保密性、完整性和可用性的保护，防止未授权者篡改、破坏和泄露信息；网络安全包括物理安全和逻辑安全两方面，物理安全指系统设备及相关设施受到物理保护，免于破坏、丢失等；逻辑安全指信息的保密性、完整性、可用性、可控性和不可否认性，这五大特性的具体含义如下：

- 保密性：指保护数据不被非法截取或未经授权浏览。这一点对敏感数据的传输尤为重要，同时也是通信网络中处理用户的私人信息所必需的。
- 完整性：指保证被传输、接收或存储的数据是完整的和未被篡改的。
- 可用性：指在遭遇突发事件（如供电中断、自然灾害、事故或攻击等）的情况下，仍能保证网络系统的正常运行，保证数据的存储、传输等不受影响。
- 可控性：指对信息、信息处理过程以及信息系统本身可实施合法的监控和检测。
- 不可否认性：指能够保证信息行为人不能否认其信息行为，这一特性可防止参与某次通信交换的一方事后否认本次交换曾经发生。

对网络信息的保密性、完整性、可用性、可控性以及不可否认性造成的伤害称为威胁，威胁的具体体现称为攻击。威胁的强弱与网络系统本身有关，对于同一种威胁，网络系统本身越强大，威胁相对就较弱。

对网络的威胁分为对设备和硬件等的物理威胁，以及软件威胁。物理威胁一般指设备和硬件造成的威胁，这种威胁主要来源于设备和硬件所处的环境。在组建网络时通过各种安全措施可有效避免此类威胁。软件威胁主要指人类通过软件方式攻击网络，威胁网络安全。

总之，目前影响计算机网络安全的因素是多方面的，主要包括：

（1）来自外部的不安全因素，即网络上存在的攻击。在网络上，存在很多敏感信息，有些别有用心的人企图通过网络攻击的手段截获信息。

（2）来自网络系统本身的，如网络中存在着硬件、软件、通信、操作系统或其他方面的缺陷与漏洞，给网络攻击者以可乘之机。也为一些网络爱好者编制攻击程序提供了练习场所。

（3）网络管理者缺乏网络安全的警惕性，忽视网络安全，或对网络安全技术缺乏了解，没有制定切实可行的网络安全策略和措施。

2. 网络管理

网络管理（network management, NM）简称网管，指通过某种策略对计算机网络中各种资源（包括硬件、软件、数据等）进行监控、配置、维护和优化的过程，其目标是确保计算机网络的持续正常运行，并在计算机网络运行出现异常时能及时响应和排除故障。根据国际标准化组织的定义，网络管理有五大功能：故障管理、配置管理、计费管理、性能管理、安全管理。它涉及监控网络性能、诊断问题、制定策略、实施安全措施、进行故障排除等活动，旨在提高网络的可靠性、安全性和效率。

网络管理的主要目的包括以下几点：

（1）确保网络的正常运行：通过监控和管理网络设备、服务和数据流量，及时发现并解决问题，确保网络持续稳定运行。

（2）提高网络性能：优化网络配置，提升网络带宽利用率，提高传输速度和响应时间，以满足用户对网络性能的需求。

（3）加强网络安全：实施安全策略和措施，防范网络攻击和数据泄露，保护网络资源和用户数据的安全。

（4）优化资源利用：合理规划网络资源的分配和使用，提高资源利用率，降低成本，并为未来网络扩展和增长做好准备。

（5）支持业务需求：根据业务需求调整网络配置，提供符合用户需求的服务，支持企业业务的顺利进行和发展。

10.2 常用的网络安全技术

计算机网络安全是一个涉及面非常广的问题，除了技术和应用层次之外，还包括管理和法律等方面。所以，计算机网络的安全性是不可判定的，只能针对具体的攻击来讨论其安全性。企图设计绝对安全可靠的网络也是不可能的。解决网络安全问题必须进行全面的考虑，包括采取安全的技术、加强安全检测与评估、构筑安全体系结构、加强安全管理、制定网络安全方面的法律和法规等。从技术上，目前计算机网络主要采用的安全措施有：

1. 访问控制

访问控制就是对用户访问网络资源的权限进行严格的认证和控制。例如，进行用户身份认证，对口令加密、更新和鉴别，设置用户访问目录和文件的权限，控制网络设备配置的权限等。

2. 数据加密

加密是保护数据安全的重要手段。加密是通过特定算法和密钥，将明文（初始普通文本）转换为密文（密码文本），从而保障隐私，避免资料外泄给第三方，即使对方取得该信息，也不能阅读已加密的资料。

3. 数字签名

简单地说，所谓数字签名就是附加在数据单元上的一些数据，或是对数据单元所作的密码变换。这种数据或变换可以使数据单元的接收者能够确认数据单元的来源和数据单元的完整性并保护数据，防止被人伪造、篡改和否认。

4. 数据备份

数据备份是容灾的基础，是指为防止系统出现操作失误或系统故障导致数据丢失，而将全部或部分数据集合从应用主机的硬盘或磁盘阵列复制到其他存储介质的过程。

5. 病毒防御

局域网计算机之间需要共享信息和文件，为计算机病毒在网络的传播带来可乘之机，因此必须为局域网构建安全的病毒防御方案，有效控制病毒的传播和暴发。

6. 系统漏洞检测与安全评估

系统漏洞检测与安全评估系统可以探测计算机网络上每台主机乃至网络设备的各种漏洞，从系统内部扫描安全漏洞和隐患，对系统提供的网络应用和服务及相关的协议进行分析和检测，从而使管理员可以采取相应措施保障网络安全。

7. 防火墙

防火墙是在两个网络之间实施安全策略要求的访问控制系统，它决定了外界的哪些用户可以访问内部的哪些服务，以及哪些外部服务可以被内部用户访问。要使防火墙有效，所有来自和去往 Internet 的信息都必须经过防火墙，接受防火墙的检查。防火墙只允许授权的数据通过，并且防火墙本身也必须能够免于渗透。

8. IDS

IDS（intrusion detection system，入侵检测系统）依照一定的安全策略，对网络、系统的运行状况进行监视，尽可能发现各种攻击企图、攻击行为或者攻击结果，以保证网络系统资源的机密性、完整性和可用性。根据信息来源，IDS 可分为基于主机的 IDS 和基于网络的 IDS，根据检测方法又可分为异常入侵检测和滥用入侵检测。不同于防火墙，IDS 是一个监听设备，没有跨接在任何链路上，因此，对 IDS 的部署，唯一的要求是 IDS 应当挂接在所有所关注流量都必须流经的链路上。

9. IPS

IPS（intrusion prevention system，入侵防御系统）突破了传统 IDS 只能检测不能防御入侵的局限性，提供了完整的入侵防护方案。IPS 大致可以分为基于主机的入侵防御（HIPS）、基于网络的入侵防御（NIPS）和应用入侵防御（AIP）。实时检测与主动防御是 IPS 的核心设计理念，也是其区别于防火墙和 IDS 的立足之本。IPS 能够使用多种检测手段，并使用硬件加速技术进行深层数据包分析处理，能高效、准确地检测和防御已知、未知的攻击，并可实施丢弃数据包、终止会话、修改防火墙策略、实时生成警报和日志记录等响应方式。

10. VPN

VPN（virtual private network，虚拟专用网络）是通过公用网络（如 Internet）建立的一个临时的、专用的、安全的连接，使用该连接可以对数据进行加密以达到安全传输信息的目的。VPN 是对企业内部网的扩展，可以帮助远程用户、分支机构、商业伙伴及供应商同企业内部网建立可靠的安全连接，保证数据的安全传输。

11. UTM

UTM（unified threat management，统一威胁管理）是指由硬件、软件和网络技术组成的具有专门用途的设备，主要提供一项或多项安全功能，同时将多种安全特性集成于一个硬件设备里，形成标准的统一威胁管理平台。UTM 设备应具备的基本功能包括网络防火墙、网络入侵检测和防御以及防病毒网关等。

10.3 计算机病毒与防治

1. 计算机病毒的特点

计算机病毒是指编制或者在计算机程序中插入的破坏计算机功能或者毁坏数据，影响计算机使用，并能自我复制的一组计算机指令或者程序代码。它是一种恶意软件，计算机系统感染病毒后，在未经用户授权的情况下自我复制和传播，并对系统功能、数据或安全造成危害。计算机病毒的特点有：

（1）自我复制：计算机病毒可以在感染了一个系统后，通过各种方式自我复制并传播到其他系统，形成病毒传播链。

（2）潜伏性：很多计算机病毒具有潜伏性，即在未被激活前不会表现出破坏行为，从而躲避杀毒软件的检测。

（3）破坏性：计算机病毒常常会破坏系统文件、数据或软件程序，导致系统崩溃、数据丢失或功能异常。

（4）隐蔽性：一些计算机病毒会隐藏在系统中，难以被发现和清除，甚至能够绕过防护措施进行持久潜伏。

（5）变异性：计算机病毒具有变异能力，可以通过修改代码结构、加密、压缩等手段来规避杀毒软件的识别和阻止。

（6）传播途径多样：计算机病毒可以通过网络、移动设备、USB 闪存盘等途径传播，增加感染的可能性。

（7）盗取信息：一些计算机病毒还具有窃取用户信息、监视用户行为、远程控制系统等功能，对用户隐私和安全构成威胁。

2. 计算机病毒的防治

计算机病毒的防治可以从预防、查毒、杀毒三个方面进行，但做好计算机病毒的预防，是防治的关键。对病毒的预防主要从病毒的传播途径着手，比如谨慎使用 U 盘或移动硬盘，在个人计算机上安装防火墙，以及在局域网的边界部署防病毒网关等。下面通过一个校园网和个人计算机安全防御实例介绍病毒防治的具体网络安全技术应用情况。

1）校园网安全防御

高校校园网以服务于教学、科研为宗旨，这决定其必然是一个管理相对宽松的开放式系统。某学校从校园网实际情况出发，采取以下两方面的安全措施：

第一，网络关键路由交换设备的安全配置

根据不同控制策略的要求，对校园网边界路由器、各校区核心交换机、汇聚点交换机以及楼内三层交换机分级配置合理的访问控制列表（ACL），从而保障网络安全。其安全机制如下：

（1）对蠕虫病毒常见传播端口和其他特征的控制，可有效防止蠕虫病毒大面积扩散。

（2）对常见木马端口和系统漏洞开放端口的控制，可有效降低网络攻击增加扫描的成功率。

（3）对 IP 源地址的检查将使部分攻击者无法冒用合法用户的 IP 地址发动攻击。

（4）对部分ICMP报文的控制将有助于降低Sniffer攻击的威胁。

在网络安全日常管理维护和出现病毒暴发或其他突发安全威胁时，合理配置ACL将有助于快速定位和清除威胁。

第二，采取静态IP地址管理模式

校园网用户静态IP地址管理模式，相对于动态IP地址分配，网络用户入网前需要事先从网络中心申请获取静态IP地址，然后将IP地址手动配置，配置过程比较复杂，对于一些不熟悉网络配置的用户来说，可能需要花费一些时间来学习。网络中心在分配静态IP地址时，需要在用户接入的二层交换机上完成一次“用户MAC地址-接入交换机端口”的绑定，并在用户楼内三层交换机上实现“用户IP地址-MAC地址”的一一绑定，使用这种方法来确认最终用户，消除IP地址盗用等情况。网络中心的网管数据库中存放着全校范围内数千台接入交换机的端口与用户房间端口一一对应的信息数据，以及所有用户的详细使用信息和相关IP-MAC资料，所有这些都为建立可管理的安全校园网提供了基础。

这种管理模式的好处很多。一旦出现扫描攻击、垃圾邮件等网络安全事件，根据IP/MAC/端口可以在第一时间定位来源，从而为采取下一步处理措施提供准确的依据。这样一个完整准确的用户信息系统的存在，为构想中的网络自防御体系创造了条件。

（1）中央集中控制病毒。在病毒的防控方面，可采取中央集中控制管理的模式，统一采购网络版杀毒软件，免费提供给校内用户使用，使得病毒库可以及时快速升级。此外，建立一个校内网络安全站点，及时发布安全公告，提供一些安全建议和相关安全工具下载也是十分必要的。

（2）积极防范网络攻击。在校园网边界出口部署了IDS，核心路由器上启用了NetFlow、sFlow等进行监控，对关键网络节点通过端口镜像、分光等方式进行进一步网络数据包的分析处理，通过部署基于Nessus的漏洞扫描服务器对校园网计算机进行定期安全扫描。及时查看并分析处理这些监控数据和报表有助于在第一时间发现异常网络安全事件并进行及时处理，防患于未然。

（3）统一身份认证。对于无线网络的安全而言，用户接入认证是非常关键的。网络中心使用了校内统一身份认证来限制校外用户未经授权的无线访问。由于WEP认证具有天然的弱安全性，网络中心又同时提供了基于IEEE 802.1x的认证平台进行校内统一身份认证并鼓励用户使用。

2）个人计算机安全防御

个人计算机安全防御也非常重要，可采用以下几个防范措施：

（1）安装强大的防病毒软件或杀毒软件：确保及时更新病毒库，给所用操作系统打相应补丁、升级引擎和病毒特征码。并定期对计算机进行一次全面的杀毒、扫描工作，以防止恶意软件的入侵。当用户不慎感染上病毒时，应该立即将杀毒软件升级到最新版本，然后对整个硬盘进行扫描操作，清除一切可以查杀的病毒。当面对网络攻击时，第一反应应该是拔掉网络连接端口，或按下杀毒软件上的“断开网络连接”按钮。

（2）使用防火墙：配置防火墙可以帮助阻挡未经授权的网络流量，保护个人计算机免受网络攻击。所谓“防火墙”，是指一种将内部网和公众访问网分开的方法，实际上是一种隔离技术。防火墙是在两个网络通信时执行的一种访问控制尺度，它能允许你“同意”的人和数据进入你的网络，同时将你“不同意”的人和数据拒之门外，最大限度地阻止网络中的黑客访问你的网络，防止他们更改、复制、毁坏重要信息。

（3）更新系统和应用程序：定期更新操作系统和应用程序，及时修补已知的安全漏洞，提高系统的整体安全性。

（4）使用强密码和多因素身份验证：设置复杂、独特的密码，并启用多因素身份验证，增加账户安全性。

（5）谨慎对待邮件和下载：避免打开未知发件人的邮件附件，不随意下载来路不明的软件或文件，以免感染恶意代码。

（6）加密重要数据和通信：对存储在个人计算机上的重要数据进行加密，使用端到端加密保护通信隐私。

（7）定期备份数据：定期备份重要数据到外部设备或云端存储，以防止数据丢失或被勒索软件加密。

项目实施

任务一　配置 ACL 访问控制列表

任务目的：掌握 ACL 列表的配置方法。

任务内容：出于网络安全考虑，配置 ACL 列表，对两个校区的网络互访进行限制。

任务环境：Cisco Packet Tracer 8.1。

任务步骤：

图 10-1 所示为某校园网络拓扑，校区 1 与校区 2 网络通过路由器 R1 与 R2 连接，出于网络安全考虑，禁止校区 2 中 192.168.21.0/24 网段的流量进入校区 1，同时，对于 Server0，只允许 Web 访问。为实现这个目的，需要在 R2 上配置一个标准 ACL，来拒绝校区 2 中 192.168.21.0/24 网段的流量进入校区 1；在 R1 上配置扩展 ACL，实现只允许校区 1 内计算机访问校区 2 中 192.168.20.0/24 段的 Web 服务器（即只能访问 Server0 的 Web 服务器）。

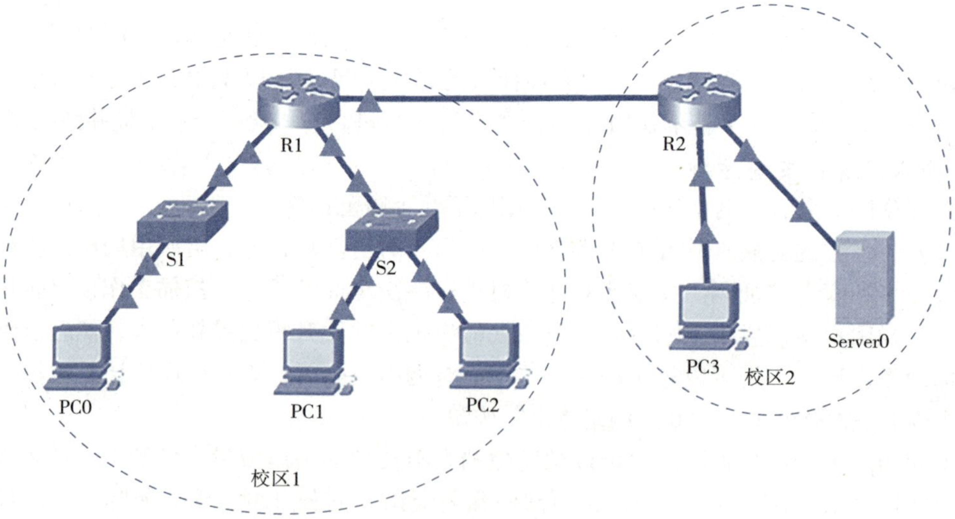

图 10-1　某校园网络拓扑

各设备连接端口号与 IP 地址参数见表 10-1。

表 10-1　各设备连接端口号与 IP 地址参数

设　备	接　口	IP 地址	子网掩码	默认网关
R1	G0/0	10.1.1.1	255.255.255.252	不适用
	G0/1	192.168.10.254	255.255.255.0	不适用
	G0/2	192.168.11.254	255.255.255.0	不适用
R2	G0/0	10.1.1.2	255.255.255.252	不适用
	G0/1	192.168.20.254	255.255.255.0	不适用
	G0/2	192.168.21.254	255.255.255.0	不适用
PC0	/	192.168.10.2	255.255.255.0	192.168.10.254
PC1	/	192.168.11.2	255.255.255.0	192.168.11.254
PC2	/	192.168.11.3	255.255.255.0	192.168.11.254
PC3	/	192.168.21.2	255.255.255.0	192.168.21.254
Server0	/	192.168.20.2	255.255.255.0	192.168.20.254

步骤 1：启动 Packet Tracer，根据图 10-1 所示拓扑，拖入相关网络设备到工作区。并按照表 10-1 为拓扑图中各设备与 PC 配置 IP 地址，同时，在 R1 与 R2 中分别添加静态路由实现网络 1 与网络 2 的互通，参考命令如下：

```
R1: ip route 192.168.20.0 255.255.255.0 10.1.1.2
R2: ip route 192.168.10.0 255.255.255.0 10.1.1.1
```

至此，校区 1 与校区 2 的网络是互通的，即 PC0、PC1、PC2、PC3、Server0 能相互 ping 通。

步骤 2：创建标准 ACL，禁止校区 2 中 192.168.21.0/24 网段的流量进入校区 1。

标准 ACL 是基于 IP 数据包的源 IP 地址作为转发或是拒绝的条件，即所有条件都是基于源 IP 地址的；基本不允许或拒绝整个协议组，它不区分 IP 流量类型，如 Telnet、UDP 等服务；标准 ACL 的编号范围是 1~99。

（1）创建 ACL，参考语句如下：

```
R2(config)#access-list 11 deny 192.168.21.0 0.0.0.255
R2(config)#access-list 11 permit any
```

如图 10-2 所示，在 R2 的特权模式下，用 show access-lists 命令可以查看所创建的 ACL。

```
R2#show acc
R2#show access-lists
Standard IP access list 11
    10 deny 192.168.21.0 0.0.0.255
    20 permit any
```

图 10-2　查看 R2 中所创建的 ACL

（2）应用 ACL。

标准 ACL 只能检查数据包的源 IP 地址，应该应用在离目标最近的路由器端口，这里所定义的 11 列表，可应用于 R2 的 g0/0 接口。参考语句如下：

```
R2(config)#interface g0/0
R2(config-if)#ip access-group 11 out
```

（3）测试。

PC3 可以 ping 通校区 2 的其他计算机，如 Server0，但却 ping 不通校区 1 的；校区 2 的 192.168.20.0/24 段（Server0）没有限制流量，所以 Server0 可以 ping 通校区 1 的所有网段内计算机，如 PC0、PC1、PC2，这说明 ACL 列表 11 已起到了作用。

步骤 3：创建扩展 ACL，只允许校区 1 内计算机访问校区 2 中 192.168.20.0/24 段的 Web 服务器，并且仅允许 192.168.10.0/24 段的计算机可以 ping 通 192.168.20.0/24 段的服务器。扩展 ACL 是基于 IP 数据包的源地址、目标地址、协议和端口这些条件来决定是否转发数据包，比标准 ACL 的控制粒度更细；扩展 ACL 的编号范围是 100 ~ 199。

（1）创建 ACL，参考语句如下：

```
R1(config)#access-list 111 permit tcp any 192.168.20.0 0.0.0.255 eq 80
R1(config)#access-list 111 permit icmp 192.168.10.0 0.0.0.255 any
```

如图 10-3 所示，在 R1 的特权模式下，使用 show access-lists 命令查看所创建的 ACL。

```
R1#show access-lists
Extended IP access list 111
    10 permit tcp any 192.168.20.0 0.0.0.255 eq www
    20 permit icmp 192.168.10.0 0.0.0.255 any
```

图 10-3　查看 R1 中所创建的 ACL

（2）应用 ACL。

扩展 ACL 可以检查数据包的源、目标 IP 地址，以及协议和端口号，最好应用到离源最近的路由器端口，这样可以过滤每个特定的地址和协议，从而尽可能有效地使用有限的带宽。这里所定义的 111 列表，可应用于 R1 的 g0/0 接口。参考语句如下：

```
R1(config)#interface g0/0
R1(config)#ip access-group 111 out
```

（3）测试。

在 R1 上配置的 ACL 列表 111，除允许 192.168.10.0/24 段的计算机（即 PC0）ping 操作外，将拒绝访问校区 2 中 192.168.20.0/24 段除 Web 以外的所有应用（包括 ICMP、DNS、电子邮件等），也会拒绝那些没有使用标准端口的 Web 应用。因此，校区 1 的 PC0、PC1、PC2 都能访问 Server0 上的 Web 服务器，如图 10-4 所示，但只有 PC0 仅能 ping 通 Server0，而 PC1、PC2 则 ping 不通 Server0，可见扩展 ACL 列表已经完全起作用了。

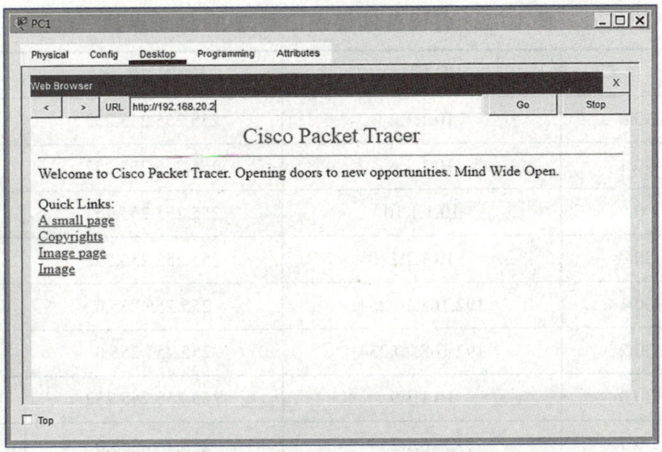

图 10-4　PC1 访问 Server0 上的 Web 服务器

任务二　配置防火墙

任务目的：掌握防火墙的安全级别，熟悉防火墙的基本配置。

任务内容：通过检查、分析和排除网络故障，实现正常上网。

任务环境：Cisco Packet Tracer 8.1。

任务步骤：

根据网络的布局和安全需求，可以在防火墙中将网络划分为内网（intranet）、外网（public Internet）和 DMZ（demilitarized zone）三个区域，并为每个区域提供不同程度的保护。如图 10-5 所示，拓扑中划分为 Inside（内网）、Outside（外网）、DMZ（服务器区）三个区域，默认情况下，Inside 区域的安全级别是 100，DMZ 区域的安全级别是 50，Outside 区域的安全级别是 0，通常，高安全级别到低安全级别的流量是放行的，低安全级别到高安全级别的流量是拒绝的，相同安全级别不可以访问；即 Inside 区域可以访问 DMZ 和 Outside 区域，DMZ 区域仅可以访问 Outside 区域，而 Outside 区域不可访问 Inside 和 DMZ 区域网络。要想实现低安全级别到高安全级别访问需要借助 ACL。

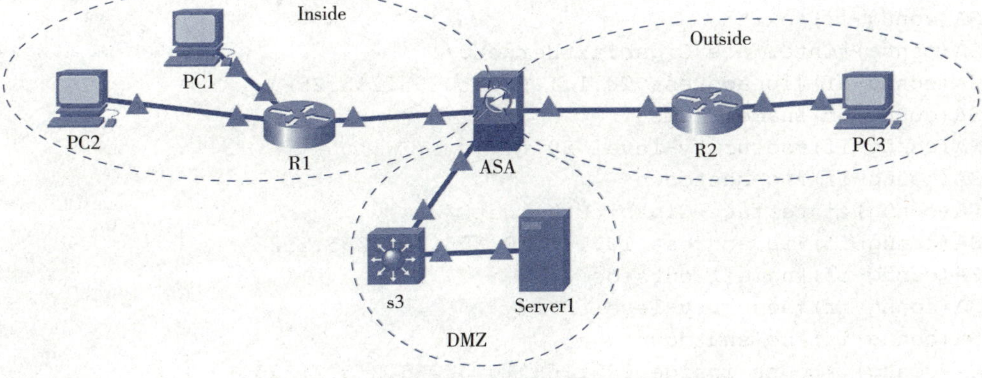

图 10-5　防火墙将局域网应用划分为三个区域

步骤 1：启动 Packet Tracer，根据图 10-5 所示拓扑，拖入相关网络设备到工作区。并按照表 10-2 为拓扑图中各设备与 PC 配置 IP 地址。

表 10-2　各设备连接端口号与 IP 地址参数

设　　备	接　　口	IP 地址	子 网 掩 码	默 认 网 关
ASA（5506）	G0/0	10.1.1.2	255.255.255.252	不适用
	G0/1	10.1.1.6	255.255.255.252	不适用
	G0/2	10.1.1.10	255.255.255.252	不适用
R1（2911）	G0/0	10.1.1.1	255.255.255.252	不适用
	G0/1	192.168.10.254	255.255.255.0	不适用
	G0/2	192.168.20.254	255.255.255.0	不适用
R2（2911）	G0/0	10.1.1.9	255.255.255.252	不适用
	G0/1	172.16.1.254	255.255.255.0	不适用
S3（3650）	VLAN10	192.168.100.254	255.255.255.0	F0/1
	VLAN20	10.1.1.5	255.255.255.252	G0/1
PC1	/	192.168.10.1	255.255.255.0	192.168.10.254
PC2	/	192.168.20.1	255.255.255.0	192.168.20.254
PC3	/	172.16.1.1	255.255.255.0	172.16.1.254
Server1	/	192.168.100.1	255.255.255.0	192.168.100.254

步骤 2：在 ASA 中配置 Inside（内网）、Outside（外网）、DMZ（服务器区）三个区域，以及在 R1、R2、S3 中配置路由，参考语句如下：

（1）ASA 中配置。

```
ciscoasa#configure terminal
ciscoasa(config-if)#hostname ASA
ASA(config)#interface GigabitEthernet0/0
ASA(config-if)#ip address 10.1.1.2 255.255.255.252
ASA(config-if)#nameif inside
ASA(config-if)#security-level 100
ASA(config-if)#no shutdown
ASA(config-if)#exit
ASA(config)#interface GigabitEthernet0/1
ASA(config-if)#ip address 10.1.1.6 255.255.255.252
ASA(config-if)#nameif dmz
ASA(config-if)#security-level 50
ASA(config-if)#no shutdown
ASA(config)#interface GigabitEthernet0/2
ASA(config-if)#ip address 10.1.1.10 255.255.255.252
ASA(config-if)#nameif outside
ASA(config-if)#security-level 0
ASA(config-if)#no shutdown
ASA(config) #route inside 192.168.10.0 255.255.255.0 10.1.1.1 1
ASA(config) #route inside 192.168.20.0 255.255.255.0 10.1.1.1 1
ASA(config) #route dmz 192.168.100.0 255.255.255.0 10.1.1.5 1
ASA(config) #route outside 172.16.1.0 255.255.255.0 10.1.1.9 1
```

（2）R1 中配置。

```
R1(config)#interface GigabitEthernet0/0
R1(config-if)#ip address 10.1.1.1 255.255.255.252
R1(config)#interface GigabitEthernet0/1
R1(config-if)#ip address 192.168.10.254 255.255.255.0
R1(config)#interface GigabitEthernet0/2
R1(config-if)#ip address 192.168.20.254 255.255.255.0
R1(config)#ip route 0.0.0.0 0.0.0.0 10.1.1.2
```

（3）R2 中配置。

```
R2(config)#interface GigabitEthernet0/0
R2(config-if)#ip address 10.1.1.9 255.255.255.252
R2(config)#interface GigabitEthernet0/1
R2(config-if)#ip address 172.16.1.254 255.255.255.0
R2(config)#ip route 192.168.10.0 255.255.255.0 10.1.1.10
R2(config)#ip route 192.168.20.0 255.255.255.0 10.1.1.10
R2(config)#ip route 192.168.100.0 255.255.255.0 10.1.1.10
```

（4）S3 中配置。

```
S3(config)#int vlan 20
S3(config-if)#ip address 10.1.1.5 255.255.255.252
S3(config)#int vlan 10
S3(config-if)#ip address 192.168.100.254 255.255.255.0
S3(config)#interface GigabitEthernet0/1
S3(config-if)#switchport access vlan 20
S3(config)#interface FastEthernet0/1
S3(config-if)#switchport access vlan 10
S3(config-if)#ip routing
S3(config)#ip route 0.0.0.0 0.0.0.0 10.1.1.6
```

步骤 3：测试 ASA 到内部各区域端口的连通性，如图 10-6 所示，从 ASA 到各区域是能 ping 通的。

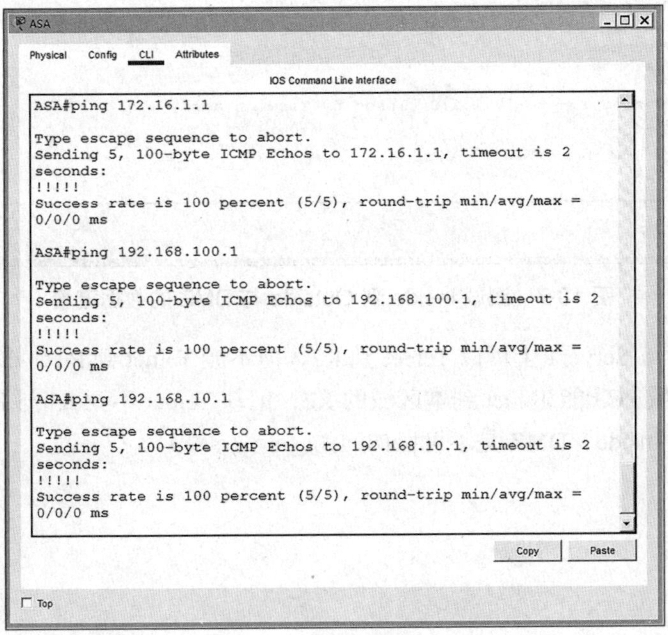

图 10-6　ASA 到内部各区域端口的连通性

步骤 4：测试三个区域间的数据流量。默认情况下，ASA 只对穿越的 TCP/UDP 流量维护状态化信息，由于 ping 使用 ICMP，所以默认是 ping 不通的，这里使用 Telnet 测试。首先，配置 R1、R2、S3 启用 Telnet，R1 的配置语句如下，R2 与 S3 可自行配置。

```
R1(config)#username abc privilege 15 password 123
R1(config)#line vty 0 4
R1(config-line)#login local
R1(config-line)#transport input telnet
R1(config-line)#exit
```

（1）Inside 区域中的 PC1 与 PC2 可以 Telnet 到 S3 与 R2，如图 10-7 所示，即从 Inside 到 Outside 与 DMZ 的数据流量，是可以访问的。

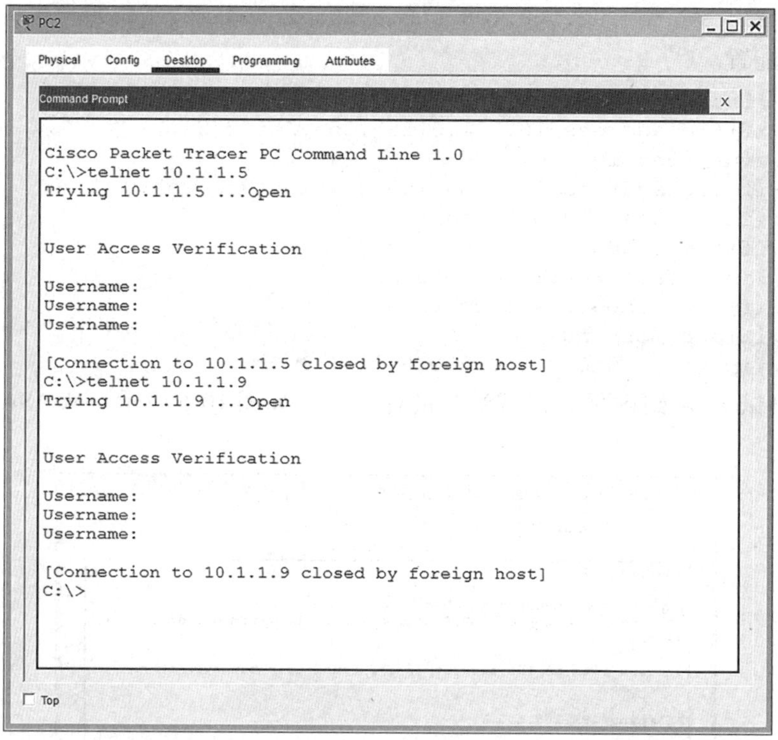

图 10-7　测试 Inside 到 Outside 与 DMZ 的数据流量

（2）从 DMZ 区域 Server1 上可以 Telnet 到 R2，但不能 Telnet 到 R1，如图 10-8 所示。

（3）Outside 区域 PC3 能 Telnet 到本区域的 R2，但却 Telnet 不到 S3 与 R1，如图 10-9 所示，即表示从 Outside 到 Inside、DMZ 是不可以访问的。

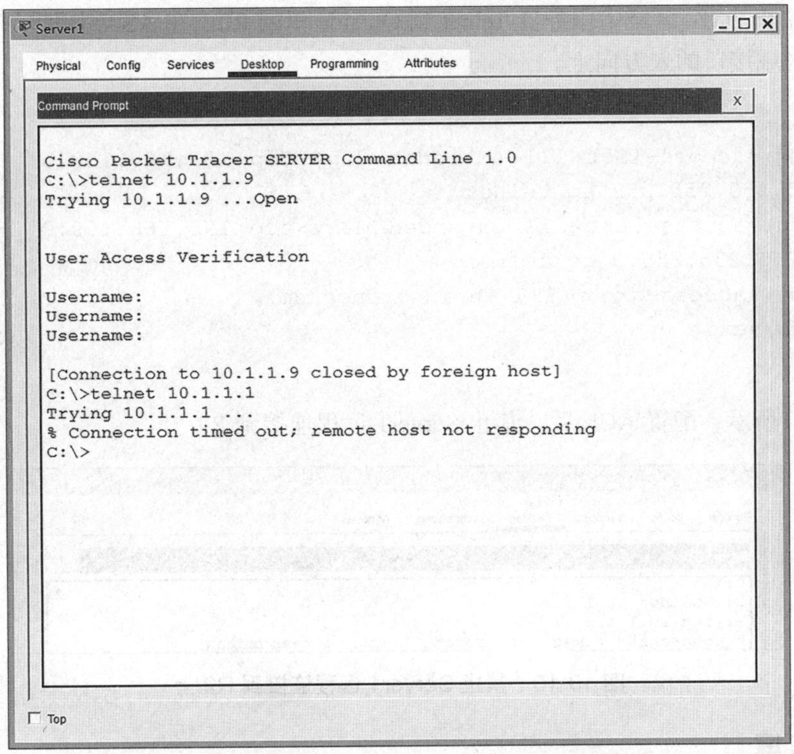

图 10-8　测试从 DMZ 到 Outside 的数据流量

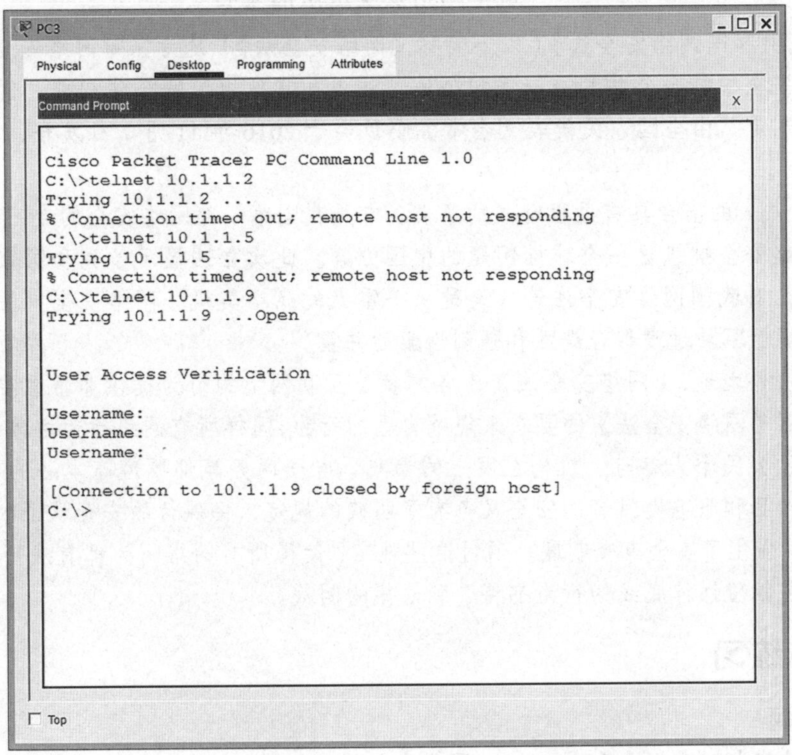

图 10-9　测试从 Outside 到其他区域的数据流量

步骤 5：禁止 DMZ 区域中服务器 Telnet 到 Outside 里的 R2。在 ASA 中编写扩展 ACL 列表，应用到 DMZ 区域接口的入方向上。

```
ASA(config)#access-list 111 extended deny tcp 192.168.100.0 255.255.255.0
10.1.1.8 255.255.255.252 eq telnet
ASA(config)#access-list 111 extended deny tcp 192.168.100.0 255.255.255.0
172.16.1.0 255.255.255.0 eq telnet
ASA(config)#access-group 111 in interface dmz
ASA(config)#exit
```

如图 10-10 所示，配置 ACL 后，禁止 Server1 远程连接到 R2 上。

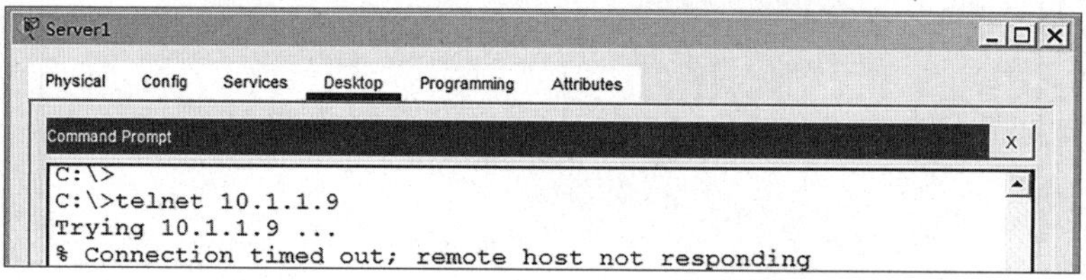

图 10-10　禁止 Server1 远程连接到 R2 上

素质拓展

筑牢网络安全法法治基石

《中华人民共和国网络安全法》(以下简称《网络安全法》) 是为保障网络安全，维护网络空间主权和国家安全、社会公共利益，保护公民、法人和其他组织的合法权益，促进经济社会信息化健康发展制定。由全国人民代表大会常务委员会于 2016 年 11 月 7 日发布，自 2017 年 6 月 1 日起施行。

《网络安全法》的出台具有里程碑式的意义。它是我国第一部网络安全的专门性综合性立法，提出了应对网络安全挑战这一全球性问题的中国方案。此次立法显示了党和国家对网络安全问题的高度重视，对我国网络安全法治建设是一个重大的战略契机。网络安全有法可依，信息安全行业将由合规性驱动过渡到合规性和强制性驱动并重。

网络不是法外之地，《网络安全法》为各方参与互联网上的行为提供非常重要的准则，所有参与者都要按照《网络安全法》的要求来规范自己的行为，同样所有网络行为主体所进行的活动，包括国家管理、公民个人参与、机构在网上的参与、电子商务等都要遵守本法的要求。《网络安全法》对网络产品和服务提供者的安全义务有了明确的规定，将现行的安全认证和安全检测制度上升成为法律，强化了安全审查制度。通过这些规定，使得所有网络行为都有法可依，有法必依，任何为个人利益触碰法律底线的行为都将受到法律的制裁。

思考与练习

一、填空题

1. 网络安全包括________和________两方面。

2. 计算机病毒的防治可以从________、________、________三个方面来进行，其中，做好计算机病毒的________，是防治的关键。

3. 通常在防火墙中，可将网络划分为________、________和________三个区域。

二、简答题

1. 列举个人计算机安全防御的措施与方法。

2. 列举常用的计算机网络安全技术。

项目十一
排查网络故障

项目导读

为了更有效地识别和解决网络故障，小飞和同学们在工作之余将近两个月来遇到的网络故障情况及处理过程进行了梳理，并在查阅资料的基础上形成了工作文档，在文档中，对网络故障产生的原因进行了分析，并将常见网络故障进行了归类，形成了一个网络故障解决处理的流程图，希望能帮助到后续进入网络运维项目组实习的学弟学妹们。

知识导图

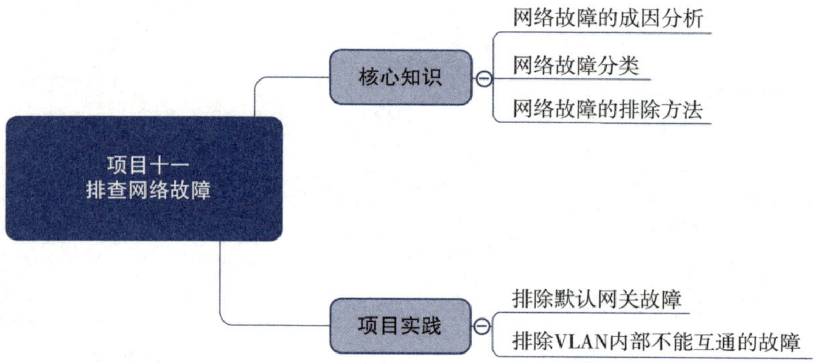

项目目标

知识目标

1. 理解网络故障的常见类型和原因。
2. 熟悉网络故障排除的基本方法和流程。

技能目标

1. 能够运用网络故障检测工具和技术，快速准确地定位并诊断网络故障。
2. 能够有效解决网络问题，并恢复网络正常运行。

素养目标

1. 通过网络故障问题的分析和解决，提高学生的逻辑思维能力和问题解决能力。
2. 提升团队协作能力，能够在团队中分工协作、有效沟通，共同解决网络故障。

知识准备

11.1 网络故障的成因分析

当今的网络互联环境是复杂的，计算机网络是由计算机集合和通信设施组成的系统，利用各种通信手段，把地理上分散的计算机连在一起，达到相互通信而且共享软件、硬件和数据等资源的系统。计算机网络的发展，导致网络之间出现了各种连接形式。采用统一的协议实现不同网络的互联，使互联网络很容易扩展。Internet就是用这种方式完成网络之间互联的网络。Internet采用TCP/IP作为通信协议，将世界范围内的计算机网络连接在一起，成为当今世界上最大的和最流行的国际性网络。因其复杂性还在日益增长，故随之而来的网络发生故障的概率也越来越高，主要原因如下：

（1）现代计算机网络要求支持更广泛的应用，包括数据、语音、视频及它们的集成传输。

（2）新业务的发展使网络带宽的需求不断增长，这就要求新技术不断出现。例如，十兆以太网向百兆、千兆以太网的演进；MPLS技术的出现；提供QoS的能力等。

（3）新技术的应用同时还要兼顾传统技术。例如，传统的SNA体系结构在某些场合仍在使用，DLSw作为通过TCP/IP承载SNA的一种技术而被应用。

（4）对网络协议和技术有着深入的理解，能够正确地维护网络尽量不出现故障，确保出现故障之后能够迅速、准确地定位问题，并排除故障的网络维护和管理人才缺乏。

11.2 网络故障分类

随着信息社会的发展，计算机网络成为人们日常生活中必不可少的一部分，网络出现一些故障也是极其普遍的事，由于网络故障的多样性和复杂性，网络故障分类方法也不尽相同。根据网络故障的性质可以分为物理故障与逻辑故障，也可以根据网络故障的对象分为线路故障、路由器故障和主机故障，排除网络故障的基本思路如图11-1所示。

1. 按网络故障的性质划分

1）物理故障

物理故障是指设备或线路损坏、插头松动或线路受到严重电磁干扰等情况。例如，网络中某条线路突然中断，如已安装了网络监控软件就能够从监控界面中发现该线路流量突然下降或系统弹出报警界面，更直接的反映就是处于该线路端口上的无线电管理信息系统无法使用。可用ping命令检查线路与网络管理中心服务器端口是否连通，如果未连通，则检查端口插头是否松动，如果松动则插紧，然后再用ping命令检查；如果已连通则故障解决了。也有可能是线路远离网络管理中心端的插头松动，需要检查终端设备的连接状况。如果插口没有问题，则可利用网线测试设备进行通路测试，若发现问题，则应重新更换一条网线。

另一种常见的物理故障就是网络插头误接。这种情况经常是因没有搞清网络插头规范或没有弄清网络拓扑结构而导致的。要熟练掌握网络插头规范，如T568A和T568B，清楚网线中每根线的颜色和意义，制作出符合规范的插头。还有一种情况，例如，两个路由器直接连接，这时应该让一个路由器的出口连接另一路由器的入口，而这个路由器的入口连接另一个路由器的出口，这时制作的网线就应该满足这一特性，否则也会导致网络误接。不过这种网络连接故障很隐蔽，要诊断这种故障没有什么特别好的工具，只有依靠网络管理的经验来解决。

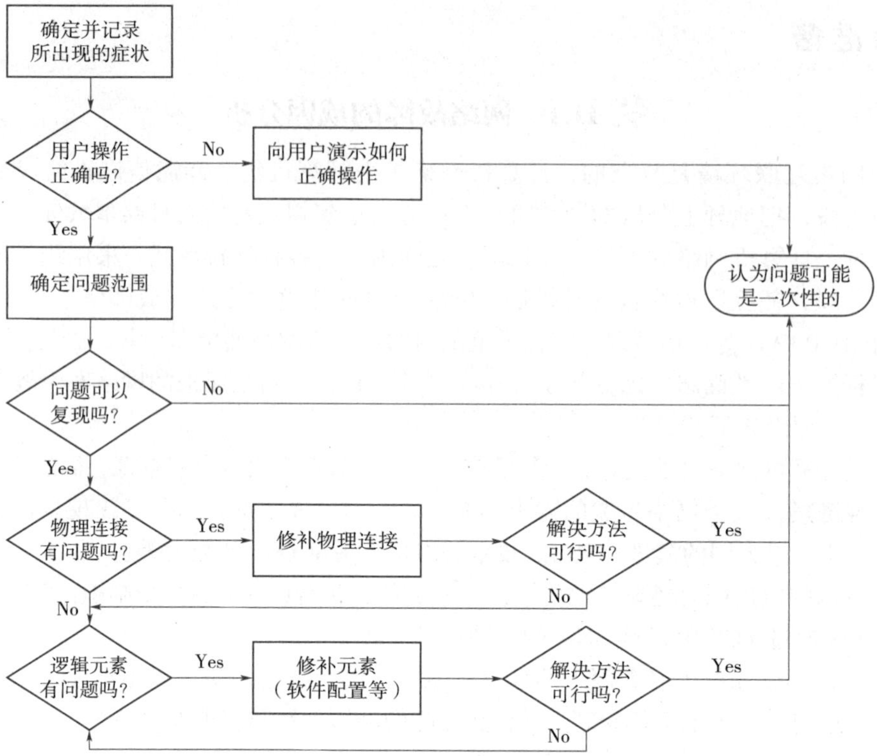

图 11-1　排除网络故障的基本思路

2）逻辑故障

逻辑故障中一种常见情况就是配置错误，是指因为网络设备的配置原因而导致的网络异常或故障。配置错误可能是路由器端口参数设定有误、路由器路由配置错误或者网络掩码设置错误，以致路由循环或找不到远端地址等。例如，同样是网络中某条线路故障，发现该线路没有流量，但又可以 ping 通线路两端的端口，这时很可能就是路由配置错误而导致的循环。

逻辑故障中另一类故障就是一些重要进程或端口关闭，以及系统的负载过高。例如，路由器的 SNMP 进程意外关闭或“死掉”，这时网络管理系统将不能从路由器中采集到任何数据，因此网络管理系统便失去了对该路由器的控制。还有一种情况，也是线路中断，没有流量，这时用 ping 命令发现线路近端的端口 ping 不通。检查发现该端口处于 down 状态，就是说该端口已经关闭，因此导致故障发生。这时重新启动该端口即可恢复线路的连通。此外，还有一种常见情况是路由器的负载过高，表现为路由器 CPU 温度太高、CPU 利用率太高以及内存余量太小等，虽然这种故障不会直接影响网络的连通，但会影响网络提供服务的质量，而且也容易导致硬件设备的损坏。

2. 按网络故障的对象划分

1）线路故障

最常见的情况就是线路不通，诊断这种故障可用 ping 检查线路远端的路由器端口是否还能响应，或检测该线路上的流量是否还存在。一旦发现远端路由器端口不通，或该线路没有流量，则该线路可能出现了故障。这时有几种处理方法。首先是 ping 线路两端路由器端口，检查两端的端口是否关闭了。如果其中一端端口没有响应则可能是路由器端口故障。如果是近端端口关闭，则可检查端口插头是否松动，路由器端口是否处于 down 状态；如果是远端端口关闭，则要通知线路对方进行检查。进行这些故障处理之后，线路往往就通畅了。

如果线路仍然不通，一种可能就是线路本身的问题，看是否线路中间被切断；另一种可能就是路由器配置出错。例如，路由循环就是远端端口路由又指向了线路的近端，这样与线路远端连接的网络用户就不通了，这种故障可以用 traceroute 命令来诊断。解决路由循环的方法就是重新配置路由器端口的静态路由或动态路由。线路连接故障的诊断思路如图 11-2 所示。

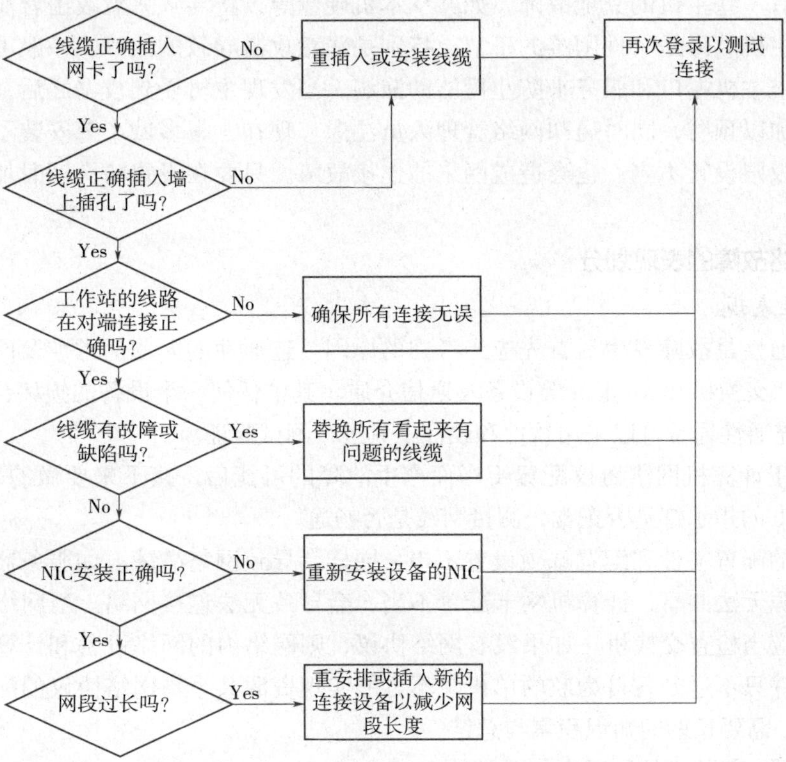

图 11-2　线路连接故障的诊断思路

2）路由器故障

事实上，线路故障中的很多情况都涉及路由器，因此也可以把一些线路故障归结为路由器故障。但线路涉及两端的路由器，因此在考虑线路故障时要涉及多个路由器。有些路由器故障仅仅涉及它本身，这些故障比较典型的就是路由器 CPU 温度过高、CPU 利用率过高或路由器内存余量太小。其中最危险的是路由器 CPU 温度过高，因为这可能导致烧毁路由器。而路由器 CPU 利用率过高和路由器内存余量太小都将直接影响网络服务质量，例如，路由器的丢包率会随内存余量的下降而上升。检测这种类型的故障，需要利用 MIB 变量浏览器，从路由器 MIB 变量中读出有关的数据，通常情况下网络管理系统有专门的管理进程不断地检测路由器的关键数据，并及时给出警报。要解决这种故障，只有对路由器进行升级、扩充内存，或重新规划网络的拓扑结构。

另一种路由器故障就是自身的配置错误，如配置的协议类型不对、端口不对等。这种故障比较少见，在使用初期配置好的路由器，基本上不会出现这种情况。

3）主机故障

常见的现象就是主机的配置不当。例如，主机配置的 IP 地址与其他主机冲突，或 IP 地址根本就不在子网范围内，都将导致该主机不能连通。例如，某部门的网段范围是 172.16.19.1~

172.16.19.253，所以主机 IP 地址只有设置在此段区间内才有效。还有一些服务设置的故障。例如，E-mail 服务器设置不当导致不能收发 E-mail，或者域名服务器设置不当导致不能解析域名等。主机故障的另一种原因可能是主机的安全故障。例如，主机没有控制其上的 finger、rpc 及 rlogin 等多余服务，而恶意攻击者可以通过这些多余进程的正常服务或 bug 攻击该主机，甚至得到该主机的超级用户权限等。

另外，还有一些主机的其他故障，如共享本机硬盘等，将导致恶意攻击者非法利用该主机的资源。发现主机故障是一件困难的事情，特别是恶意攻击导致的故障。一般可以通过监视主机的流量、扫描主机端口和服务来防止可能的漏洞。当发现主机受到攻击之后，应立即分析可能的漏洞，并加以预防，同时通知网络管理人员注意。现在，很多城市都安装了防火墙，如果防火墙的地址权限设置不当，也会造成网络的连接故障。只要在设置防火墙时加以注意，这种故障就能解决。

3. 按照网络故障的表现划分

1）连通性表现

网络的连通性是故障发生后首先应当考虑的原因。连通性的问题通常涉及网卡、跳线、信息插座、网线、交换机和 Modem 等设备及通信介质。其中任何一个设备的损坏，都会导致网络连接的中断。连通性通常可以采用软件和硬件工具进行测试验证。

排除了由于计算机网络协议配置不当而产生故障的可能后，接下来要做的事情就复杂了。查看网卡和 Hub 的指示灯是否正常，测量网线是否畅通。

如果主机的配置文件和配置选项设置不当，同样会导致网络故障。如服务器的权限设置不当，会导致资源无法共享；计算机网卡配置不当，会导致无法连接网络。当网络内所有服务都无法实现时，应当检查交换机。如果没有网络协议，则网络内的网络设备和计算机之间就无法通信，所有硬件只不过是各自为政的单机，不可能实现资源共享。网络协议的配置并非一两句话能说得明白，需要长期的知识积累与总结。

连通性问题一般的可能原因有如下三种：

（1）硬件、媒介、电源故障。

（2）配置错误。

（3）不正确的相互作用。

2）性能表现

（1）网络拥塞。

（2）到目的地不是最佳路由。

（3）供电不足。

（4）路由环路。

（5）网络错误。

11.3 网络故障的排除方法

1. 总体原则

故障处理系统化是合理地一步一步找出故障原因并解决的总体原则。它的基本思想是将故障可能的原因所构成的一个大集合缩减（或隔离）成几个小的子集，从而使问题的复杂度降低。

在网络故障的检查与排除中，掌握合理的分析步骤及排查原则是极其重要的，这一方面能够快速地定位网络故障，找到引发相应故障的成因，从而解决问题；另一方面也会让人们在工作中事半功倍、提高效率并降低网络维护的繁杂程度，最大限度地保持网络的不间断运行。

2. 网络故障解决的处理流程

在开始动手排除故障之前，最好先准备一支笔和一个记事本，然后，将故障现象认真仔细地记录下来。在观察和记录时不要忽视细节，很多时候正是一些小的细节使得整个问题变得明朗化。排除大型网络故障如此，排除十几台计算机的小型网络的故障也是如此。图 11-3 所示为网络故障解决的处理流程图。

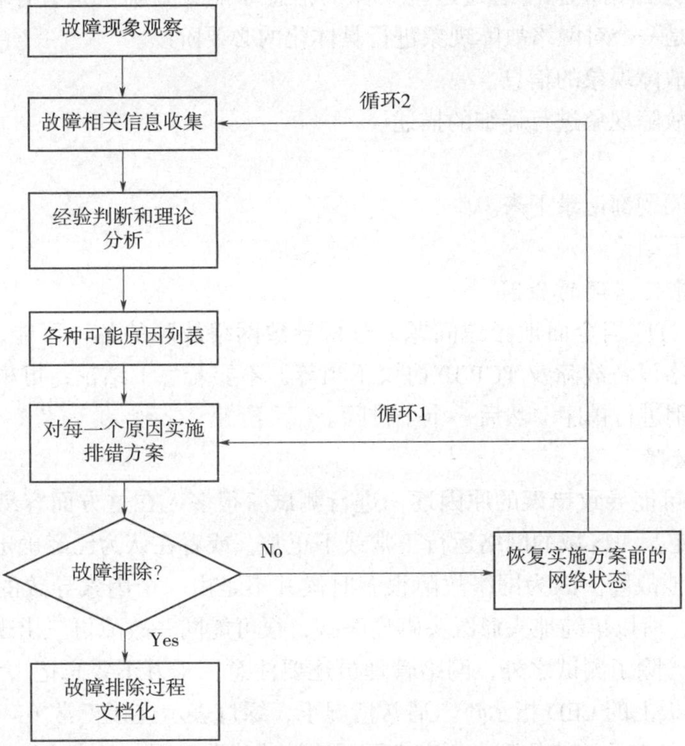

图 11-3　网络故障解决的处理流程图

3. 网络故障的确认与定位

确认及识别网络故障是网络维护的基础。在排除故障之前，必须清楚地知道网络上到底出了什么问题，究竟是不能共享资源，还是连接中断等。知道出了什么问题并能够及时确认、定位，是成功排除故障最重要的步骤。要确认网络故障，首先需要清楚网络系统正常情况下的工作状态，并以此作为参照，才能确认网络故障的现象，否则，对故障进行确认及定位将无从谈起。

1）识别故障现象

在确认故障之前，应首先清楚如下几个问题：

（1）被记录的故障现象发生时，正在运行什么进程（即用户正对计算机进行什么操作）。

（2）这个进程之前是否运行过。

（3）以前这个进程的运行是否正常。

（4）这个进程最后一次成功运行是什么时候。

（5）自该进程最后一次成功运行之后，系统做了哪些改变。这包括很多方面，如是否更换了网卡、网线及系统是否新安装了某些应用程序等。在弄清楚这些问题的基础上，才能对可能存在的网络故障有个整体的把握，才能对症下药，排除故障。

2）确认网络故障

在处理由用户报告的问题时，对故障现象的详细描述尤为重要，特别是在目前大部分网络用户缺乏相关知识的应用环境下，事实上，很多用户报告的故障现象甚至不能称为故障。仅凭他们的描述便下最终的结论，很多时候显得很草率。这时就需要网络管理员亲自操作一下刚才出错的程序，并注意出错信息。通过这些具体的信息才能最终确认是否存在相应的网络故障，这在某种程度上也是一个对网络故障现象进行具体化的必要阶段。

（1）收集有关故障现象的信息。

（2）对问题和故障现象进行详细的描述。

（3）注意细节。

（4）把所有的问题都记录下来。

（5）不要匆忙下结论。

3）分析可能导致错误的原因

作为网络管理员应当全面地考虑问题，分析导致网络故障的各种可能，如网卡硬件故障、网络连接故障、网络设备故障及 TCP/IP 协议不当等，不要着急下结论，可根据出错的可能性把这些原因按优先级别进行排序，然后一个个排除。

4）定位网络故障

对所有列出的可能导致错误的原因逐一进行测试。很多人在这方面容易犯的错误是，往往根据一次测试就断定某一区域的网络运行正常或不正常，或者在认为已经确定了的第一个错误上停下来，而忽视其他故障。因为网络故障很多时候并不是由一个因素导致的，往往是多个因素综合作用而造成的，所以单纯地头痛医头脚痛医脚，很可能同一故障再三出现，这样会大大增加网络维护的工作量。除了测试之外，网络管理员还要注意：千万不要忘记去观察网卡、交换机、Modem 及路由器面板上的 LED 指示灯。通常情况下，绿灯表示连接正常（Modem 需要几个绿灯和红灯都要亮），红灯表示连接故障，不亮表示无连接或线路不通，长亮表示广播风暴，指示灯有规律地闪烁才是网络正常运行的标志。同时不要忘记记录所有观察及测试的手段和结果。

5）隔离错误部位

经过测试后，基本上已经知道了故障的部位，对于计算机故障，可以开始检查该计算机网卡是否安装好、TCP/IP 是否安装并设置正确及 Web 浏览器的连接设置是否得当等一切与已知故障现象有关的内容。需注意的是，在打开机箱时，不要忘记静电对计算机芯片的危害，要用正确的方法拆卸计算机部件。

6）故障分析

处理完问题后，作为网络管理员，还必须搞清楚故障是如何发生的，是什么原因导致了故障的发生，以后如何避免类似故障的发生，拟定相应的对策，采取必要的措施并制定严格的规章制度。例如，某一故障是由于用户安装了某款垃圾软件造成的，那么就应该相应地通知用户日后对该类软件敬而远之，或者规定不准在局域网内使用。

虽然网络故障的原因千变万化，但总的来讲也就是硬件问题和软件问题，或者更准确地说就是网络连接性的问题、配置文件选项的问题及网络协议的问题。

项目实施

任务一　排除默认网关故障

任务目的：了解常见网络故障排除及其排查方法。

任务内容：通过检查、分析和排除网络故障，实现正常上网。

任务环境：Cisco Packet Tracer 8.1。

任务步骤：

步骤 1：问题描述。

校园网络局部拓扑结构如图 11-4 所示，某天，行政楼某办公室工作人员反映 PC0 突然不能正常打开网页，而隔壁办公室的计算机上网正常。经查找校园网组网文档，该楼宇的 IP 地址分配见表 11-1。

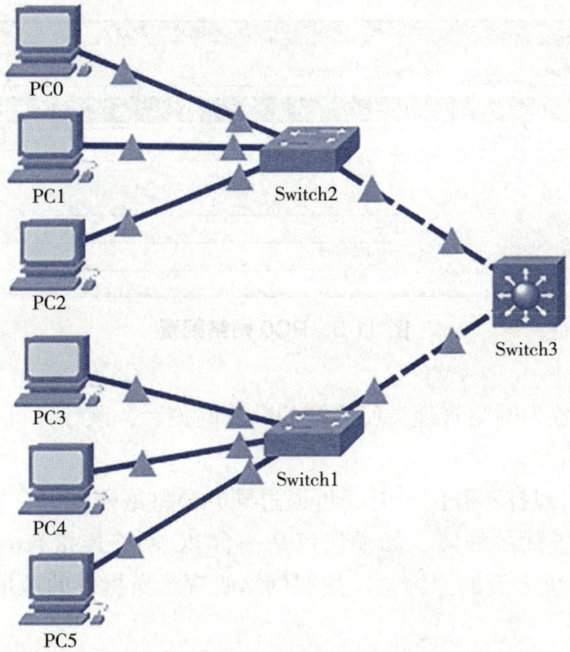

图 11-4　某办公网络拓扑结构

表 11-1　各设备连接端口号与 IP 地址参数

设　备	接　口	IP 地址	子网掩码	网　关
Switch3	VLAN10	192.168.1.254	255.255.254.0	N/A
	VLAN20	192.168.3.254	255.255.254.0	N/A
PC0	Fa0/1	192.168.0.2	255.255.254.0	192.168.1.254
PC1	Fa0/2	192.168.0.3	255.255.254.0	192.168.1.254
PC2	Fa0/3	192.168.0.4	255.255.254.0	192.168.1.254
PC3	Fa0/1	192.168.2.2	255.255.254.0	192.168.3.254
PC4	Fa0/2	192.168.2.3	255.255.254.0	192.168.3.254
PC5	Fa0/3	192.168.2.4	255.255.254.0	192.168.3.254

步骤 2：原因分析。

（1）线路问题，需检查 PC0 接入网络的线路是否正常。可分两段排查，第一段是 PC0 到该办公室墙壁端口，第二段是从办公室到弱电间内接入交换机的线路。由于隔壁办公室网络接入正常，可初步排除从弱电间内接入交换机到上层网络设备之间出现故障的可能性。

（2）检查 PC0 网卡和接入交换机的连接端口，以及办公室信息模块插座的状况。

（3）检查 PC0 自身是否感染计算机病毒，或防火墙配置、网络配置等信息是否有问题。

步骤 3：查找故障。

（1）检测网络线路，性能各方面正常。

（2）检测 PC0 的网卡，以及接入交换机的相应端口、办公室内的信息模块插座，均能正常工作。

（3）在 PC0 中查看其网络配置，发现其默认网关配置与网络管理员所提供的地址分配表不同，如图 11-5 所示。

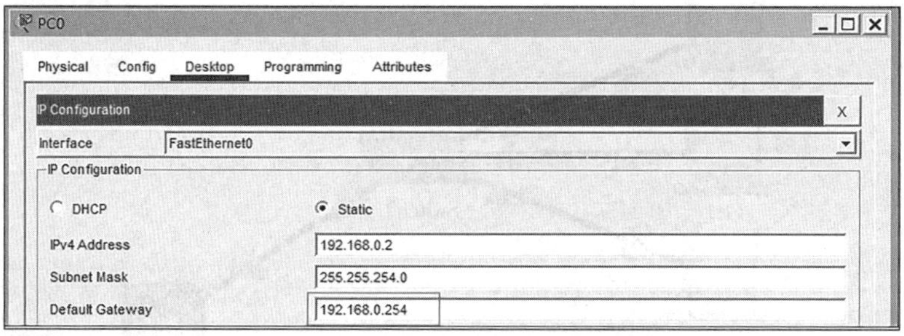

图 11-5　PC0 网络配置

步骤 4：排除故障。

更改 PC0 的网络配置为网络管理员所分配的默认网关后，该计算机网络连接正常。

步骤 5：建议与总结。

发现某办公室 PC 出现打不开网页时，可通过同办公室或隔壁办公室 PC 接入网络情况来初步判断是否是网络连接方面的故障，如果仅仅是一台 PC 网络连接有问题的话，很可能就是该 PC 的网络配置或操作系统方面的原因了，按照网络管理员所提供的地址分配表恢复其网络配置一般就能解决问题。

任务二　排除 VLAN 内部不能互通的故障

任务目的：熟悉网络故障排除步骤，掌握交换机 VLAN 的基本配置命令。

任务内容：按照网络故障步骤，分析故障原因，并解决故障。

任务环境：Cisco Packet Tracer 8.1。

任务步骤：

步骤 1：问题描述。

一天上午，在校园部分区域突然停电又来电后，学生服务大厅的几个网络用户反映打不开网页，其中一位负责财务的老师还反映说，财务系统也不能与行政楼的财务处协同办公。查看校园网组网文档，该学生服务大厅的网络连接拓扑图如图 11-6 所示，IP 地址分配见表 11-2。

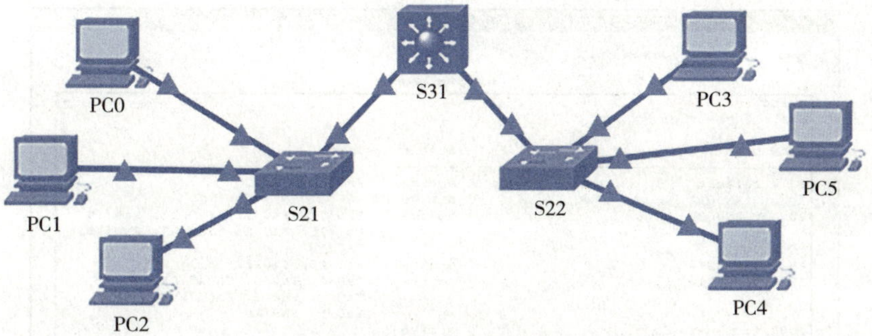

图 11-6 学生服务大厅的网络连接拓扑

表 11-2 各设备连接端口号与 IP 地址参数

设 备	接 口	IP 地址	子 网 掩 码	网 关	VLAN
S31	VLAN110	192.168.111.254	255.255.254.0	N/A	N/A
	VLAN60	192.168.61.254	255.255.254.0	N/A	N/A
PC0	Fa0/1	192.168.110.2	255.255.254.0	192.168.111.254	VLAN110
PC1	Fa0/2	192.168.110.3	255.255.254.0	192.168.111.254	VLAN110
PC2	Fa0/18	192.168.60.15	255.255.254.0	192.168.61.254	VLAN60
PC3	Fa0/1	192.168.60.2	255.255.254.0	192.168.61.254	VLAN60
PC4	Fa0/2	192.168.60.3	255.255.254.0	192.168.61.254	VLAN60
PC5	Fa0/3	192.168.60.4	255.255.254.0	192.168.61.254	VLAN60

步骤 2： 原因分析。

按照图 11-3 网络故障的解决流程，根据校园网用户的网络故障描述，初步分析可能有以下原因：

（1）物理故障，由于突然断电或工位上 PC 主机移动等原因，导致网络接口松动、连接错误或接触不良等，抑或是网络出现环路、网络设备损坏不能正常运行等。

（2）逻辑故障，由于断电或操作不当，个别主机可能网卡的驱动程序损坏、网络地址参数设置不当、主机网络协议或服务安装不当等，或者是连接的上层交换机设备配置参数丢失、出错等。

步骤 3： 查找故障。

（1）通过 Telnet 能够远程登录学生服务大厅网络故障区域的接入交换机及其上层网络设备，发现各交换机的端口基本上处于正常工作状态。

（2）在学生服务大厅现场，检查出现网络故障 PC 的网卡接口、网络接入线路上接口与信息模块插座，均能正常工作。

（3）对照校园网组网文档中的 IP 地址分配表，各出现网络故障 PC 的网络参数配置也是正确的，但是，在这些 PC 上，使用 ping 命令，不仅 ping 不通同一个 VLAN 中的其他 PC，同时也 ping 不通网关。

步骤 4： 排除故障。

再次通过 Telnet 远程登录学生服务大厅网络故障区域的接入交换机，查看其 VLAN 设置与端口划分，如图 11-7 所示。

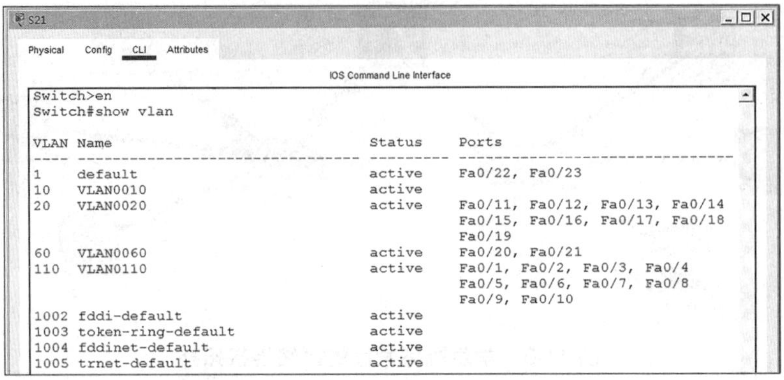

图 11-7　查看 VLAN 设置与端口划分

使用寻线仪找到出现网络故障 PC 在接入交换机上的连接接口，发现这几台出现网络不通的 PC 的网线连接的端口与交换机上 VLAN 划分端口不一致。比如，办事大厅 PC2 应当接入财务处的 VLAN 60，实际上 PC2 在接入交换机 S21 上连接的是 Fa0/18 端口，没有划分到 VLAN60 中。解决办法是，在接入交换机 S21 中，将端口 Fa0/18 加入 VLAN60，参考命令如下：

```
Switch>en
Switch#configure terminal
Switch(config)#int fa0/18
Switch(config-if)#switchport access vlan 60
```

执行命令后，再次查看 S21 VLAN 设置与端口情况，如图 11-8 所示。

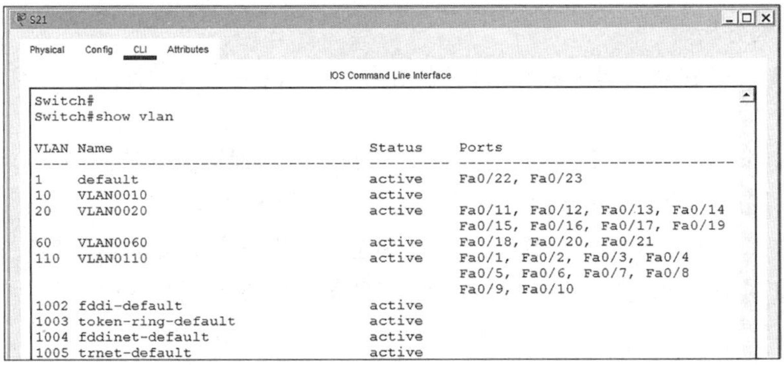

图 11-8　查看 S21 VLAN 设置与端口

PC2 网络接入恢复正常。其他几台出现网络故障的 PC 按同样方式解决。

步骤 5：建议与总结。

当局部区域多台 PC 出现网络故障时，可对照网络拓扑图，找到局部区域的接入交换机，以及上连的汇聚交换机，通过系统性的故障排除方法，不断缩小可能的故障范围，找到导致故障发生的具体原因。本例中，出现故障的原因就是，故障 PC 在接入交换机上所插端口的 VLAN 未定义或出错，解决方法是调整接入交换机上 VLAN 端口配置，或是更换故障 PC 在接入交换机上所插的端口。解决故障后，在与事务大厅人员的交流中，了解到事务大厅几周前因入驻新业务部门，调整过网络，调整后是正常上网的。分析这次突然断电后导致的网络故障，有可能是上次交换机配置后，没有及时保存交换机的配置参数，交换机断电重启后，部分配置参数丢失。

素质拓展

雪人计划

雪人计划（yeti DNS project）是一个基于全新技术架构的全球下一代互联网（IPv6）根服务器测试和运营实验项目，旨在打破现有根服务器困局，为下一代互联网提供更多的根服务器解决方案。这个项目由中国下一代互联网工程中心领衔发起，联合了WIDE机构（现国际互联网M根运营者）、互联网域名工程中心（ZDNS）等，于2013年联合日本和美国相关运营机构和专业人士共同发起。雪人计划的目的是以IPv6为基础，建立面向新兴应用、自主可控的一整套根服务器解决方案和技术体系。

2017年"雪人计划"已经在全球完成了25台IPv6根服务器的架设，见表11-3，其中中国部署了4台，分别是1主根服务器和3台辅根服务器。"雪人计划"的实施，一举打破了中国过去没有根服务器的困境，加速了我国对IPv6网络的推广和规模部署。虽然根据网络市场的需求，IPv6根服务器数量上的分配不同，但也基本上照顾到了所有地区，让美国的互联网垄断霸权地位不复存在。这不仅让我国拥有了属于自己的主根服务器，摆脱了过去因为没有根服务器被美国制约的困境，掌握了自己国家网络的主权，打破了美国的垄断地位，也给世界更多的国家创造了机会。

表11-3　IPv6根服务器全球分布情况

国　家	主根服务器	辅根服务器	国　家	主根服务器	辅根服务器
中国	1	3	西班牙	0	1
美国	1	2	奥地利	0	1
日本	1	0	智利	0	1
印度	0	3	南非	0	1
法国	0	3	澳大利亚	0	1
德国	0	2	瑞士	0	1
俄罗斯	0	1	荷兰	0	1
意大利	0	1			

思考与练习

1. 简述网络故障的分类与排查思路。
2. 当一台计算机无法访问Internet时，可能的原因有哪些？如何逐步排除这些问题？

项目十二
组建校园网络

项目导读

经过三个月的校园网络运维实践锻炼，大牛认为小飞已经能独当一面了。刚好公司中标了一个高校校园信息化建设的项目，就安排小飞作为项目助理，先对该校的校园网络进行需求分析，并做一个初步的规划与设计，为后期的信息化建设项目做基础。

知识导图

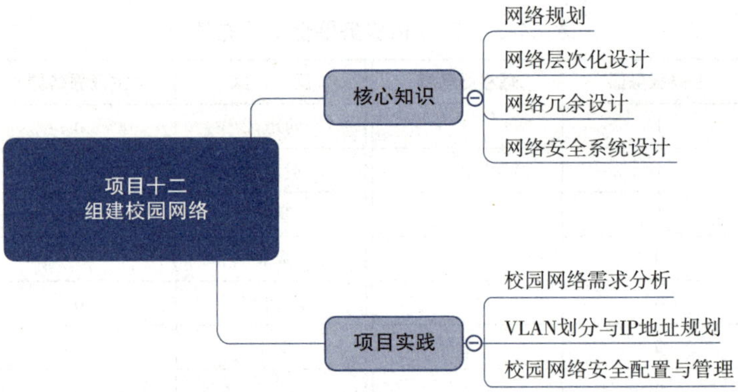

项目目标

知识目标

1. 熟悉网络规划的基本原则及实施步骤。
2. 理解网络层次化设计的优点及各层的功能。
3. 理解网络冗余设计的优点、产生的问题及解决的办法。

技能目标

1. 能够独立进行网络需求分析。
2. 能够结合网络需求规划 IP 地址及划分 VLAN。
3. 能够结合网络需求对网络安全进行相应配置。

素养目标

1. 培养细致、严谨的工作态度，注重网络设计和实施中的细节，确保网络系统的可靠性和稳定性。

2. 培养学生持续学习和创新精神，关注网络技术发展趋势，不断提升自身的专业技能和知识储备。

知识准备

12.1 网络规划

网络工程是一项复杂的系统工程，涉及大量的技术问题、管理问题、资源的协调组织问题等，因此要使用系统化的方法来对网络工程进行规划。网络规划是在准确把握用户需求及分析和可行性论证基础上确定网络总体方案和网络体系结构的过程。

1. 网络规划的基本原则

1）采用先进、成熟的技术

在规划网络、选择网络技术和网络设备时，应重点考虑当今主流的网络技术和网络设备。确保建成的网络有良好的性能，保证网络设备之间、网络设备和计算机之间的互连，以及网络的可靠运行。

2）遵循国际标准，坚持开放性原则

网络的建设应遵循国际标准，采用大多数厂家支持的标准协议及标准接口，从而为异种机、异种操作系统的互连提供方便和可能。

3）网络的可管理性

具有良好可管理性的网络，网管人员可借助先进的网管软件，方便地完成设备配置，状态监视，信息统计，流量分析，故障报警、诊断和排除等任务。

4）系统的安全性

网络系统的安全性包括两个方面的内容：一是外部网络与本单位网络之间互连的安全性问题；二是本单位网络系统管理的安全性问题。在网络建设的设计阶段，这两个方面的安全问题都要充分考虑到，设计合理的解决方案。

5）灵活性和扩充性

网络的灵活性体现在连接方便，设置和管理简单、灵活，使用和维护方便；网络的可扩充性表现在数量的增加、质量的提高和新功能的扩充。

6）系统的稳定性和可靠性

网络产品稳定性和可靠性对网络建设来说，非常重要，所以在关键网络设备和重要服务器的选择方面，应考虑该设备是否具有良好的电源备份系统、链路备份系统，是否具有中心处理模块的备份，系统是否具有快速、良好的自愈能力等。不应追求那些功能大而全但不可靠或不稳定的产品，也不要选择那些不成熟和没有形成规范的产品。

7）经济性

计算机网络技术发展迅速，新的网络设备层出不穷，在设备选型方面，基于以够用并具有一定的扩展性为原则，考虑网络构建的成本，尽量让其经济实用。

网络规划是一项较复杂的技术性活动，要完成一个高水平的网络规划，需由专门的计算机网络技术人员参与。

2. 网络规划的实施步骤

1）需求分析

需求分析的目的是充分了解组建网络应当达到的目标，包括近期目标和远期目标。进行用户需求调研，需掌握以下几个方面的内容。

（1）了解联网设备的地理分布，包括联网设备的数目、位置和间隔距离，用户群组织，以及特殊的需求和限制。

（2）联网设备的软硬件，包括设备类型、操作系统和应用软件等。

（3）所需的网络服务，如电子邮件、WWW 服务、视频服务、数据库管理系统、办公自动化、CMIS 系统集成等。

（4）实时性要求，如用户信息流量等。

本阶段的成果是提出网络用户需求分析报告。

2）系统可行性分析

系统可行性分析的目的是阐述组建该网络在技术、经济和社会条件等方面的可行性，以及为达到目标而可能选择的各种方案等。本阶段的成果是提出可行性分析报告，供领导决策参考。

3）网络总体设计

网络总体设计是根据网络规划中提出的各种技术规范和系统性能要求，以及网络需求分析的要求，制订出一个总体计划和方案。网络总体设计包括以下主要内容：

（1）网络流量分析、估算和分配。

（2）网络拓扑结构设计。

（3）网络功能结构设计。

本阶段的成果是确定一个具体的网络系统实施的总体方案，主要包含网络的物理结构和逻辑关系结构。

4）网络详细设计

网络详细设计实质上就是分系统进行设计，对于一个局域网而言，网络的详细设计包括以下内容：

（1）网络主干设计。

（2）子网设计。

（3）网络的传输介质和布线设计。

（4）网络安全和可靠性设计。

（5）网络接入互联网设计。

（6）网络管理设计，包括网络管理的范围、管理的层次、管理的要求，以及网络控制的能力等。

（7）网络硬件和网络操作系统的选择。

5）设备配置、安装和调试

根据网络系统实施的方案，选择性能价格比高的设备，通过公开招标等方式和供应商签订供货合同，确定安装计划。

网络系统的安装和调试主要包括系统的结构化布线、系统安装、单机测试和互连调试等。在设备安装调试的同时开展用户培训工作。用户培训和系统维护是保证系统正常运行的重要因素。使用户尽可能地掌握系统的原理和使用技术，以及出现故障时的一般处理方法。

6）网络系统维护

网络组建完成后，还存在着大量的网络维护工作，包括对系统功能的扩充和完善，各种应用软件的安装、维护和升级等。另外，网络的日常管理也十分重要，如配置和变动管理、性能管理、日志管理和计费管理等。

12.2 网络层次化设计

层次化网络设计通常将网络划分为三个层次：核心层（core layer）、汇聚层（distribution layer）和接入层（access layer），如图 12-1 所示。层次化设计通过网络分成许多小单元，降低了网络的整体复杂性，简化了网络配置，使网络更容易管理，使故障排除或网络扩展更容易，能隔离广播风暴的传播，以及防止路由循环等潜在问题。同时，网络容易升级到最新的技术，升级任意层的网络不会对其他层造成影响，无须改变整个网络环境。

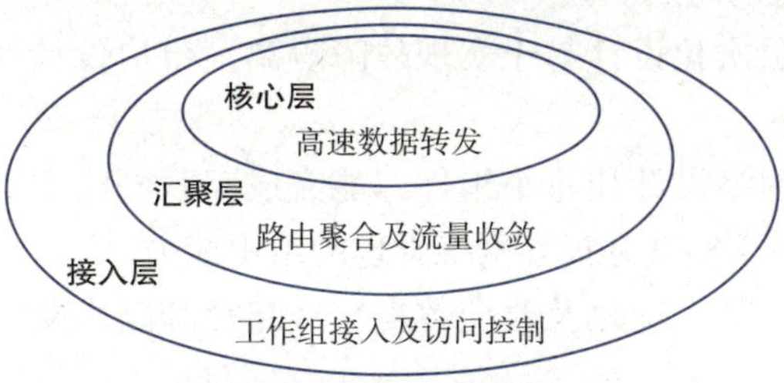

图 12-1 三层结构模型一

核心层：核心层是网络的高速交换主干，对整个网络的连通起到至关重要的作用。核心层应该具有如下几个特性，可靠性、高效性、冗余性、容错性、可管理性、适应性、低延时性等。在核心层中，应该采用高带宽的万兆以上交换机，因为核心层是网络的枢纽中心，重要性突出，核心层设备采用双机冗余热备份是非常必要的（图 12-2 中核心层采用两台高端交换机），也可以使用负载均衡功能，来改善网络性能。

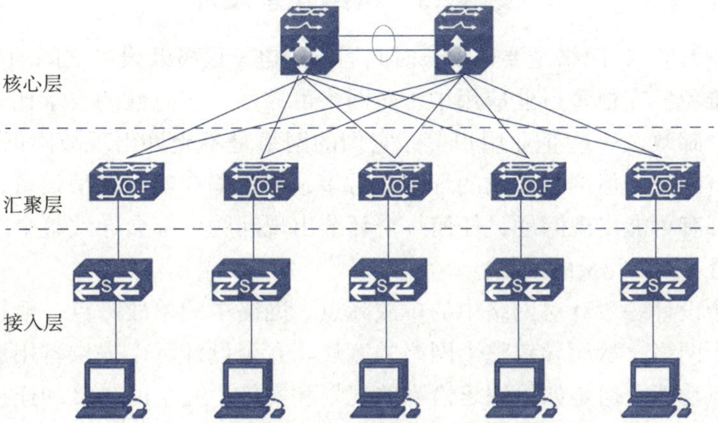

图 12-2 三层结构模型二

汇聚层：汇聚层是网络接入层和核心层的“中介”，汇聚层交换机是多台接入层交换机的汇聚点，它必须能够处理来自接入层设备的所有通信量，并提供到核心层的上行链路，因此汇聚层交换机与接入层交换机比较，有更高的性能、更少的接口和更高的交换速率。汇聚层具有实施策略、安全、工作组接入、虚拟局域网（VLAN）之间的路由，源地址或目的地址过滤等功能。在汇聚层中，应该选用支持三层交换技术和 VLAN 的交换机，以达到网络隔离和分段的目的。

接入层：接入层向本地网段提供工作站接入，提供了带宽共享、交换带宽、MAC 地址过滤和网段划分等功能。接入层一般采用低成本和高端口密度的设备，可考虑采用可网管、可堆叠的接入级交换机。交换机的高速端口用于连接高速率的汇聚层交换机，普通端口直接与用户计算机相连，以有效地缓解网络骨干的瓶颈。

层次化网络设计模型具有以下优点：

（1）可扩展性。由于分层设计的网络采用模块化设计，路由器、交换机和其他网络互连设备能在需要时方便地加到网络组件中。

（2）高可用性。冗余、备用路径、优化、协调、过滤和其他网络处理使得层次化具有整体的高可用性。

（3）低时延性。由于路由器隔离了广播域，同时存在多个交换和路由选择路径，数据流能快速传送，而且只有非常低的时延。

（4）故障隔离。使用层次化设计易于实现故障隔离。模块设计能通过合理的问题解决和组件分离方法加快故障的排除。

（5）模块化。层次化网络设计让每个组件都能完成互联网络中的特定功能，因而可以增强系统的性能，使网络管理易于实现并提高网络管理的组织能力。

（6）高投资回报。通过系统优化及改变数据交换路径和路由路径，可在层次化网络中提高带宽利用率。

（7）网络管理。如果建立的网络高效而完善，则对网络组件的管理更容易实现，这将大大节省雇用员工和人员培训的费用。

层次化网络设计也有一些缺点：出于对冗余能力的考虑和要采用特殊的交换设备，层次化网络的初次投资要明显高于平面型网络建设的费用。正是由于分层设计的高额投资，认真选择路由协议、网络组件和处理步骤就显得极为重要。

12.3　网络冗余设计

常言说“有备无患”，网络主要是由长时间运行的电子设备及设备之间的连接组成的，出现软硬件故障在所难免。在很多行业应用中，对网络可靠性、实时性的要求比较高，如金融、证券、航空、铁路、邮政及一些企业用户等，它们的网络是不允许出现故障的，一旦出现故障，将带来巨大的经济损失。但网络涉及的环节非常多，如传输介质、通信设备、应用服务器、安全设备等，这些都有可能出现问题，任何一个环节出现问题，都会导致整个网络传输运行的停止，所以应该给用户提供冗余的网络。

网络中的冗余设计一般针对网络中的单故障点。网络中的单故障点一般指单个点发生故障的时候会波及整个网络，从而导致整个网络的瘫痪。冗余设计可以提供备用选择，以便在故障发生时替换故障点功能。但是如果缺乏恰当的规划和实施，冗余的链接和连接点会削弱网络的层次性和降低网络的稳定性。

冗余设计一般包括三个方面：链路冗余、设备冗余、路由冗余。

（1）链路冗余：为了保持网络的稳定性，在多台交换机组成的网络环境中，通常都使用一些备份连接，以提高网络的健壮性、稳定性。这里的备份连接又称备份链路或者冗余链路。

（2）设备冗余：为了保障重要系统设备不停止运转，造成网络中断或服务停止，采用将重要设备的备用设备同时联网，并在故障发生时自动运行的方案。以服务器及电源为例，都采取一用二备，甚至一用三备的配置。正常工作时，几台服务器同时工作，互为备用。一旦遇到停电或者机器故障，自动转到正常设备上继续运行，确保系统不停机，数据不丢失。

（3）路由冗余：为保障网络的可达性，当一个主路由发生故障后，网络可以自动切换到其备份路由以实现网络通信的方案。动态路由协议（如 RIP、OSPF）都可以实现网络路由的冗余备份，默认路由也是一种备份路由。

12.4 网络安全系统设计

网络安全系统是网络总体规划与设计中的重要组成部分。计算机网络系统的安全规划设计主要从以下几个方面考虑：

（1）必须根据具体的系统和应用环境，分析和确定系统存在的安全漏洞和安全威胁。

（2）有明确的安全策略。

（3）建立安全模型，对网络安全进行系统和结构化的设计。

（4）安全规划设计层次和方面。

安全规划设计层次和方面具体包括：

①物理层的安全。主要防止对网络系统物理层的攻击、破坏和窃听，包括非法的接入和非正常工作的物理链路断开。

②数据链路层的安全。数据链路层的网络安全主要是保证通过网络链路传送的数据安全，具体可采用划分 VLAN、实时加密通信等技术手段。

③网络层的安全。网络层的安全需要保证网络只给授权的客户使用授权的服务，保证网络路由的正确性。在这个层次采用的技术手段是使用防火墙，实现网络的安全隔离，过滤恶意或未经授权的 IP 数据。

④操作系统和应用平台的安全。保证网络操作系统和应用平台的应用软件体系在大数据流量和复杂的运行环境中都能正常安全运行。

项目实施

任务一 校园网络需求分析

任务目的：了解网络需求分析的基本内容与方法。

任务内容：对校园网络应用、性能、信息点等进行需求调研，并绘制网络拓扑。

任务环境：某大学校园。

任务步骤：

某大学为了加快校园信息化建设，需要建设一个高性能的、安全可靠的校园网络。校园网建成后，要求能够实现校园内部各种信息服务功能，实现与教育网的无阻碍连通，满足校园办公自动化需求。

步骤 1：校园网络应用需求调研。有以下几个方面：

（1）学校主页，学校应建立独立的 WWW 服务器，在网上提供学校主页等服务，包括校情简介、学校新闻、校报（电子报）、招生信息以及校内电话号码和电子邮件地址查询等。

（2）文件传输服务，考虑到师生之间共享软件，校园网应提供文件传输服务（FTP）。文件传输服务器上存放各种各样的自由软件和驱动程序，师生可以根据自己的需要随时下载并把它们安装在本机上。

（3）校园网站建设，WWW、FTP、E-mail、DNS、代理、VPN 访问、流量计费等。

（4）多媒体辅助点播教学兼远程教学。校园网要求具有数据、图像、语音等多媒体实时通信能力；并在主干网上提供足够的带宽和可保证的服务质量，满足大量用户对带宽的基本需要，并保留一定的余量供突发的数据传输使用，最大可能地降低网络传输的延迟。

（5）校园办公管理。

（6）学校教务管理。

（7）校园一卡通应用。

（8）网络安全（防火墙）。

（9）图书管理、电子阅览室。

（10）系统应提供基本的 Web 开发和信息制作的平台。

步骤 2：网络性能需求分析。

网络要求包括服务效率、服务质量、网络吞吐率、网络响应时间、数据传输速度、资源利用率、可靠性、性价比等。

根据工程要求，语音点和数据点使用相同的传输介质，即统一使用六类 4 对双绞线缆，以实现语音、数据相互备份的需要。

对于网络主干，数据通信介质全部使用光纤，语音通信主干使用大对数线缆，光纤和大对数线缆均留有余量；对于其他系统数据传输，可采用六类双绞线或专用线缆。

步骤 3：信息点统计。

信息点通常指的是在某个特定的环境中（如计算机网络或通信系统中），用于信息传输和接收的功能单元，在这里，可认为是安装在用户房间内并连接到校园网络的接口。信息点统计情况见表 12-1。

表 12-1　联网各楼所在位置及信息点分布

	楼　层					
	1 层	2 层	3 层	4 层	5 层	6 层
行政楼	47	52	52	52	52	
科研楼	36	48	48	48	48	
教学 A 楼	45	60	60	60		
教学 B 楼	38	46	46	46		
图文楼	35	24	24	24	24	24
实训楼	52	86	86	86	86	
学生宿舍 1	60	60	60	60	60	60
学生宿舍 2	60	60	60	60	60	60
学生宿舍 3	52	52	52	52	52	52
学生宿舍 4	52	52	52	52	52	52
学生宿舍 5	64	64	64	64	64	64
学生宿舍 6	64	64	64	64	64	64
学生宿舍 7	64	64	64	64	64	64
学生宿舍 8	64	64	64	64	64	64
合　计	4 315					

步骤 4：网络架构设计。

现代网络结构化布线工程中，同一楼层多采用星形结构，通过交换机或集线器连接到各个房间的计算机，具有施工简单、扩展性高、成本低和可管理性好等优点；在校园网中，每个房间的计算机连接到本层的交换机或集线器，然后每个楼层的交换机或集线器通过光纤连接到本楼出口的交换机或路由器，各个楼的交换机或路由器再连接到校园网的通信网中，由此构成了校园网的拓扑结构。

结合前面校园网络需求，可考虑将校园网络整体分为 3 个层次：核心层、汇聚层、接入层。为实现校区内的高速互连，核心层由 2 个核心节点组成，进行双机热备，服务器群直接连在核心交换机上；每栋楼设置 1 个汇聚节点，汇聚层为高性能“小核心”型交换机，根据各个楼的配线间的数量不同，可以分别采用 1 台或是 2 台汇聚层交换机进行汇聚，为了保证数据传输和交换的效率，在各个楼内设置 3 层楼内汇聚层，楼内汇聚层设备不但分担了核心设备的部分压力，同时也提高了网络的安全性；接入层为每层楼的接入交换机，是直接与用户相连的设备。

步骤 5：绘制校园网络拓扑图。

根据前面的分析，在 Visio 中绘制出校园网络拓扑。如图 12-3 所示，校园网络采用三层架构，经过出口路由器与防火墙同时接入教育网、联通与电信。

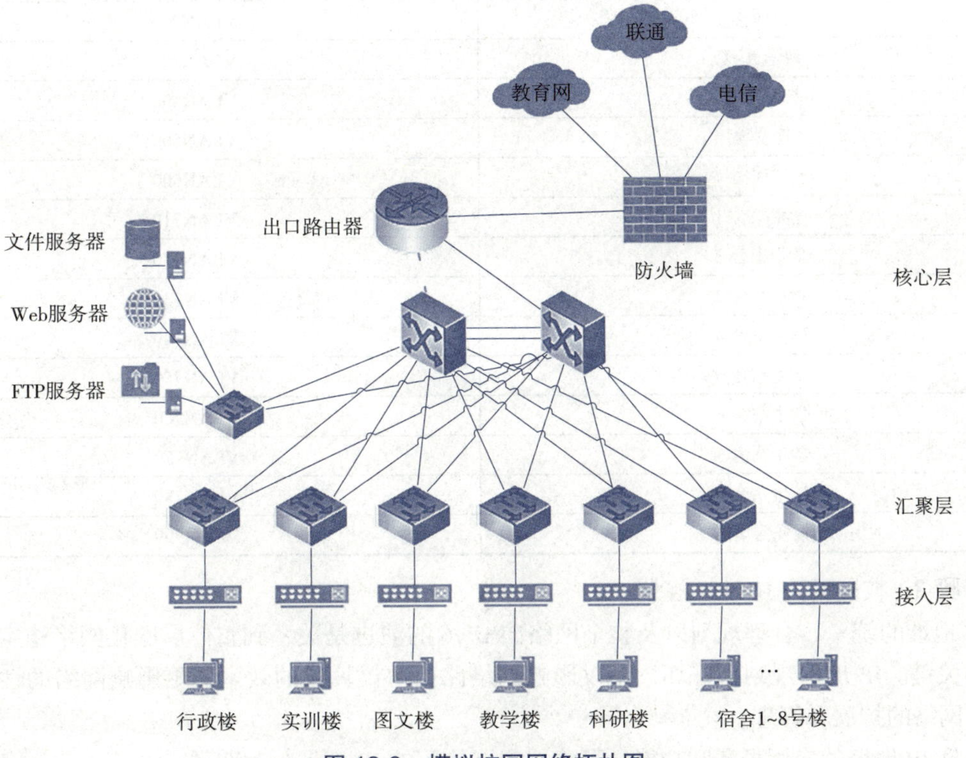

图 12-3　模拟校园网络拓扑图

任务二　VLAN 划分与 IP 地址规划

任务目的：了解校园网 IP 地址规划与 VLAN 划分的方法。

任务内容：根据校园网络应用情况，规划校园网 IP 地址，划分 VLAN。

任务环境：某大学校园。

任务步骤：

目前，高校的校园网络通常有中国教育网、中国移动、中国联通等多个出口，在申请接入互联网时，ISP 所提供的公共 IP 地址往往满足不了校园网内设备的需求，所以通常采用 NAT 方式接入互联网，在校园网络内部采用私有 IP 地址，同时在网络中划分若干 VLAN，以便于网络的安全管理。对于中大型的校园网络，由于上网人数多、设备数量多，为了后期扩展、管理方便，可采用在地址空间大的 IP 段，如 10.0.0.0/8。

步骤 *1*： 校园网内 VLAN 详细划分见表 12-2。在实际的网络工程中，VLAN 划分通常考虑两种情况：

（1）根据不同的业务部门划分；

（2）根据用户所处网络的物理结构（如楼层）划分。

根据现实中业务部门办公环境的分布情况来看，在大部分情况下，两者是重合的，而对于少数业务相同而办公地点不同的情况，则依据实际情况解决。

表 12-2　VLAN 详细划分表

楼 ID 及名称	VLANID
行政楼	VLAN100
科研楼	VLAN200
教学 A 楼	VLAN300
教学 B 楼	VLAN400
图文楼	VLAN500
实训楼	VLAN600
学生宿舍 1	VLAN710
学生宿舍 2	VLAN720
学生宿舍 3	VLAN730
学生宿舍 4	VLAN740
学生宿舍 5	VLAN750
学生宿舍 6	VLAN760
学生宿舍 7	VLAN770
学生宿舍 8	VLAN780
服务器集群	VLAN999

步骤 *2*： 校园网内 IP 地址规划。

IP 地址的统一、合理规划以及整个网络向 IPv6 的演进是关系到整体层次化网络稳定、快速收敛的关键。IP 地址规划得好坏，不仅影响网络路由协议算法的效率，更影响网络的性能和稳定以及网络的扩展和管理。

根据 IP 地址的应用场景和功能，可将校园网使用的 IP 地址分为四类：

（1）用户 IP，分配给每个最终用户 PC 或服务器使用；

（2）设备管理 IP，供网络管理员远程管理使用；

（3）设备互连 IP，用于三层设备之间互连使用；

（4）NAT 地址池 IP，即由 ISP 提供的公网地址，配置于 NAT 设备上以解决地址资源匮乏问题。

按照可扩展、可汇总、易管理、易维护的原则，用户 IP 地址分配见表 12-3。

表 12-3　IP 地址分配表

网络单元	地址段	网关	上网方式	IP 获取方式
行政楼	192.168.1.0/24	192.168.1.254	NAT	DHCP
科研楼	192.168.2.0/24	192.168.2.254	NAT	DHCP
教学 A 楼	192.168.3.0/24	192.168.3.254	NAT	DHCP
教学 B 楼	192.168.4.0/24	192.168.4.254	NAT	DHCP
图文楼	192.168.5.0/24	192.168.5.254	NAT	DHCP
实训楼	192.168.6.0/24	192.168.6.254	NAT	DHCP
学生宿舍 1	192.168.7.0/24	192.168.7.254	NAT	DHCP
学生宿舍 2	192.168.8.0/24	192.168.8.254	NAT	DHCP
学生宿舍 3	192.168.9.0/24	192.168.9.254	NAT	DHCP
学生宿舍 4	192.168.10.0/24	192.168.10.254	NAT	DHCP
学生宿舍 5	192.168.11.0/24	192.168.11.254	NAT	DHCP
学生宿舍 6	192.168.12.0/24	192.168.12.254	NAT	DHCP
学生宿舍 7	192.168.13.0/24	192.168.13.254	NAT	DHCP
学生宿舍 8	192.168.14.0/24	192.168.14.254	NAT	DHCP
服务器集群	192.168.200.0/24	192.168.200.254	NAT	手动分配

任务三　校园网络安全配置与管理

任务目的：熟悉网络安全配置与管理的方法。

任务内容：根据前面校园网规划，制定网络安全配置与管理的措施。

任务环境：某大学校园。

任务步骤：

步骤 *1*：安全接入和配置。

安全接入和配置是指在物理（控制台）或逻辑（Telnet）端口接入网络基础设施前，必须通过认证和授权限制，从而为网络基础设施提供安全性。限制远程访问的安全设置方法见表 12-4。

表 12-4　安全接入和配置方法

访问方式	保证网络设备安全的方法	备注
Console 控制接口的访问	设置密码和超时限制	建议超时限制设成 5 min
进入特权 exec 和设备配置级别的命令行	配置 Radius 来记录 logon/logout 时间和操作活动；配置至少一个本地账户作应急之用	
Telnet 访问	采用 ACL 限制，指定从特定的 IP 地址进行 Telnet 访问；配置 Radius 安全记录方案；设置超时限制	
SSH 访问	激活 SSH 访问，从而允许操作员从网络的外部环境进行设备安全登录	
Web 管理访问	取消 Web 管理功能	
SNMP 访问	常规的 SNMP 访问是用 ACL 限制从特定 IP 地址来进行 SNMP 访问；记录非授权的 SNMP 访问并禁止非授权的 SNMP 企图和攻击	
设置不同账号	通过设置不同账号的访问权限，提高安全性	

步骤 2：拒绝服务的防范。

网络设备拒绝服务攻击的防范主要是防止出现 TCP SYN 泛滥攻击、Smurf 攻击等；网络设备的防范 TCP SYN 的方法主要是配置网络设备 TCP SYN 临界值，若高于这个临界值，则丢弃多余的 TCP SYN 数据包；防范 Smurf 攻击主要是配置网络设备不转发 ICMP echo 请求（directed broadcast）和设置 ICMP 包临界值，避免成为一个 Smurf 攻击的转发者、受害者。

步骤 3：访问控制。

允许从内网访问 Internet，端口全开放。

允许从公网到 DMZ（非军事）区的访问请求：Web 服务器只开放 80 端口，Mail 服务器只开放 25 和 110 端口。

禁止从公网到内部区的访问请求，端口全关闭。

允许从内网访问 DMZ（非军事）区，端口全开放。

允许从 DMZ（非军事）区访问 Internet，端口全开放。

禁止从 DMZ（非军事）区访问内网，端口全关闭。

步骤 4：电源系统。

为保证网络系统的安全运转及电源发生故障时重要数据的存储，须配置具有高可靠性的 UPS 电源。

素质拓展

网络强国建设

2014 年中央网络安全和信息化委员会第一次会议上，习近平总书记提出“努力把我国建设成为网络强国”的目标愿景，指出“没有网络安全就没有国家安全，没有信息化就没有现代化”。新时代网络强国建设，要牢牢把握以下几个主要任务：

（1）要加强数字基础设施建设，统筹推进网络基础设施、算力基础设施、应用基础设施等建设，大力推进体系化建设和规模化部署，打通经济社会发展的信息“大动脉”。

（2）加快信息领域核心技术突破，充分发挥我国社会主义制度优势、新型举国体制优势、超大规模市场优势，集中力量打好关键核心技术攻坚战，切实掌握技术自主权和发展主动权。

（3）做强做优做大数字经济，充分发挥数字经济在国内大循环中的关键节点作用和国内国际双循环中的战略链接作用，加快数字技术和实体经济融合发展，激发数字经济发展活力，打造具有国际竞争力的数字产业集群。

（4）推进数字政务高效协同，促进信息系统网络互联互通、数据按需共享、业务高效协同，推进线上线下融合。

（5）加快数字社会建设，统筹推进新型智慧城市和数字乡村发展，打造泛在可及、智慧便捷、公平普惠的数字化服务体系，持续提升全民数字素养与技能。

（6）推动数字文化繁荣发展，加强互联网内容建设，不断壮大主流思想舆论，创新数字文化产品内容和服务，发展数字化文化服务新模式。

（7）加快数字生态文明建设，深入推进数字化绿色化协同转型发展，加强数字基础设施绿色化改造升级，推动建立绿色低碳循环发展产业体系，提升数字化环境治理能力。

（8）筑牢网络安全防护屏障，全面加强网络安全保障体系和能力建设，深入实施网络安全、数据安全、关键信息基础设施安全保护等方面的法律法规，切实维护广大人民群众合法权益。

（9）深化网络空间国际交流合作，着眼高水平对外开放，积极搭建双边、区域和国际合作平台，充分发挥世界互联网大会等平台作用，加强同新兴市场国家、共建“一带一路”国家和广大发展中国家务实合作，高质量共建“数字丝绸之路”，构建开放共赢的数字领域国际合作格局。

思考与练习

一、填空题

1. 层次化网络设计通常将网络划分为________、________、________三个层次。

2. 数据链路层的网络安全主要是保证通过网络链路传送的数据安全，具体可采用________、________等技术手段。

3. 网络层的安全采用的技术手段是使用________，实现网络的安全隔离。

二、简述题

1. 简述层次化网络设计的优点。

2. 简述网络冗余设计要点，并举例说明。

参考文献

［1］ 佛罗赞，费根 . 数据通信与网络（第 4 版）[M]. 吴时霖，吴永辉，吴之艳，等译 . 北京：机械工业出版社，2007.

［2］ 特南鲍姆，韦瑟罗尔 . 计算机网络（第 5 版）[M]. 严伟，潘爱民，译 . 北京：清华大学出版社，2012.

［3］ 陈鸣 . 计算机网络：原理与实践 [M]. 北京：高等教育出版社，2013.

［4］ 刘鹏 . 云计算 [M]. 3 版 . 北京：电子工业出版社，2015.

［5］ 福尔，史蒂文斯 . TCP/IP 详解 卷 1：协议 [M]. 吴英，张玉，许昱玮，译 . 北京：机械工业出版社，2016.

［6］ 吴功宜，吴英 . 计算机网络 [M]. 4 版 . 北京：清华大学出版社，2017.

［7］ 张传福，赵立英，张宇，等 . 5G 移动通信系统及关键技术 [M]. 北京：电子工业出版社，2018.

［8］ 库罗斯，罗斯 . 计算机网络：自顶向下方法（第 7 版）[M]. 陈鸣，译 . 北京：机械工业出版社，2018.

［9］ 斯托林斯 . 数据与计算机通信（第 10 版）[M]. 王海，张娟，周慧，等译 . 北京：电子工业出版社，2019.

［10］ 赖特，史蒂文斯 . TCP/IP 详解 卷 2：实现 [M]. 陆雪莹，蒋慧，译 . 北京：机械工业出版社，2019.

［11］ 陈威兵，张刚林，冯璐，等 . 移动通信原理 [M]. 2 版 . 北京：清华大学出版社，2019.

［12］ 吴礼发，洪征 . 计算机网络安全原理 [M]. 北京：电子工业出版社，2020.

［13］ 谢希仁 . 计算机网络 [M]. 8 版 . 北京：电子工业出版社，2021.

［14］ 徐恪，徐明伟，李琦 . 高级计算机网络 [M]. 2 版 . 北京：清华大学出版社，2021.

［15］ 彼得森，戴维 . 计算机网络：系统方法（第 6 版）[M]. 王勇，薛静静，王李乐，等译 . 北京：机械工业出版社，2022.